畜产食品原料加工与控制

主　　编：杨具田　刘红娜

副主编：丁　波

参编人员：李贞子　祁高展

科学出版社

北　京

内 容 简 介

畜产原料是指通过畜牧生产获得的产品,如肉、乳、蛋和皮毛等,绝大多数必须经过加工处理后方可供利用或使其价值提高。这种对畜产原料进行加工处理的过程称为畜产品加工。而畜产品的品质与原材料有密不可分的关系,原料控制是保证产品质量的第一关。这些研究畜产品加工的科学理论和工艺技术就是畜产原料加工与控制。"畜产原料加工与控制"是一门理工农相结合的应用型课程,是动物科学、食品科学与工程专业的主干课程和学位课程。

本书围绕乳及乳制品、肉及肉制品,对畜产食品原料来源、加工工艺过程及其对质量的影响、原料的质量控制等内容进行较为系统的介绍和分析。

本书可作为动物科学、食品科学与工程等专业的本科生教材,也可供相关专业的技术人员参考。

图书在版编目(CIP)数据

畜产食品原料加工与控制/杨具田,刘红娜主编. —北京:科学出版社,2023.11
ISBN 978-7-03-076506-2

Ⅰ.①畜… Ⅱ.①杨… ②刘… Ⅲ.①畜产品—食品加工 Ⅳ.①TS251

中国国家版本馆 CIP 数据核字(2023)第 189612 号

责任编辑:王玉时 赵萌萌/责任校对:严 娜
责任印制:赵 博/封面设计:无极书装

科 学 出 版 社 出版
北京东黄城根北街 16 号
邮政编码:100717
http://www.sciencep.com

北京科印技术咨询服务有限公司数码印刷分部印刷
科学出版社发行 各地新华书店经销

*

2023 年 11 月第 一 版 开本:787×1092 1/16
2025 年 1 月第 三 次印刷 印张:13 3/4
字数:370 000

定价:69.80 元
(如有印装质量问题,我社负责调换)

前　言

　　"畜产原料加工与控制"是全国高等院校动物科学、食品科学与工程专业的主干课程和学位课程，开设目的是使学生掌握畜产原料加工与控制的基础理论和专业技能。

　　本书结合我国动物科学、食品科学与工程等专业的教学现状和当今畜产品加工科学技术的发展状况进行编写。学生可以通过扫描书中的二维码观看、学习彩图等拓展内容，改变了传统教材的单一阅读模式，使教材内容更加丰富、立体。本书结合党的二十大精神，加强整体设计，系统梳理；融入畜产品传统文化，培养学生的国际视野，引导学生学会做人做事、树立学术志向。

　　本书共十八章，具体包括"乳的基础知识""乳中微生物及原料乳质量的控制""液态乳的加工与控制""炼乳的加工与控制""乳粉的加工与控制""发酵乳与乳饮料的加工与控制""干酪的加工与控制""奶油的加工与控制""冰淇淋的加工与控制""其他乳制品的加工与控制""肉的基础知识""畜禽的屠宰与分割肉加工""肉的贮藏与保鲜""肉制品添加剂与辅料""灌肠肉制品的加工与控制""腌腊肉制品的加工与控制""酱卤肉制品的加工与控制"和"干肉制品的加工与控制"。

　　多位老师参与了本书的编写，分工如下：第一、三、五、八、十一、十三、十七章由刘红娜、丁波编写；第二、六、十二、十五章由刘红娜、杨具田编写；第四、十八章由丁波、李贞子编写；第七章由刘红娜、祁高展编写；第九、十六章由丁波、杨具田编写；第十、十四章由李贞子、祁高展编写；最后由刘红娜审改、统稿。

　　由于编者水平所限，不当之处在所难免，敬请读者批评指正。

编　者

2023 年 8 月

目 录

第一章

乳的基础知识

第一节　乳的概念与分类

一、乳的概念

乳是哺乳动物分娩后由乳腺分泌的一种白色或黄色的不透明液体。它含有幼小动物生长发育所需要的全部营养成分，是哺乳动物出生后最适于消化吸收的全价食物。乳的产量和组成受乳畜的生理状况和外界环境的影响。在泌乳期，乳的成分发生变化，通常按变化情况分为初乳、常乳和末乳三种。此外，乳有时因受外界因素影响而产生特殊变化，称为异常乳，不适于加工优质产品。以下具体内容均以牛乳为例。

二、乳的分类

（一）常乳

母牛产犊1周之后，牛乳的成分及性质基本趋向稳定，从这以后到干乳前的牛乳称为常乳，也就是加工乳制品的原料。

（二）异常乳

1. 概念　正常乳的成分和性质基本稳定。异常乳由于生理、病理或其他因素的影响，乳的成分和性质往往发生变化，与正常乳不同，也不适用于加工优质产品。虽然其性质与常乳有所不同，但二者之间并无明显区别。广义地说，凡不适于饮用或作为生产乳制品的乳都称为异常乳。因此，初乳、末乳、乳房炎乳及混入其他物质的乳，都可称为异常乳。狭义地说，凡是用70%的酒精试验产生絮状凝块的乳可称为异常乳（即酒精阳性乳）。无论哪一种异常乳，都不能作为生产优质产品的原料。

2. 种类　异常乳分为下列几种：①生理异常乳，包括营养不良乳、初乳、末乳；②化学异常乳，包括酒精阳性乳、冻结乳、低成分乳、混入异物乳、风味异常乳；③微生物污染乳；④病理异常乳，包括乳房炎乳、其他患病牛乳。

3. 异常乳产生的原因和性质

（1）生理异常乳

1）营养不良乳。饲料不足、营养不良的乳牛所产的乳在皱胃酶作用下几乎不凝固，所以这种乳不能用以制造干酪。当喂以充足的饲料、加强营养之后，牛乳即可恢复在皱胃酶作用下的凝固特性。

2）初乳。产犊1周之内所分泌的乳称为初乳，呈黄褐色、有异臭、味苦、黏度大。其干物质含量较高，化学成分与常乳有明显的差异。初乳的脂肪、蛋白质（特别是乳清蛋白）、灰分含量高（特别是钠和氯含量）。初乳的维生素含量十分丰富，尤其是维生素 A、维生素 D 和维生素 E；此外，水溶性维生素含量也比常乳高。初乳中含铁量为常乳的 3～5 倍，铜含量约为常乳的 6 倍。但是初乳的乳糖含量反而较低，初乳中还含有大量的抗体。由于初乳的成分与常乳显著不同，加热时易形成凝块，所以不能作为加工原料。但因其特有的生理活性特点，初乳可作为特殊乳制品的原料。

3）末乳。末乳又称老乳，即干乳期前两周所产的乳。一般指产犊 8 个月以后泌乳量显著减少，1 d 的泌乳量在 0.5 kg 以下者，其乳的化学成分与常乳有显著异常。当 1 d 的泌乳量在 2.5～3.0 kg 及以下时，乳中细菌数及过氧化氢酶含量增加，酸度降低。在泌乳末期，乳中 pH 达 7.0，细菌总数达 250 万/mL，氯含量约为 0.16%。这种乳不宜作为加工原料乳。

（2）化学异常乳

1）酒精阳性乳。乳品厂检验原料乳时，一般先用 68% 或 70% 的酒精（羊乳最好采用加热试验，不宜用酒精试验）与等量乳混合，凡产生絮状凝块的乳称为酒精阳性乳。酒精阳性乳有以下两种。

A. 高酸度酒精阳性乳。乳酸菌的繁殖生长会使鲜乳的酸度升高，一般酸度在 24°T 以上时的乳酒精试验均为阳性，称为酒精阳性乳。

B. 低酸度酒精阳性乳。有的鲜乳虽然酸度很低（16°T 以下），但酒精试验也呈阳性，所以称作低酸度酒精阳性乳。

2）冻结乳。冻结乳又称冷冻乳，冬季因气候和运输的影响，鲜乳产生冻结现象，这时乳的一部分酪蛋白变性。同时，在处理时因温度和时间的影响，酸度相应升高，以致产生酒精阳性乳。但这种酒精阳性乳的耐热性要比其他原因产生的酒精阳性乳强。

3）低成分乳。乳固体含量明显低于正常值的牛乳称为低成分乳，其受乳牛品种、饲养管理水平、营养素配比、温湿度及病理等因素影响。

4）混入异物乳。混入异物乳是指在乳中混入原来不存在的物质的乳。其包括：为了预防治疗、促进发育，使用抗生素和激素等而使其进入乳中的异常乳；母牛食用饲料和饮水等使农药进入乳中而造成的异常乳；挤乳时混入污染物的异常乳；人为掺假、加入防腐剂的异常乳。

5）风味异常乳。造成牛乳风味异常的因素很多，主要包括：通过有机体转移或从空气中吸收而来的饲料味，由酶作用而产生的脂肪分解味，挤乳后受外界污染或吸收的牛体味或金属味等。

（3）微生物污染乳　　微生物污染乳也是异常乳的一种。由于挤乳前后的污染、不及时冷却和器具的洗涤杀菌不完全等原因，鲜乳被大量微生物污染。微生物污染严重的乳不能用作加工乳制品的原料，从而造成浪费和损失。

（4）病理异常乳

1）乳房炎乳。乳房炎是因外伤或细菌感染在乳房发生的一种炎症，会导致分泌的乳成分和性质都发生变化。其中，乳糖和酪蛋白含量降低，氯含量增加，球蛋白含量升高，并且细胞（上皮细胞）数量增多，以致无脂干物质含量较常乳少。一般情况下，乳牛体表和牛舍环境卫生不符合卫生要求，或挤乳方法不合理（尤其不合理使用挤乳机或挤乳机清洗杀菌不彻底），均可使乳房炎发病率升高。临床性乳房炎使乳产量剧减且牛乳性状有显著变化，因此乳房炎乳不能用于加工。非临床性或潜在性乳房炎在外观上无法区别，只在理化性质或细菌学上有差别。

2）其他患病牛乳。主要是由患口蹄疫、布鲁氏菌病等的乳牛所产生的乳，乳的质量大致与乳房炎乳相似。另外，乳牛患酮体过剩、肝机能障碍、繁殖障碍等病时，易分泌酒精阳性乳。

第二节 乳的组成与分散体系

一、乳的组成

乳的成分十分复杂，其中至少含有上百种化学成分，主要包括水分、脂质、蛋白质、乳糖、盐类、维生素、酶类及气体等。牛乳的主要成分及含量如表 1-1 所示。

表 1-1　牛乳的主要成分及含量（张兰威，2016）

成分	每升含量	成分	每升含量
1. 水分	860～880 g	碳酸氢盐	0.20 g
2. 乳浊相中的脂质及脂溶性维生素		硫酸盐	0.10 g
乳脂肪（甘油三酯）	30～50 g	乳酸盐	0.02 g
磷脂	0.30 g	（3）水溶性维生素	
固醇	0.10 g	维生素 B_1	450 mg
类胡萝卜素	0.10～0.60 mg	维生素 B_2	1.6 g
维生素 A	1.18 g	烟酸	0.2～1.2 mg
维生素 D	20 mg	维生素 B_6	0.7 mg
维生素 E	1.0 mg	泛酸	3.0 mg
3. 悬浊相中的蛋白质		生物素	50 μg
酪蛋白（α、β、γ）	25 g	叶酸	1.0 μg
β-乳球蛋白	3 g	胆碱	150 mg
α-乳白蛋白	0.7 g	维生素 B_{12}	7.0 μg
血清白蛋白	0.3 g	肌醇	180 mg
免疫性球蛋白	0.3 g	维生素 C	20 mg
其他的白蛋白、球蛋白	1.3 g	（4）非蛋白维生素态氮（以 N 计）	250 mg
拟球蛋白	0.3 g	铵态氮	2～12 mg
脂肪球膜蛋白质	0.2 g	氨基氮	3.5 mg
酶类	—	尿素态氮	100 mg
4. 可溶性物质		肌酸、肌酐态氮	15 mg
（1）糖类		尿酸	7 mg
乳糖	45～50 g	乳清酸（维生素 B_{13}）	50～100 mg
葡萄糖	50 mg	马尿酸	30～60 mg
（2）无机、有机离子或盐		尿靛甙	0.3～2.0 mg
钙	1.25 g	（5）气体	
镁	0.10 g	二氧化碳	100 mg
钠	0.50 g	氧	7.5 mg
钾	1.50 g	氮	15.0 mg
磷酸盐（以磷酸根计）	2.10 g	（6）其他	0.10 g
柠檬酸盐（以柠檬酸计）	2.00 g	5. 微量元素（Li、Ba、Sr、Mn、Al 等）	
氯化物	1.00 g		

正常牛乳中各种成分的组成大体上是稳定的，但也受乳牛的品种、个体、地区、泌乳期、畜龄、挤乳方法、饲料、季节、环境、温度及健康状态等因素的影响而有差异。其中变化最大

的是乳脂肪，其次是蛋白质，乳糖及灰分则比较稳定。不同品种的乳牛其乳汁组成不尽相同。

二、乳的分散体系

乳中含有多种化学成分，其中水为分散剂，其他各成分如脂肪、蛋白质、乳糖、无机盐类等分散其中。各种分散质的分散度差异很大，其中乳糖、水溶性盐类呈分子或离子状态溶于水中，其微粒直径小于或接近 1 nm，形成真溶液。乳糖和盐类即使用电子显微镜也难以看到，同时不能简单使用过滤、离心法分离出来，仅可用超速离心法分离。乳白蛋白及乳球蛋白呈大分子态，其微粒直径为 1.5～5 nm，形成典型的高分子溶液。

分散质为固体时称为悬浮液，可以把此过程想象为将黏土加于水中，并加以激烈的搅拌。若将牛乳或稀奶油进行低温冷藏，则最初是液体的脂肪球凝固成固体，这也是一种悬浮液。用稀奶油制造奶油时，需将稀奶油在 5℃左右成熟，使稀奶油中的脂肪球从乳浊态变成悬浮态，这是奶油制造中的重要过程。

以分散状态而论，酪蛋白较乳蛋白不稳定，本来以悬浮态或接近于这种状态存在的酪蛋白，在分散剂——水的亲和性及乳白蛋白保护胶体的作用下成为不稳定的乳胶态，分散于乳中。酪蛋白在乳中形成酪蛋白钙-磷酸钙复合胶体，胶体平均粒径约为 120 nm。从其结构、性质和分散度来看，它处于一种过渡状态，属胶体悬浮液范畴。

分散质为液体时称为乳浊液，可以把此过程想象为在水中加入油并加以激烈的搅拌。乳脂肪呈球状，粒径为 1～8 μm，平均为 4 μm，形成乳浊液。乳中含有少量气体，部分以分子状溶于牛乳中，部分气体经搅动后在乳中形成泡沫状态。所以，牛乳并不是一种简单的分散体系，而是包含真溶液、高分子溶液、胶体悬浮液、乳浊液及各种过渡状态的复合胶体体系（图 1-1）。牛乳在不同放大倍数下的情况如图 1-2 所示。

三、乳中各成分的性质

（一）水分

水分是乳的主要组成部分，占 87%～89%。乳及乳制品中的水分又分为游离水、结合水和

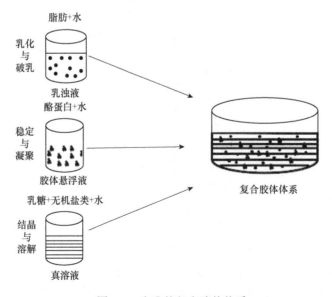

图 1-1　牛乳的复合胶体体系

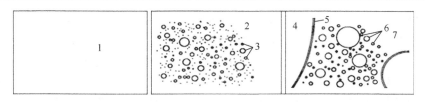

图 1-2 牛乳在不同放大倍数下的情况（左. 5×，中. 500×，右. 50 000×）（张和平，2007）
1. 乳；2、6. 乳清；3、4. 乳脂肪球；5. 脂肪球膜；7. 酪蛋白胶束

结晶水等。游离水又称自由水，占乳中水分的绝大部分，是乳汁的分散介质，很多的理化过程及生物学过程均与游离水有关；其次是结合水，它与蛋白质、乳糖和某些盐类结合存在，无溶解其他物质的特性，但在正常水结冰温度下并不冻结。由于结合水的存在，人们在乳粉生产中不能得到绝对脱水的产品。

（二）气体

乳中主要存在的气体为二氧化碳、氮气和氧气。刚挤出的牛乳气体含量较高，占乳容积的5.5%～7%，其中二氧化碳最多，氮气次之，氧气最少。而牛乳与空气接触后，因空气中的氧气与氮气溶入牛乳中，故氧气、氮气的含量增加，而二氧化碳的含量减少。

（三）干物质

乳干燥至恒重时所得的残余物称为乳的干物质。常乳中干物质的含量为11%～13%。除随水蒸气挥发外，干物质中含有乳的全部营养成分（包括脂质、蛋白质、乳糖、盐类、维生素等），故能表征乳的营养价值。乳中干物质的量随乳成分的百分含量而变，尤其是乳脂肪，在乳成分中是一个比较不稳定的成分，对干物质的数值有很大的影响。因此在生产中，计算产品的生产率时都需要干物质（或无脂干物质）这一数值。因干物质与脂肪含量和比重之间有一定的关系，人们通过比重和脂肪含量就可以按下式计算出干物质的近似含量。

$$T=0.25L+1.2F\pm K$$

式中，T 为干物质含量（%）；F 为脂肪含量（%）；L 为牛乳比重计的读数；K 为系数（根据各地条件试验所得）。

（四）脂质

牛乳中除含有甘油三酯外，还含有很少量的磷脂，以及微量的甘油二酯、游离固醇、游离脂肪酸和甘油单酯，统称为乳脂质（milk lipid），如表 1-2 所示。

表 1-2 乳脂质的组成（张和平，2007）

乳脂质	质量百分比/%
甘油三酯（triacylglycerol）	97～98
甘油二酯（diacylglycerol）	0.28～0.59
甘油单酯（monoacylglycerol）	0.016～0.038
游离脂肪酸（free fatty acid）	0.1～0.44
游离固醇（free sterol）	0.22～0.41
磷脂（phospholipid）	0.2～1.0

1. 乳脂肪　　乳脂肪是指采用罗兹-哥特里法测得的脂质,以微细的球状成乳浊液分散在乳中,在牛乳中的含量为3%～5%,是牛乳中重要的成分之一。其含量与动物品种、饲养条件、饮食、泌乳阶段及动物健康有关。乳脂肪是由1分子甘油与3分子脂肪酸(相同或不相同的)所组成的甘油三酯的混合物,其中最主要的是甘油三酯。形成乳脂肪的甘油,除一部分在乳腺细胞组织中由葡萄糖合成外,其余均由血液中的脂肪水解而成。乳脂肪不仅与牛乳的风味有关,同时也是稀奶油、奶油、全脂乳粉及干酪等的主要成分。

2. 乳脂肪球及其脂肪球膜　　乳脂肪球的大小依乳牛的品种、个体、健康状况、泌乳期、饲料及挤乳情况等因素而异,通常直径在0.1～22 μm,平均为3 μm,大部分在4 μm以下,10 μm以上的极少。每毫升牛乳中有20亿～40亿个脂肪球。脂肪球的大小对乳制品加工的意义在于:脂肪球的直径越大,上浮的速度就越快,故大脂肪球含量多的牛乳,容易分离出稀奶油。在显微镜下观察,乳脂肪球为圆球形或椭圆球形(图1-3),表面被一层5～10 nm厚的膜所覆盖,称为脂肪膜。该膜由磷脂、脂蛋白、脑苷脂、蛋白质、核酸、酶、微量元素(金属)和结合水组成。膜的成分和厚度不是恒定的,因为成分是不断交换的。

乳脂肪球的甘油三酯微粒是在内质网膜上形成的,最初是微小的胞内脂滴(<0.5 μm)形态,这些分散脂滴的结构中内核为甘油三酯,外层包裹着磷脂等极性脂和脂蛋白组成的单层膜。它们从内质网迁移到细胞质中,并不断地相互融合,形成体积更大的脂滴(>1 μm),称为细胞质脂滴。接下来,脂滴被运送到顶端质膜上,并从上皮细胞中分泌出去;在排出的过程中,脂滴逐渐被裹一层具有双层磷脂的细胞膜,乳脂肪球就是在该过程中形成的。

甘油三酯
甘油二酯
脂肪酸
固醇
胡萝卜素
维生素
(维生素A、维生素D、维生素E、维生素K)

磷脂
脂蛋白
脑苷脂
蛋白质
核酸
酶
微量元素
(金属)
结合水

图1-3　乳脂肪球的组成(李晓东,2011)

在实验中,我们可以用一试管放入清水及少许油脂,充分振荡后,即可看到分布很均匀的脂肪球悬浮于水溶液内形成乳浊液。但当静置时,脂肪与水很快又分离而浮于表面,如果加入乳化剂——磷脂,则可获得稳定的乳浊液。脂肪球因为含有磷脂,所以能与蛋白质形成脂蛋白络合物,稳定地存在于乳中。磷脂是极性分子,其疏水基团朝向脂肪球的中心,与甘油三酯结合形成膜的内层;磷脂的亲水基团向外朝向乳浆,连接具有强大亲水基团的蛋白质,构成了膜的外层。乳脂肪球膜的结构如图1-4所示。

脂肪球膜具有保持乳浊液稳定的作用,即使脂肪球上浮分层,仍能保持着脂肪球的分散状态,能够降低表面张力,阻止乳脂肪球相互融合,同时保护脂肪不被脂肪酶水解。在机械搅拌或化学物质作用下,脂肪球膜遭到破坏后,脂肪球才会互相聚结在一起。脂肪球膜完整和被破坏后的结构如图1-5所示。因此,人们可利用这一原理生产奶油和测定乳中的含脂率。

3. 乳脂肪酸　　乳脂肪酸可分为三类:第一类为水溶性挥发性脂肪酸,如丁酸、乙酸、辛酸和

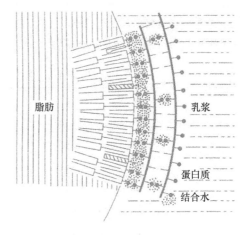

脂肪
乳浆
蛋白质
结合水

图1-4　乳脂肪球膜的结构(周光宏,2011)

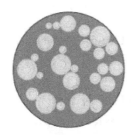

图 1-5　脂肪球膜完整（左）和被破坏后的结构（右）（Gösta，1995）

癸酸等；第二类是非水溶性挥发性脂肪酸，如十二烷酸等；第三类是非水溶性不挥发性脂肪酸，如十四烷酸、二十烷酸、十八碳烯酸和十八碳二烯酸等。一般天然脂肪中含有的脂肪酸绝大多数是碳原子为偶数的直链脂肪酸，而在牛乳脂肪中已证实含有 $C_{21} \sim C_{23}$ 的奇数碳原子脂肪酸，也发现带有侧链的脂肪酸。牛乳中不饱和脂肪酸约占脂肪酸的一半，其中主要是油酸，约占不饱和脂肪酸总量的 70%，由于不饱和脂肪酸双键位置不同，可构成异构体。乳脂肪的水溶性挥发性脂肪酸较一般脂肪的含量高，这类乳脂风味良好且易于消化。乳脂肪中含低级（C_{14} 以下的）挥发性脂肪酸达 14% 左右，这些脂肪酸在室温下呈液态、易挥发，因此使乳脂具有特殊的香味和柔软的质体。但脂肪也容易受光、热、氧、金属（尤其是铜）等的作用而氧化，产生脂肪氧化味。

乳脂肪的脂肪酸组成受饲料、营养、环境等因素的影响，尤其是饲料会影响乳中脂肪酸的组成，如当乳牛的饲料不足时，乳牛为了产乳而降低了自身的脂肪含量，会使牛乳中的挥发性脂肪酸含量降低，而不挥发性脂肪酸的含量增高，并且增加了脂肪酸的不饱和度。夏季放牧期，乳牛所产牛乳中的不饱和脂肪酸含量升高；而在冬季舍饲期，乳牛所产牛乳中的饱和脂肪酸含量增多，所以夏季加工的奶油的熔点比较低，质地较软。

（五）乳糖

乳糖是一种只存在于牛乳中的双糖，分子中含有单糖葡萄糖和半乳糖。其是由乳腺腺泡表面成排的分泌细胞利用葡萄糖合成的，进入乳牛血液循环中的 70% 以上的葡萄糖用以合成乳糖。乳糖维持牛乳与血浆之间渗透压平衡。在健康乳房内，乳糖和水的比例变化限制在一个很小的范围内。牛乳中乳糖的浓度遵循牛乳产量变化。也就是说，浓度从基线水平迅速增加到平台水平，直到泌乳高峰（10～15 周），然后降低到基线水平。可以推断，不同品种乳牛乳糖含量与产乳量相关。乳糖在乳中全部呈溶解状态，牛乳中约含有 4.8% 乳糖。

1. 乳糖的结构　　乳糖的结构式如图 1-6 所示。乳中 99.8% 以上的糖类是乳糖，此外还有少量的葡萄糖、果糖、半乳糖等。乳糖的甜味比蔗糖弱，其甜度为蔗糖的 1/6 左右。牛乳中的乳糖有 α-乳糖和 β-乳糖。因为 α-乳糖只要稍有水分存在就会与 1 分子结晶水结合而变为 α-乳糖水合物，即普通乳糖，所以实际上共有 3 种类型的乳糖。

（1）α-乳糖无水物　　α-乳糖水合物在真空中缓慢加热到 100℃ 或在 120～125℃ 迅速加热，均可失去结晶水而成为 α-乳糖无水物，其在干燥状态下稳定，但在

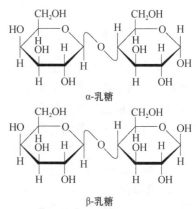

图 1-6　乳糖的结构式（骆承庠，1999）

有水分存在时，易吸水而成为 α-乳糖水合物。

（2）α-乳糖水合物　　α-乳糖水合物是 α-乳糖在 93.5℃以下的水溶液中结晶而成的，通常含有 1 分子结晶水，因其结晶条件的不同而有各种晶型。在 20℃时的比旋光度以无水物来换算为＋89.4°。市售乳糖一般为 α-乳糖水合物。

（3）β-乳糖　　β-乳糖在温度高于 93.5℃时才可以从 α-乳糖水合物的溶液中结晶，熔点为 252℃，在 20℃时的比旋光度为＋35.4°，无结晶水，不具有吸湿性，但比 α-乳糖更易溶于水且比较甜，溶解度可达 50 g/100 g 水。

2．乳糖的溶解度　　α-乳糖与 β-乳糖的溶解度不同，并随温度不同而变化，在溶液中两者可互相转化，直至二者呈平衡状态。

将乳糖投入水中，不加搅拌，有部分立即溶解，达到饱和状态时，主要为 α-乳糖的溶解度，也称为初溶解度。初溶解度较低，受水温的影响较小。将上面的饱和乳糖溶解液振荡或搅拌，α-乳糖可转变为 β-乳糖，再加入乳糖，仍可溶解，而最后达到的饱和点就是乳糖的终溶解度，终溶解度是 α-乳糖与 β-乳糖平衡时的溶解度。例如，乳糖在 25℃水中的初溶解度为 8.6 g/100 g 水，终溶解度为 21.6 g/100 g 水。将饱和乳糖溶液冷却到该饱和溶液所在温度以下就会得到过饱和的乳糖溶液，但无乳糖结晶析出，此时的溶解度称为过溶解度。在一定条件下形成晶核时，过饱和部分才会结晶析出。乳糖的溶解度随温度的升高而增高，其溶解曲线如图 1-7 所示。

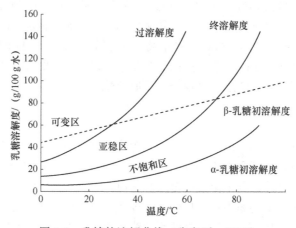

图 1-7　乳糖的溶解曲线（张和平，2007）

（六）蛋白质

乳蛋白是乳中最重要的营养成分，也是人类膳食蛋白质的重要来源。一部分由血清蛋白移行而来，大部分则为乳腺上皮细胞从血清吸收的氨基酸和由葡萄糖转化的氨基酸合成而来。即乳腺上皮细胞能选择性地吸收氨基酸，并将所吸收的氨基酸集中于细胞的高尔基体而合成蛋白质。在所有已分析过的动物乳汁中，都含有大量的蛋白质。乳蛋白是目前研究最清楚、最彻底的一种食品蛋白质。牛乳中的蛋白质占 2.8%～3.3%，其中 80%～82%属酪蛋白，乳清蛋白仅占 18%～20%，另外还有少量的脂肪球膜蛋白质。

1．酪蛋白　　酪蛋白是乳中主要的一种蛋白质。酪蛋白是指在 20℃时用酸将脱脂乳 pH 调节至 4.6 时沉淀的一类蛋白质。酪蛋白不是单一的蛋白质，而是由 α-酪蛋白、β-酪蛋白、κ-酪蛋白和 γ-酪蛋白组成，其主要区别在于磷的含量。

（1）酪蛋白的存在形式及其胶束的结构　　酪蛋白属于结合蛋白质，与钙、磷结合形成蛋白胶粒，以胶体悬浮液的状态存在于牛乳中。由于酪蛋白分子中存在大量的电离基团和亲水、疏水位点，因此酪蛋白形成的分子聚合物非常特殊。一般认为其结合方式是部分钙与酪蛋白结合成酪蛋白酸钙，再与胶体状的磷酸钙形成酪蛋白酸钙-磷酸钙复合体胶粒，其形状大体上是球形，即酪蛋白胶束（图 1-8）。酪蛋白胶束的形成：①蛋白质之间的静电相互作用。带负电的羧基和带正电的氨基之间形成离子键，此作用存在于蛋白质分子内部或分子之间。其中，分子之间的作用较内部的作用对于维持胶束结构更重要。②蛋白质-钙之间的静电相互作用。磷酸基团对于酪蛋白胶束的结构非常重要，磷酸基团与酪蛋白中的丝氨酸残基发生酯化。α-酪蛋白和 β-酪蛋白依靠疏水作用及磷酸钙团簇的钙桥作用相互连接在一起。κ-酪蛋白依靠疏水作用与其他酪蛋白连接，但是，因为 κ-酪蛋白分子中只有亲水端有一个磷酸基团，其并无钙桥作用，所以，κ-酪蛋白分子只能位于酪蛋白胶束的表面。κ-酪蛋白含量高，胶束粒径小；反之，胶束粒径大。

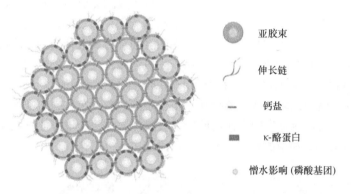

図例：
⬤ 亚胶束
／ 伸长链
— 钙盐
▬ κ-酪蛋白
● 憎水影响（磷酸基团）

图 1-8　酪蛋白胶束结构及其稳定性（Gösta，1995）

κ-酪蛋白的"毛发层"（巨肽部分）产生的静电荷和位阻，以及钙造成了蛋白质分子之间的相互作用、氢键、静电作用和疏水作用，共同稳定了乳中的酪蛋白胶束（图 1-9），使得酪蛋白胶束以稳定的胶体存在于乳中。酪蛋白胶束释放酪蛋白巨肽（或糖巨肽）会造成电势降低 5～7 mV，约为电势的 50%，从而降低凝乳酶处理酪蛋白胶束间的静电斥力。毛发层去除后还造成流体学直径减少 5 nm，空间稳定性丧失，并且在最开始的滞后期黏度略有降低。

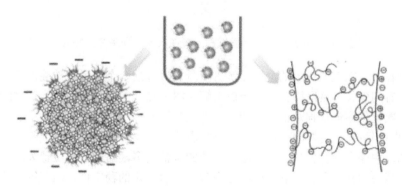

图 1-9　酪蛋白胶束的静电排斥（左）和空间位阻效应（右）

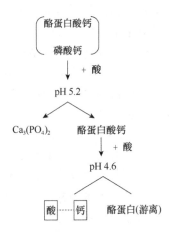

图 1-10　酪蛋白的酸凝固过程（骆承庠，1999）

（2）酪蛋白的反应形式

1）酪蛋白的酸凝固。普通牛乳的 pH 接近于等电点且略偏碱性，约为 6.6。酪蛋白是两性电解质，等电点 pH 为 4.6。因此，这时的酪蛋白充分表现出酸性，会与牛乳的碱性基（主要是钙）结合，以形成的酪蛋白酸钙的形式存在于乳中。此时加酸后，酪蛋白酸钙的钙被酸夺取，渐渐地生成游离酪蛋白，达到等电点时，钙完全被分离，游离的酪蛋白凝固而沉淀。利用酪蛋白的酸聚集特性，可以生产酸奶、蛋白补充剂和干酪素。图 1-10 所示为酪蛋白的酸凝固过程。

2）酪蛋白的酶凝固。添加凝乳酶可以使 κ-酪蛋白生成副 κ-酪蛋白和巨肽，带负电荷的亲水链从酪蛋白胶束表面脱离，如图 1-11 所示。皱胃酶是常用的凝乳酶，是犊牛第四胃中含有的一种能使乳汁凝固的酶，皱胃酶与酪蛋白的专一性结合使乳汁从液体变为凝块后收缩排出乳清。皱胃酶对酪蛋白的凝固可分为两个过程：①第一阶段为酶性变化，酪蛋白在皱胃酶的作用下，κ-酪蛋白肽链的 Phe105～Met106 肽键断裂（形成副 κ-酪蛋白和巨肽），降低了净负电荷排斥作用和立体排斥作用。②第二阶段为非酶变化，由于游离钙的存在，副 κ-酪蛋白分子间形成"钙桥"，使副 κ-酪蛋白的微粒发生团聚作用而产生凝胶体。这两个过程的发生使酪蛋白酶凝固与酸凝固不同，酶凝固时钙和磷酸盐并不从酪蛋白微球中游离出来。

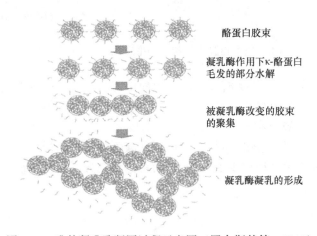

图 1-11　乳的凝乳酶凝固过程示意图（罗金斯基等，2009）

在实际操作中，在室温以上的温度，皱胃酶凝乳过程的两个阶段有重叠现象，无法明显区分。随着作用时间延长，皱胃酶会使酪蛋白水解（图 1-12），就牛乳凝固而言，此现象可忽略，但在干酪的成熟过程中该过程是很重要的。

3）酪蛋白的钙凝固。酪蛋白以酪蛋白酸钙-磷酸钙的复合体状态存在于乳中。钙和磷的含量直接影响乳汁中酪蛋白微粒的大小，即钙、磷的含量越多，酪蛋白微粒越大。因为乳汁中的钙和磷呈平衡状态存在，所以鲜乳中的酪蛋白微粒具有一定的稳定性。Ca^{2+} 等高浓度多价阳离子，可以与胶束表面 κ-酪蛋白携带的磷酸基团形成离子键，屏蔽胶束表面的负电荷，削弱静电排斥（图 1-13）。

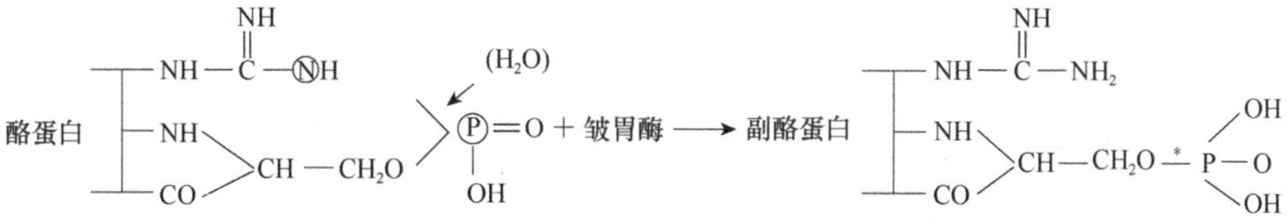

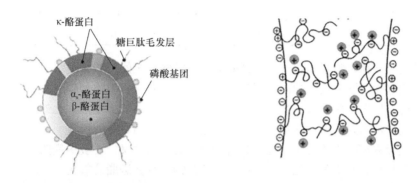

图 1-12　酪蛋白在皱胃酶作用下的水解反应（张兰威，2016）

图 1-13　酪蛋白的组成（左）和削弱静电排斥图示（右）（Gösta，1995）

4）酪蛋白与有机溶剂。乙醇等有机溶剂加入水中，使溶剂介电常数降低，削弱了胶束之间的静电排斥；乙醇等有机溶剂是强亲水试剂，争夺酪蛋白胶束表面的结合水，破坏胶束表面的水化层而使酪蛋白聚集。酪蛋白胶束在有机溶剂的作用下发生聚集，其变化如图 1-14 所示。此外，乳的 pH 越低，引发酪蛋白胶束聚集所需要的乙醇量越少。

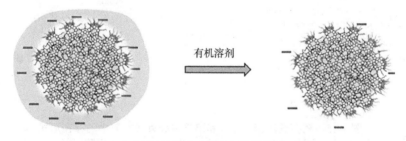

图 1-14　酪蛋白胶束在有机溶剂作用下聚集

2. 乳清蛋白　　在乳中加酸使 pH 达到酪蛋白的等电点时，酪蛋白发生凝固，而其他的蛋白质仍然保留在乳清中，这部分蛋白质称为乳清蛋白。乳清蛋白分为两类。一类是对热不稳定的乳清蛋白，有 α-乳白蛋白、血清白蛋白、β-乳球蛋白及免疫性球蛋白。这类蛋白的特点是，当乳清的 pH 为 4.6～4.7 时，煮沸 20 min 则产生沉淀。另一类是对热稳定的乳清蛋白，主要是多肽（胨）等，煮沸时仍能溶解于乳中。

（七）盐类

牛乳中无机盐的含量为 0.6%～0.9%，主要有钾、钠、钙、镁、磷、硫、氯等。乳中的钾、钠大部分是以氯化物、磷酸盐及柠檬酸盐的形式，呈可溶性状态存在。钙、镁除少部分呈可溶性状态存在外，大部分与酪蛋白、磷酸及柠檬酸结合，呈胶体状态存在于乳中，1L 牛乳中无机盐含量与分布见表 1-3。

表 1-3　1L 牛乳中无机盐含量与分布（金昌海，2018）

成分	平均含量/mg	分布		成分	平均含量/mg	分布	
		乳清	胶粒			乳清	胶粒
钙	1200	381	761	磷酸盐	848	371	471
镁	110	74	36	柠檬酸盐	1660	1560	100
钠	500	460	40	氯化物	1065	1065	—
钾	1480	1370	110	硫酸盐	100	—	—

　　牛乳中的盐类平衡，特别是钙、镁和磷酸盐、柠檬酸盐之间的平衡，对于牛乳的稳定性很重要。如钙、镁过剩，则在较低的温度下牛乳会凝固，若向牛乳中添加磷酸盐或柠檬酸盐，即可达到稳定作用。生产淡炼乳时，常利用这种关系向牛乳中添加稳定剂。此外，酸度酒精阳性乳的产生，一般也是因为钙离子含量高，且柠檬酸钙或磷酸钙含量低所致。

　　乳中的微量元素在有机体的生理过程和营养上具有重要意义。牛乳中铁的含量比人乳少，在考虑婴儿营养时有必要给予强化。铜、铁（尤其是铜）有促进脂肪氧化的作用，污染时容易产生氧化臭味，在加工中应注意防止污染。

　　1. 盐类存在的状态　　钙以不同形式分布于乳清相和酪蛋白胶束中（图 1-15）。其中，乳清相中的钙离子是以磷酸氢钙、柠檬酸钙或游离钙的形式存在；酪蛋白胶束中的钙离子与磷酸根（可与丝氨酸形成酯键）结合，或与无机磷形成磷酸钙纳米团簇的形式。

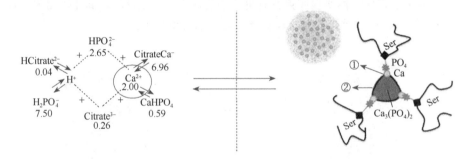

图 1-15　钙在乳清相（左）和酪蛋白胶束（右）中的存在形式
Citrate 为柠檬酸；Ser 为丝氨酸；①、②含义见表 1-4

　　乳中磷存在于酪蛋白胶束、乳清相及脂肪球膜中（图 1-16）。酪蛋白胶束中的磷类型有与丝氨酸发生酯化或胶体态中的无机磷；乳清相中磷的类型有各种酯化物或溶解态的无机磷；脂肪球膜中存在的磷占比较少，以磷脂的形态存在。乳中磷的存在形式及其占比如表 1-4 所示。

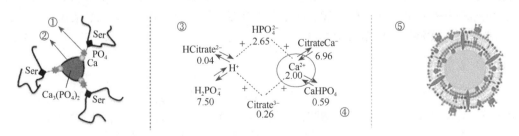

图 1-16　磷在酪蛋白胶束（左）、乳清相（中）和脂肪球膜（右）中的存在形式
Citrate 为柠檬酸；Ser 为丝氨酸；①～⑤含义见表 1-4

表 1-4　乳中磷的存在形式及其占比（张和平，2007）

类型	存在位置	占比/%
①与酪蛋白酯化	酪蛋白胶束、乳清相	22
②胶体态的无机磷	酪蛋白胶束	32
③其他酯类	乳清相	9
④溶解态的无机磷	乳清相	36
⑤在磷脂中酯化	脂肪球膜、乳清相	1

2. 盐类分布的影响因素

（1）酸度的影响　　发酵产酸或加酸使牛乳变酸时，胶质状态的磷酸钙逐渐变为可溶性的，进而酪蛋白游离出钙或其他盐类。一般当牛乳的 pH 达 4.9 时，胶体磷酸钙完全溶解，与酪蛋白结合的钙也将全部游离（图 1-17），此时离子状态的钙及镁将随 pH 降低而增多。

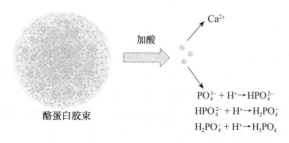

图 1-17　酸化过程中胶体磷酸钙的解离

（2）加热　　如图 1-18 所示，加热时，磷酸根和钙形成新的胶体磷酸钙，进入胶束中。

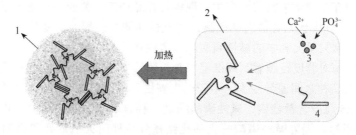

图 1-18　加热对盐离子分布的影响
1. 酪蛋白胶束；2. 乳清相；3. 胶体磷酸钙；4. β-酪蛋白

（3）冷却　　如图 1-19 所示，冷却时，疏水作用变弱，胶体磷酸钙和 β-酪蛋白从胶束中解离。

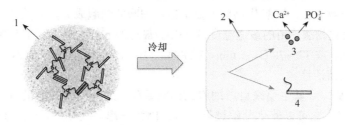

图 1-19　冷却对盐离子分布的影响
1. 酪蛋白胶束；2. 乳清相；3. 胶体磷酸钙；4. β-酪蛋白

（八）维生素

牛乳中的维生素种类很多，虽然含量极微，但在营养上有着重要的意义。牛乳中的维生素有脂溶性维生素与水溶性维生素两大类，各种维生素的含量见表 1-5。

表 1-5　100 mL 牛乳中各种维生素的含量（金昌海，2018）

种类	含量	种类	含量
维生素 A	118 mg	烟酸	90 μg
维生素 D	2 mg	泛酸	370 μg
维生素 C	2 mg	维生素 B_6	44 μg
维生素 E	痕量	维生素 B_{12}	0.43 μg
维生素 B_1	45 mg	叶酸	0.2 μg
维生素 B_2	160 mg	胆碱	15 mg

乳中维生素含量易受动物品种、个体、泌乳期、年龄、饲料、季节等因素影响而变化。此外，维生素的热稳定性不同。在乳的杀菌过程中，除了维生素 A、维生素 D 和 B 族维生素等，其他维生素都不同程度遭到破坏，一般损失 10%～20%，灭菌处理造成的损失可达 50%以上。

B 族维生素及维生素 C 在日光照射下会遭到破坏，故用褐色避光容器包装乳与乳制品，避免日光直射，减少维生素的损失。

（九）酶类

牛乳中的酶种类很多，对乳的质量影响很大。一部分酶由乳腺分泌，为乳中原来就有的酶；另一部分酶由乳中存在的微生物代谢产生。现将与乳品加工有关的酶分述如下。

1. 磷酸酶　乳中含两种固有磷酸酶，即碱性和酸性磷酸酶，此外还有其他的磷酸酶，如核糖核酸酶。通常只研究乳中的碱性磷酸酶和酸性磷酸酶，因为乳中其他的磷酸酶不具实际意义。乳中的磷酸酶对温度较敏感，经低温巴氏杀菌后被破坏。所有哺乳动物的乳汁中都有碱性磷酸酶，但不同品种之间差异很大。牛初乳中碱性磷酸酶的含量较高，分娩后 1～2 周内降到最低，随后的 25 周内含量稳定。碱性磷酸酶是一种含唾液酸的糖蛋白，其活性可用作核实巴氏杀菌程度的指标，因为碱性磷酸酶灭活比结核分枝杆菌灭活需要稍高的温度和时间，而结核分枝杆菌是巴氏杀菌乳中对热抵抗力最强的病原菌。碱性磷酸酶测试作为一种检测巴氏杀菌乳或巴氏杀菌乳与乳制品（添加与混合原料乳）中灭菌彻底性的方法，对保障公众的健康很重要。

2. 过氧化物酶　过氧化物酶能使过氧化氢分解产生活泼的新生态氧，使多元酚、芳香胺及某些无机化合物氧化。过氧化物酶主要来自白细胞的细胞成分，其数量与细菌无关，是乳中原有的酶。过氧化物酶作用的最适温度是 25℃，最适的 pH 是 6.8。过氧化物酶的钝化条件一般为 76℃、20 min，或 77～78℃、5 min，或 85℃、10 s。在硫氰酸根（SCN^-）和 H_2O_2 存在时，过氧化物酶具有抗菌活性。

3. 过氧化氢酶　其主要来自白细胞的细胞成分，是一种血红素蛋白，尤其在初乳和乳房炎乳中含量较多。它可以催化分解过氧化氢。因为在患炎症期间，乳腺细胞膜对乳体细胞类的血液成分的通透性增加，所以可通过过氧化氢酶的测定来判断牛乳是否为乳房炎乳或其他异常乳。

4. 解脂酶　　乳中解脂酶除少部分来自乳腺外，大部分来源于外界微生物，通过均质、搅拌、加热处理可被激活，并为脂肪球所吸收，能使脂肪产生游离脂肪酸和酸败气味（焦臭味）。因为解脂酶对热的抵抗力较强，所以加工奶油时需在 80～85℃的温度下进行杀菌。

5. 还原酶　　其主要为脱氢酶，是落入乳中的微生物的代谢产物，因此，该酶含量与乳中细菌数量直接相关。可采用还原酶测定法来判断活菌数的多少，一般常用亚甲蓝还原试验，还原酶能使亚甲蓝还原为无色。

（十）乳中的其他成分

鲜乳中除含上述各主要物质外，尚有少量的有机酸、气体、色素、免疫活性成分、细胞、风味成分及激素等。

第三节　乳的物理性质

一、乳的色泽

新鲜正常的牛乳呈不透明的乳白色或稍带浅黄色。这是乳中的酪蛋白酸钙-磷酸钙胶粒及脂肪球等微粒对光的不规则反射的结果。光学特性这个术语的范畴较为广泛，涉及许多关于电磁辐射的性质，并不仅仅指可见光区域的波谱（380～760 nm），还包括在其两端的红外区域（760 nm～1 mm）和紫外区域（5～380 nm）。可见光、红外光、紫外光照射乳后，它们是被吸收并发射（产生荧光），还是被散射或透射，这完全取决于光波的波长。乳的色泽是乳的光学特性的反映。丁达尔效应是指粒子小于入射光波长，则发生光的散射，这时观察到的是光波环绕微粒而向其四周放射的光。

乳是一种分散有脂肪球、酪蛋白胶束、乳清蛋白的有许多溶质的复杂胶体体系。乳表面的光散射和光吸收特性极大地影响了乳的外观。全脂乳、脱脂乳、乳清、酪蛋白和黄油的色泽如图 1-20 所示。在可见光区域，乳中的核黄素在接近 470 nm 处有很强的光吸收（使乳清呈现淡绿色），而乳脂肪呈现黄色是由于乳脂中 β-胡萝卜素可以在 460 nm 处吸收光。酪蛋白胶束所散射出的蓝色光线（短波长）比长波长的红色光线更加强烈，这使得脱脂乳带有淡淡的蓝色。因此，脂肪球及酪蛋白胶束具有对光进行散射的作用，通过观察可知，脂肪球和酪蛋白胶束是乳浊度（散射）的主要贡献者。经过均质处理的全脂乳颜色会变白，这是因为均质处理增加了光的反射（如在 550 nm 处增加了 19%的光反射）。对乳加热后的效果起初与均质后的效果一样，但是在过度加热后，会导致乳的非酶褐变。

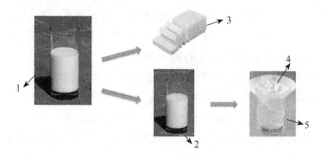

图 1-20　不同乳成分的色泽
1. 全脂乳：乳白色；2. 脱脂乳：白色带淡蓝色；3. 黄油（脂肪）：淡黄色；4. 酪蛋白：白色；5. 乳清：淡绿色

二、乳的滋味与气味

乳中含有挥发性脂肪酸及其他挥发性物质，所以牛乳带有特殊的香味。这种香味随温度的高低而异。乳经加热后香味强烈，冷却后减弱。此外，乳的气味易受到外界因素的影响，所以挤出来的牛乳如在牛舍中放置时间太久即带有牛粪味或饲料味，与鱼虾类放在一起则带有鱼腥味，贮存器不良时则产生金属味，消毒温度过高则产生焦糖味。因此，每一个处理过程都必须注意周围环境的清洁及各种因素的影响。

新鲜纯净的乳稍带甜味，这是因为乳中含有乳糖。乳中除甜味外，因其中含有氯离子，所以稍带咸味。常乳中的咸味因受乳糖、脂肪、蛋白质等所调和不易觉察，但异常乳如乳房炎乳中氯的含量较高，故有浓厚的咸味。

三、乳的热学性质

（一）冰点

牛乳的冰点一般为 $-0.565 \sim -0.525℃$，当牛乳的成分由于生理或病理原因而改变时（如哺乳后期分泌的牛乳和乳房炎乳），即异常乳，但渗透压和冰点保持不变。最重要的变化是乳糖含量下降，氯化物含量上升。乳糖、盐类对乳冰点降低的贡献率分别为55%和45%，这表明正常的牛乳其乳糖及盐类的含量变化很小，所以冰点很稳定。

牛乳的冰点是检查是否掺水的唯一可靠参数。如果在牛乳中掺入10%的水，其冰点约上升0.054℃。可根据冰点变动用下列公式来推算掺水量。

$$X = \frac{T - T_1}{T} \times 100\%$$

式中，X 为掺水量（%）；T 为正常乳的冰点；T_1 为被检乳的冰点。

酸败的牛乳其冰点会降低，所以测定冰点要求牛乳的酸度在20°T以内。

（二）沸点

牛乳的沸点在101.33 kPa（1个大气压）下为100.55℃，乳的沸点受其固形物含量影响。浓缩过程中沸点上升，浓缩到原体积的一半时，沸点上升到101.05℃。

四、乳的酸度与pH

酸-碱平衡是乳中最重要的物理性质。25℃时，鲜乳的pH为6.5~6.7。不同鲜乳样本中pH的差异反映其成分的变化。一般而言，初乳的pH较低（低至6.0），而乳房炎乳的pH则比哺乳中期正常乳高（高到7.5），因此乳被细菌侵染会导致pH的降低。人们通常用滴定法而不是pH测量法来检测酸碱平衡，其结果常作为乳的滴定酸度。

乳品工业中俗称的酸度，是指以标准碱液用滴定法测定的滴定酸度。由于新鲜乳中不含乳酸，因此，一直以来，滴定酸度被用作乳品质量的指标。我国《食品安全国家标准 食品酸度的测定》（GB 5009.239—2016）就采用滴定酸度进行乳品的酸度试验。

滴定酸度也有多种测定方法及其表示形式，我国滴定酸度用特尔纳度（简称"°T"）或乳酸度（%）来表示。

（一）特尔纳度（°T）

中和 100 mL 牛乳所需的 0.1 mol/L 氢氧化钠体积（mL）称为该牛乳的特尔纳度，消耗 1 mL 为 1°T，也称 1 度。正常牛乳的酸度为 16～18°T，这种酸度与贮存过程中因微生物繁殖所产生的乳酸有关。自然酸度主要由乳中的蛋白质、柠檬酸盐、磷酸盐及 CO_2 等酸性物质所构成。例如，新鲜的牛乳自然酸度为 16～18°T，其中 3～4°T 来源于蛋白质，约 2°T 来源于 CO_2，10～12°T 来源于磷酸盐和柠檬酸盐。

（二）乳酸度（%）

正常牛乳的乳酸度为 0.15%～0.18%。用乳酸度表示酸度时，按上述方法测定后用下列公式计算。

$$乳酸度 = \frac{0.1\ mol/L\ NaOH体积（mL）\times 0.009}{乳样体积（mL）\times 密度（g/mL）}\times 100\%$$

氢离子浓度为乳中处于电离状态的活性氢离子浓度，又称 pH，是离子酸度或活性酸度。显然，滴定酸度与产品的 pH 相关。因此，pH 测量法以其无破坏性和快速性而经常被使用。电极的条件对 pH 的精确测量起决定作用。乳制品含有的脂肪和蛋白质会妨碍电极。必须根据制造商的技术说明书认真地清洗电极。图 1-21 所示为牛乳的滴定酸度。

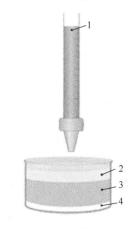

图 1-21　牛乳的滴定酸度
（Gösta，1995）
1. 0.1 mol/L NaOH 溶液；2. 10 mL 乳样；
3. 20 mL 煮沸蒸馏水；4. 5 滴酚酞

五、乳的比重与密度

乳的比重指在 15℃时一定容积牛乳的质量与同容积、同温度水的质量之比。正常乳的比重以 15℃为标准，平均为 1.032。乳的相对密度指乳在 20℃时的质量与同容积水在 4℃时的质量之比。正常乳的相对密度平均为 1.030。乳的比重和相对密度在同温度下其绝对值相差甚微,乳的相对密度较比重小 0.0019，乳品生产中常以 0.002 的差数进行换算。

液态乳制品的密度由于热膨胀会随温度的升高而降低。脂肪的含量及液态脂肪（密度较低）和固态脂肪（密度较高）的比例对乳密度的影响最大。这取决于乳的温度变化，因为乳脂肪可以产生相当程度的过冷，使结晶作用减缓。因此，最好的方法是，先将乳预热到 40～45℃数分钟，至乳脂肪完全熔化，然后在测量密度之前再将乳冷却至 20℃。密度的测量同时还是间接测量总固形物浓度，以及检查乳中是否掺杂水分的方法。乳的密度和相对密度通常用乳稠计进行测定。

乳的密度是由乳中所含各种成分的量所决定的。乳中各种成分大体是稳定的，其中乳脂肪含量变化最大。如果脂肪含量已知，只要测定比重，就可以按公式计算出乳固体的近似值（同本章第二节中干物质部分）。

六、乳的黏度与表面张力

牛乳大致可认为属于牛顿流体，正常乳的黏度为 0.0015～0.0020 Pa·s，并随温度升高而降低。在乳的成分中，脂肪及蛋白质对黏度的影响最显著。在一般正常的牛乳成分范围内，非脂乳固体含量一定时，随着含脂率的增高，牛乳的黏度也增高。当含脂率一定时，随着乳固体的含量增高，黏度也增高。初乳、末乳的黏度都比正常乳高。在加工中，黏度受脱脂、杀菌、均质等操作的影响。

黏度在乳品加工上有重要意义，需控制好。例如，在甜炼乳的加工中，黏度过低则可能分离或糖沉淀，黏度过高则可能发生浓厚化。贮藏中的淡炼乳，如黏度过高则可能发生矿物质的沉积或形成冻胶体（即网状结构）。此外，在生产乳粉时，如黏度过高可能妨碍喷雾，产生雾化不完全及水分蒸发不良等现象。

牛乳的表面张力与牛乳的起泡性、乳浊状态、微生物的生长发育、热处理、均质作用及风味等有密切关系，测定表面张力可鉴别乳中是否混有其他添加物。牛乳表面张力在 20℃时为 0.04～0.06 N/cm，并随温度的上升而降低，随含脂率的减少而增大，随溶液中所含物质而改变。乳经均质处理后脂肪球表面积增大，由于表面活性物质吸附于脂肪球界面处，从而增加了表面张力。但如果脂肪酶未先经热处理钝化，其活性会在均质过程中增大，使乳脂水解生成游离脂肪酸，从而降低表面张力，而表面张力与乳的起泡性相关。加工冰淇淋或搅打发泡稀奶油时希望有浓厚而稳定的泡沫形成，但运送乳、净化乳、桶奶油分离、杀菌时则应减少泡沫的形成。

第二章

乳中微生物及原料乳质量的控制

第一节　乳中微生物的来源和生长

一、微生物的来源

为了生产出高质量的牛乳，必须特别注意卫生。然而，尽管进行了预防措施，还是不可能完全除尽乳中的细菌。因为牛乳是细菌极好的生长介质，它含有细菌所需的全部营养物质。因此一旦细菌进入牛乳，它们就开始迅速增殖，使牛乳的风味、色泽、形态发生变化，从而失去食用价值。牛乳和乳制品中的污染通常来源于如下途径（图2-1）。

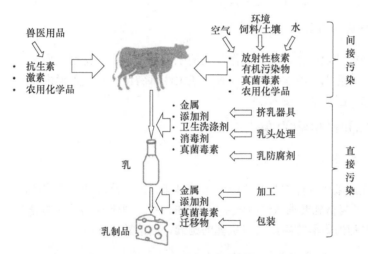

图 2-1　牛乳和乳制品中的污染及来源（罗金斯基等，2009）

"迁移物"是指间接的食品添加剂和聚合物残留

（一）来源于乳房内的污染

乳房的清洁程度极大地影响乳房中微生物的数量。乳房外部粘有很多粪屑及其他杂质，其中的细菌通过乳头管栖生于乳池下部，从乳头端部侵入乳房。因此，第一股乳流中，微生物的数量最多。正常情况下，随着挤乳的进行乳中细菌含量逐渐减少。所以在挤乳时，最初挤出的乳应单独存放，另行处理。

（二）来源于牛体的污染

挤乳时鲜乳受乳房周围和牛体其他部分污染的机会很多。因为乳牛皮肤/被毛等会增加鲜牛乳微生物的数量。通常，牛舍空气、垫草、尘土及牛本身的排泄物中的细菌大量附着在牛体皮肤/被毛及乳房的周围，在挤乳时会侵入牛乳中。为了减少这些污染菌，须用温水严格清洗乳房和腹部，并用清洁的毛巾擦干。

（三）来源于空气的污染

微生物一般黏附在空气中悬浮的尘埃/雾滴等粒子表面。挤乳及收乳过程中，鲜乳经常暴露于空气中，因而受到空气中微生物污染的概率较大。牛舍内的空气含有很多细菌，尤其是在灰尘较大的空气中，以带芽孢的杆菌和球菌属居多，此外霉菌的孢子也很多。现代化的挤乳站、机械化挤乳、管道封闭运输可减少来自空气的污染。

（四）来源于挤乳用具和乳桶等的污染

牛乳的细菌感染很大程度上是由设备造成的，挤乳时所用的洗乳房用布、挤乳机、过滤布、乳桶等都是潜在的传染源。因此，对设备进行仔细的清洁和消毒非常重要。有时乳桶虽经清洗杀菌，但细菌数仍然很高，这主要是由于乳桶内部凹凸不平，导致生锈和乳垢形成。各种挤乳用具和容器中所存在的细菌多数为耐热的球菌属，平均占70%；其次为八叠球菌和杆菌。所以这类用具和容器如果不严格清洗杀菌，则鲜乳被其污染后，即使用高温瞬间杀菌也不能杀灭这些耐热性的细菌，结果会导致鲜乳变质甚至腐败。

（五）其他来源的污染

乳中落入苍蝇或其他昆虫，以及操作工人的手不清洁或患有伤寒、白喉、结核或传染性肝炎等疾病时，新鲜牛乳也可能被污染。同时，还须注意勿使污水溅入桶内，并防止微生物由于其他直接或间接的原因从桶口侵入。

二、鲜乳存放期间微生物的变化

（一）刚挤出乳的微生物性状

刚挤出的鲜乳，微生物种类与数量因乳牛的健康状况、泌乳期、乳房状况及畜舍的卫生状况等而异。通常按严格挤乳要求从健康乳牛中所挤的牛乳，平均每毫升的菌落数为500～1000个菌落形成单位。最初的菌落数高，随着挤乳的延续，菌落数逐渐减少。

（二）牛乳在室温贮藏时微生物的变化

新鲜牛乳在杀菌前期都有一定数量的、不同种类的微生物存在，如果放置在室温下（10～21℃），乳液会因微生物的生长而逐渐变质。生鲜牛乳在室温下放置期间微生物的生长过程见图2-2，可分为以下几个阶段。

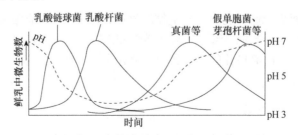

图2-2   生鲜牛乳在室温下放置期间微生物的变化情况（周光宏，2011）

1. 抑制期　鲜乳放置在室温环境中，一定时间内不会发生变质，这是因为乳中本身含有细菌抑制物质，其杀菌或抑菌作用在含菌少的鲜乳中可持续 36 h（在 13～14℃）；若在污染严重的乳液中，其作用可持续 18 h 左右。在此期间，乳液含菌数不会增高；若温度升高，则抗菌物质的作用增强，但持续时间会缩短。

2. 乳酸链球菌期　随着鲜乳抑菌特性的逐渐消失，乳中的微生物即迅速繁殖，占优势的细菌是乳酸链球菌、乳酸杆菌、大肠杆菌和一些蛋白质分解菌等，其中以乳酸杆菌生长繁殖尤为旺盛。乳酸链球菌分解乳糖产生乳酸，因而乳液的酸度不断升高。大肠杆菌繁殖时，将有产气现象出现。由于乳的酸度不断地上升，大肠杆菌等其他腐败菌的生长会受到抑制，并使牛乳出现软的凝固状态。当升高至一定酸度时（pH 4.5），乳酸链球菌本身生长受到抑制，并逐渐减少，乳凝块出现。

3. 乳酸杆菌期　乳酸链球菌繁殖产生大量乳酸，pH 继续下降，当降低至 6.0 左右时，乳酸杆菌的活动力逐渐增强。当 pH 继续下降至 4.5 以下时，由于乳酸杆菌耐酸力较强，尚能继续繁殖并产酸。在此阶段乳液中可出现大量乳凝块，并有大量乳清析出。

4. 真菌期　当酸度继续升高至 pH 3.0～3.5 时，绝大多数微生物被抑制甚至死亡。仅酵母菌和霉菌尚能适应高酸性的环境，并能利用乳酸及其他一些有机酸。由于酸被利用，乳液的酸度会逐渐降低，使乳液的 pH 不断上升、接近中性。

5. 胨化菌期　随着乳中的乳糖被消化，残余的乳糖量已经很少，适宜分解蛋白质及脂肪的细菌开始生长繁殖，这样就产生了乳凝块被消化、乳液的pH 逐渐提高并向碱性方向转化，并有腐败的臭味产生的现象。这时的腐败菌大部分属于芽孢杆菌属、假单胞菌属及变形杆菌属。

（三）牛乳在冷藏中微生物的变化

在冷藏条件下，鲜乳中适合于室温下繁殖的微生物生长被抑制，而嗜冷菌却能生长，但生长速度非常缓慢。这些嗜冷菌包括：假单胞菌属、产碱杆菌属、无色杆菌属、黄杆菌属、克雷伯菌属和小球菌属。冷藏乳的变质主要由于乳液中的蛋白质、脂肪分解。多数假单胞菌属中的细菌均具有产生脂酶的特性，低温下活性非常强并具有耐热性，即使在加热消毒后的乳油中，仍有残留脂肪酶活性。而低温条件下促使蛋白质分解胨化的细菌主要为产碱杆菌属、假单胞菌属。

第二节　原料乳的验收

乳是一种营养价值较高的食品，同时也适于各种微生物的生长繁殖。因此，必须选用优质原料制造优质的乳制品。为了保证乳制品的质量，对原料乳进行验收和预处理是非常重要的。原料乳的验收主要有感官检测、理化指标测定、微生物检验三方面。原料乳送到加工厂时，须立即进行逐车逐批验收，我国原料乳的生产现场检验以感官检验为主，辅以部分理化检验，如相对密度测定、酒精试验、煮沸试验、掺假检验等。若原料乳量大而对其质量有疑问者，可定量采样后在实验室中进一步检验其他理化指标和微生物指标。

我国规定生鲜牛乳收购应符合《食品安全国家标准 生乳》（GB 19301—2010），包括感官指标、理化指标及细菌指标。

一、感官指标

正常牛乳为乳白色或微带黄色，不含有肉眼可见的异物，不含有红色、绿色或其他异色，不含有苦、咸、涩的滋味和饲料味、青贮味、霉味等其他异味。质量优良的原料乳具有新鲜牛乳的风味和特有的香气，感官指标见表2-1。

表 2-1　原料乳的感官指标（GB 19301—2010）

项目	指标	检验方法
色泽	呈乳白色或微黄色	取适量试样置于 50 mL 烧杯中，在自然光下观察色泽和组织状态。闻其气味，用温开水漱口，品尝滋味
滋味、气味	具有乳固有的香味，无异味	
组织状态	呈均匀一致液体，无凝块、无沉淀、无肉眼可见异物	

二、理化指标

理化指标只有合格指标，不分级。我国颁布的一系列国家标准规定了原料乳验收时的理化指标，见表2-2。

表 2-2　原料乳的理化指标

项目	指标	检验方法
冰点 [a,b]/℃	$-0.560 \sim -0.500$	GB 5413.38—2016
相对密度/（20℃/4℃）	$\geqslant 1.027$	GB 19301—2010
蛋白质/（g/100g）	$\geqslant 2.8$	GB 5009.5—2016
脂肪/（g/100g）	$\geqslant 3.1$	GB 19301—2010
杂质度/（mg/kg）	$\leqslant 4.0$	GB 5413.30—2016
非脂乳固体/（g/100g）	$\geqslant 8.1$	GB 5413.39—2010
酸度/°T		
牛乳	$12 \sim 18$	GB 19301—2010
羊乳	$6 \sim 13$	GB 19301—2010

a. 挤出 3 h 后检测；b. 仅适用于荷斯坦乳牛

蛋白质的稳定性可通过酒精试验检查。酒精试验与酒精浓度有关，一般以72%的中性酒精与原料乳等量混合摇匀，无凝块出现为标准。不新鲜的牛乳，其蛋白质胶粒呈不稳定状态，当受到酒精的脱水作用时会加速聚沉。但是影响乳中蛋白质稳定的因素较多，如乳中钙盐含量增高时，在酒精试验中，由于酪蛋白胶粒脱水失去溶剂化层，使钙盐易与酪蛋白结合，形成酪蛋白酸钙沉淀。

原料乳的新鲜度可通过酸度测定鉴别。新鲜牛乳的滴定酸度为16~18°T。新鲜牛乳存放过久或贮存不当，乳中微生物繁殖使乳的酸度升高，酒精试验易出现凝块。为了合理利用原料乳和保证乳制品质量，用于制造甜炼乳的原料乳，宜用72%酒精试验；用于制造乳粉的原料乳，宜用68%酒精试验（酸度不得超过20°T）。酸度不超过22°T的原料乳可用于制造奶油，但其风味较差。酸度超过22°T的原料乳只能制造工业用的干酪素、乳糖等。

三、细菌指标

细菌指标有以下两种，分为 4 个级别，均可采用。①采用平皿细菌总数计算法，按表 2-3 中平皿细菌总数指标进行评级；②采用亚甲蓝还原褪色法，按表 2-3 中亚甲蓝褪色时间分级指标进行评级。两种指标只允许选用一种，不能重复。

表 2-3 原料乳的细菌指标（张和平，2007）

分级	平皿细菌总数指标 /（×10⁴ CFU/mL）	亚甲蓝褪色时间分级指标	分级	平皿细菌总数指标 /（×10⁴ CFU/mL）	亚甲蓝褪色时间分级指标
I	≤50	≥4 h	III	≤200	≥1.5 h
II	≤100	≥2.5 h	IV	≤400	≥40 min

注：根据《食品安全国家标准 生乳》（GB 19301—2010），微生物限量标准≤2×10⁶ CFU/mL

除国家规定的生鲜乳的质量标准外，许多乳品收购单位还规定下述情况之一者不得收购：①干乳期前 15 d 内的末乳和产后 7 d 内的初乳；②牛乳颜色有变化，呈红色、绿色或显著黄色者；③牛乳中有肉眼可见杂质者；④牛乳中有凝块或絮状沉淀者；⑤牛乳中有畜舍味、苦味、霉味、臭味、涩味、煮沸味及其他异味者；⑥用抗生素或其他对牛乳有影响的药物治疗期间，母牛所产的乳和停药后 3 d 内的乳；⑦添加有防腐剂、抗生素或其他任何有碍食品卫生的牛乳；⑧酸度超过 20°T 的牛乳，个别特殊者，可使用不高于 22°T 的鲜乳。

第三节 原料乳的初步处理

一、净化

原料乳验收后须经过净化，其目的是除去机械杂质并减少微生物数量。一般采用过滤净化和离心净化的方法。

（一）原料乳的过滤净化

若养殖的卫生条件不良，乳容易被粪屑、饲料和蚊蝇等污染。另外，乳在运输或转移过程中都可能被污染。因此，乳必须及时进行过滤。过滤的方法有常压过滤、减压过滤及加压过滤。乳牛场常用的过滤方法是纱布过滤。乳品厂简单的过滤是在受乳槽上装不锈钢制金属网加多层纱布进行粗滤，用管道过滤器做进一步的过滤。管道过滤器可设在受乳槽与乳泵之间，与牛乳输送管道连在一起。中型乳品厂也可采用双筒牛乳过滤器。一般连续生产时均设有两个过滤器交替使用。

使用过滤器时，为加快过滤速度，含脂率在 4%以上时，须把牛乳温度提高到 40℃左右，但不能超过 70℃；含脂率在 4%以下时，应采取 4～15℃的低温过滤，但要降低流速，不宜加压过大。在正常操作情况下，过滤器进口与出口之间压强差应保持在 6.86×10⁴ Pa 以内。压强差如果过大，易使杂质通过滤层。

（二）原料乳的离心净化

原料乳经过数次过滤后，虽然可除去大部分杂质，但乳中污染的很多极微小的细菌细胞、机械杂质、白细胞及红细胞等，难以用一般的过滤方法除去，需用分离机进一步净化。牛乳在离心作用下，不溶性杂质可被分离。老式分离机操作时须定时停机、拆卸和排渣。新式分离机多能自动排渣。大型乳品厂也采用三用分离机（奶油分离、净乳、标准化）来净乳。

采用 4～10℃的低温净化，应在原料乳冷却以后，送入贮乳槽之前进行。采用 40℃中温或 60℃高温净化后的乳，最好直接加工；如不能直接加工时，必须迅速冷却到 4～6℃贮藏以保持乳的新鲜度。

二、冷却

（一）冷却的作用

微生物在37℃左右的温度下繁殖最旺盛。如果不及时冷却，乳中的微生物就迅速繁殖，使乳的酸度增高，凝固变质，风味变差。因此，鲜乳应迅速冷却至4℃左右，在这个温度下，微生物的活性水平很低。冷却对乳中微生物的抑制作用见表2-4。

由表2-4看出，未冷却的乳中，微生物增加迅速，而冷却乳则增加缓慢。6～12 h微生物还有减少的趋势，这是因为乳中自身抗菌物质——乳烃素，可使细菌的繁育受到抑制。这种物质抗菌特性持续时间的长短，与原料乳温度和细菌污染程度有关（表2-5）。

表2-4 乳的冷却与乳中细菌数的关系（周光宏，2011）

贮存时间	冷却乳细菌数/ （个/mL）	未冷却乳细菌数/ （个/mL）	贮存时间	冷却乳细菌数/ （个/mL）	未冷却乳细菌数/ （个/mL）
刚挤出的乳	11 500	11 500	12 h 以后	7 800	114 000
3 h 以后	11 500	18 500	24 h 以后	62 000	130 000
6 h 以后	8 000	102 000			

表2-5 乳温与抗菌特性持续时间的关系（骆承庠，1999）

乳温/℃	抗菌特性持续时间	乳温/℃	抗菌特性持续时间
37	2 h 以内	5	36 h 以内
30	3 h 以内	0	48 h 以内
25	6 h 以内	−10	240 h 以内
10	24 h 以内	−25	720 h 以内

从表2-5可看出，新挤出的乳迅速冷却到低温可以使抗菌特性保持较长的时间。另外，原料乳污染越严重，抗菌作用时间越短。例如，乳温10℃时，挤乳时严格执行卫生制度的乳样，其抗菌期是未严格执行卫生制度乳样的2倍。因此，挤乳时严格遵守卫生制度，将刚挤出的乳迅速冷却，是保证鲜乳较长时间保持新鲜度的必要条件。

如果原料乳不在低温下贮存，超过抗菌期后，微生物会迅速繁殖。如原料乳贮存12 h，在13℃下其细菌数增加2倍，而夏季末细菌数骤增了81倍，以致乳变质。及时将乳冷却到10℃以下，大部分的微生物繁殖减弱。若在2～3℃贮存，乳中微生物繁殖几乎停止。一般不立即加工的原料乳应冷却到5℃以下。通常可以根据贮存时间的长短选择适宜的温度（表2-6）。

表2-6 乳的贮存时间与冷却温度的关系（李建江，2017）

乳的保存时间/h	乳应冷却的温度/℃	乳的保存时间/h	乳应冷却的温度/℃
6～12	10～8	18～24	6～5
12～18	8～6	24～36	5～4

（二）冷却方法

（1）水池冷却　　将乳桶放在水池中，用冷水或冰水进行冷却，可使乳温冷却到比冷水温度高 3~4℃。在北方，由于地下水的温度低，夏天用此法冷却，乳温会降到 10℃ 左右；在南方，为使原料乳冷却到较低温度，可在水池中放冰块，每隔 3 d 清洗水池一次，并用石灰水溶液进行消毒。但水池冷却的速度较慢，且耗水量多，劳动强度大，不易管理。

（2）板式热交换器冷却　　板式热交换器克服了表面冷却器因乳液暴露于空气而易污染的缺点。同时，因乳以薄膜形式进行热交换，热交换率高，用冷盐水作为冷却介质时，可使乳温迅速降到 4℃ 左右。因此，大多数乳品厂都用板式热交换器对乳进行冷却。

三、贮存

为了保证工厂连续生产的需要，必须有一定的原料乳贮存量。一般工厂总的贮乳量应不少于 1 d 的处理量。

贮乳设备采用不锈钢并配有不同容量的贮乳罐，以保证贮乳时每一罐能尽量装满。贮乳罐有卧式和立式两种，小罐多装于室内，大罐多装于室外，以减少厂房的建筑费用。贮乳罐可通过加保温层和防雨层来防止温度上升。贮藏要求保温性能良好，一般乳经过 24 h 贮存后，乳温上升不得超过 2℃。

鲜乳贮存中，贮乳罐的隔热尤为重要。在有保温层的贮乳罐中，在水温与罐外温差为 16.6℃ 情况下，18 h 后水温的上升必须控制在 16℃ 以下。此外，还规定如在 4.59℃ 保存时，24 h 内搅拌 20 min，脂肪率的变化在 0.1% 以下。

贮乳罐的总容量应根据各厂每天牛乳总收纳量、收乳时间、运输时间及能力等因素决定。一般贮乳罐的总容量应为日收纳总量的 2/3 以上，而且每只贮乳罐的容量应与班生产能力相适应。每班的处理量一般相当于两只贮乳罐的乳容量，否则将动用多只贮乳罐，增加了调罐、清洗的工作量，也会增加牛乳的损耗。

贮乳罐使用前应彻底清洗、杀菌，待冷却后贮入牛乳。每罐须放满，并加盖密封。如果装半罐，会加快乳温上升，不利于原料乳的贮存。贮存期间要开动搅拌机，但注意不要混入空气。乳温变化应以 24 h 内不超过 1℃ 为宜。

四、运输

原料乳的运输也在乳品生产中非常关键。运输不当会造成很大损失，甚至使乳失去加工价值。

目前，我国乳源分散的地方，采用乳桶运输；乳源集中的地方，采用乳槽车运输。国外先进地区则采用地下管道运输。

1. 乳桶运输　　要求乳桶为表面光滑、无毒、不生锈的铝桶、塑料桶或不锈钢桶。尽量少用镀锌桶和挂锡桶。乳桶的容量为 25 L、40 L 和 50 L 不等。

乳桶必须符合下列要求：有足够的强度和韧性，体轻耐用，内壁光滑；肩角小于 45°，空桶斜立重心平衡点夹角为 15°~20°，盛乳后斜立重心平衡点夹角为 30°；桶内转角呈弧形，便于清洗；颈部两侧提手柄长不得小于 10 cm，与桶盖内侧边缘距离应保持 4 cm，手柄角度要适于搬运；桶盖易开关，且不漏乳。

2. 乳槽车运输　　乳槽为不锈钢制成；车后有离心式乳泵，装卸方便；隔热良好，车外加绝缘层后可基本保证乳在运输中不易升温。国产乳槽车有 SPB-30 型，容量为 3100 kg。

3. 地下管道运输　　一些先进地区还采用不锈钢的地下密封管道，并装有离心式乳泵。

无论采用哪种运输方式，都应注意以下几点。

（1）防止乳在途中升温　　特别是在夏季，乳温在运输途中往往很快升高。因此，最好选在夜间或早晨运输。如果在白天运输，要采用隔热材料遮盖乳桶。最简单易行的办法是用席子或毯子把盛乳桶的上面和侧面遮蔽起来，然后用防水布盖好；为使乳温不升高，也可把防水布润湿。

（2）运输容器保持清洁卫生　运输时所采用的容器必须保持清洁卫生，并经过严格杀菌。乳桶盖内应有橡皮衬垫，绝不能用碎布、油纸或碎纸等代替。

（3）运输容器容量按季节调整　夏季容器必须装满盖严，以防振荡；冬季不得装得太满，避免因冻结而使容器破裂。

（4）减少运输时间　按时间计算里程，缩短中途停留时间。

第三章

◆

液态乳的加工与控制

第一节　概　述

本章彩图

一、液态乳的概念及种类

液态乳是以生鲜牛乳、乳粉等为原料，经过适当的加工处理，可供消费者直接饮用的液体状的商品乳。液态乳种类繁多，通常采用以下几种方法分类。

（一）根据杀菌方法分类

液态乳加工过程中最主要的工艺是热处理，根据产品在生产过程中采用的热处理方式和强度不同，可将液态乳分为以下几类：①巴氏杀菌乳；②超高温巴氏杀菌乳；③超高温灭菌乳；④灌装高压灭菌乳。

（二）根据脂肪含量分类

为了满足不同消费者的需求，各国制定的标准不同。我国液态乳分类情况如表 3-1 所示。

表 3-1　我国液态乳的类型及脂肪含量（张兰威，2016）

产品类型	脂肪含量/%	产品类型	脂肪含量/%
全脂乳	≥3.1	脱脂乳	≤0.5
部分脱脂乳	1.0～2.0	稀奶油	10～48

（三）根据原料分类

1. 纯牛乳　又称生乳、生鲜牛乳、原料乳。这是以生鲜乳为原料，不添加任何添加剂或其他食品原料加工而成的产品，保持了牛乳的固有成分。

2. 再制乳　是以脱脂乳粉与奶油或无水奶油等为原料，经混合溶解后制成的与牛乳成分相同的饮用乳。

3. 还原乳　又称复原乳。这是用全脂乳粉和水勾兑而成的，符合《食品安全国家标准　生乳》（GB 19301—2010）的液态乳。

4. 混合乳　指用纯牛乳与还原乳或再制乳以某种比例相互混合而成的混合物。

按国际惯例，混合乳中纯牛乳的量不宜小于 50%；如果是以再制乳与纯牛乳混合成的混合乳，其中纯牛乳的量不宜小于 70%。

二、液态乳的工艺流程

液态乳的工艺流程如图 3-1 所示。

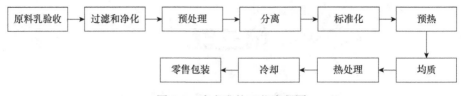

图 3-1 液态乳的工艺流程图

第二节 巴氏杀菌乳

根据《食品安全国家标准 巴氏杀菌乳》（GB 19645—2010），巴氏杀菌乳又称巴氏消毒乳，是仅以生牛（羊）乳为原料，经巴氏杀菌等工序制得的液态产品。巴氏杀菌是乳品加工中相对较为温和的热处理方法。巴氏杀菌的目的是确保液态乳的安全性，延长货架期。这种方法能杀灭绝大多数原料乳中的已知病原体和大多数腐败菌，同时，在风味及营养品质上只引起较小的变化。巴氏杀菌乳可根据脂肪含量分为全脂乳、低脂乳和脱脂乳。

一、巴氏杀菌乳的工艺流程

典型的巴氏杀菌乳生产线由夹在框架中的一组垂直不锈钢板组成。该框架可以包括许多板组即区段，不同的处理阶段如预热、杀菌、冷却等可在此进行（图 3-2）。热介质是蒸汽或热水；根据产品要求的出口温度不同，冷介质可以是冷水、盐水、乙二醇或冰水。巴氏杀菌乳生产线的杀菌能力取决于板的尺寸和数量，最高可达 100 000 L/h。

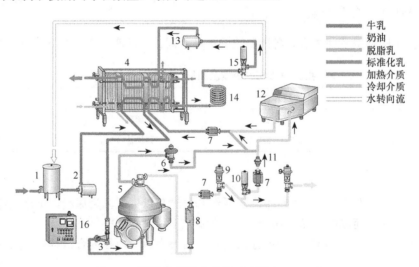

图 3-2 巴氏杀菌乳生产线（李晓东，2011）

1. 平衡槽；2. 进料泵；3. 流量控制器；4. 板式换热器；5. 分离机；6. 稳压阀；7. 流量传感器；8. 密度传感器；
9. 调节阀；10. 截止阀；11. 检查阀；12. 均质机；13. 增压泵；14. 保温管；15. 转向阀；16. 控制盘

经验收合格的原料乳通过平衡槽 1 后由进料泵 2 送至板式换热器 4 进行预热。通过流量控制器 3 至分离机 5，以生产脱脂乳和稀奶油。并通过流量传感器 7、密度传感器 8 和调节阀 9 确定和保持稀奶油的脂肪含量。为了保证均质效果，以及节省投资和能源，仅使稀奶油通过一个较小的均质机。实际上该图中稀奶油的去向有两个分支，一是通过截止阀 10、检查阀 11 与均质机 12 相连，以确保巴氏杀菌乳脂肪含量；二是多余的稀奶油进入奶油处理线。此外，应控制进入均质机 12 的稀奶油的脂肪含量低于 10%，所以要精确地计算均质机的能力，并使脱脂乳混入稀奶油且能以稳定的流速进入均质机 12。随后均质的稀奶油与多余的脱脂乳混合，使物料的脂肪含量稳定在产品要求范围，并送至板式换热器 4 和保温管 14 进行杀菌。然后通过转向阀 15 和增压泵 13 保证杀菌后的巴氏杀菌乳在杀菌机内为正压。这样能避免因杀菌机的渗漏而导致的冷却介质或未杀菌的物料污染杀菌后的巴氏杀菌乳的情况。当杀菌温度低于设定值时，温度传感器将指示转向阀 15，使物料回到平衡槽 1。经巴氏杀菌后，杀菌乳继续通过板式换热器 4 交换段与流入的未经处理的乳进行热交换，而本身被降温，然后继续到冷却段，用冷水和冰水冷却，冷却后先通过缓冲罐，再进行灌装。

二、巴氏杀菌乳的生产要求及质量控制

（一）原料乳验收和分级

只有符合标准的原料乳才能用于生产，其质量能直接影响巴氏杀菌乳的质量和货架期。通常在牧场仅对牛乳的质量做一般的评价，到达乳品厂后再对感官指标、理化指标和微生物指标进行测定。

（二）预处理

1. 脱气　　牛乳刚刚被挤出后含 5.5%～7% 的气体；经过贮存、运输和收购后，气体含量将提高至 10% 以上，且绝大多数为非结合的分散气体。这些气体对乳品加工的影响主要有：①影响牛乳计量的准确度；②使巴氏杀菌机器中结垢增加；③影响分离效率；④影响牛乳标准化的准确度；⑤影响奶油的产量；⑥促使脂肪球聚合；⑦促使游离脂肪吸附于奶油包装的内层；⑧促使发酵乳中的乳清析出。

因此，在牛乳处理的不同阶段进行脱气是非常有必要的。通常用流量计计量牛乳时须经过脱气，但是这种脱气设备对乳中细小的分散气泡是不起作用的，因此在进一步处理牛乳的过程中，还应使用真空脱气罐，以除去细小的分散气泡和溶解氧。

2. 过滤、净化　　将原料乳验收后，为了除去其中的尘埃杂质、上皮细胞等，必须对原料乳进行过滤和净化处理，以除去机械杂质并减少微生物的数量。

（三）标准化

1. 目的　　根据《食品安全国家标准　巴氏杀菌乳》（GB 19645—2010）的要求，全脂的巴氏杀菌乳脂肪含量应高于 3.1 g/100 g。但因原料乳受乳牛品种、地区差异、饲养管理水平、季节等影响，其成分不尽相同，因此，要根据生产产品的要求进行标准化。巴氏杀菌乳标准化的目的是生产符合质量标准要求的产品，并使生产的每批产品质量均匀一致。就巴氏杀菌乳而言，一般只对乳脂肪标准化。

2. 标准化的计算　　乳脂肪的标准化可通过添加稀奶油或脱脂乳进行调整，如将全脂乳与脱脂乳混合，将稀奶油和全脂乳混合，将稀奶油和脱脂乳混合及将脱脂乳和无水奶油混合等。

混合的计算方法可采用皮尔逊方框图法（以下简称方框图法），见图 3-3。当原料乳中脂肪含量不足时，应添加稀奶油或除去一部分脱脂乳；当原料乳中脂肪含量过高时，则可添加脱脂乳或提取部分稀奶油。标准化工作是在贮乳罐的原料乳中进行或在标准化机中连续进

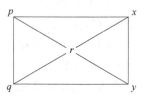

图 3-3　皮尔逊方框图法
（张和平，2007）

行的。乳品厂生产中一般采用方框图法进行标准化计算。

设：原料乳的含脂率为$p\%$；脱脂乳或稀奶油的含脂率为$q\%$；标准化乳的含脂率为$r\%$；原料乳数量为x；脱脂乳或稀奶油的数量为y（$y>0$为添加，$y<0$为提取）。则形成下列关系式：

$$px+gy=\frac{r(x+y)x}{y}=(r-q)/(p-r)$$

式中，若$p>r$、$q<r$（或$q>r$），表示需要添加脱脂乳（或提取部分稀奶油）；若$p<r$、$q>r$（或$q<r$），表示需要添加稀奶油（或除去部分脱脂乳）。

进一步用方框图表示它们之间的比例关系，如下例所示。

例 3-1　试处理 1000 kg 含脂率 3.6%的原料乳，要求标准化乳中脂肪含量为 3.1%。①若稀奶油脂肪含量为 40%，问应提取稀奶油多少千克？②若脱脂乳脂肪含量为 0.2%，问应添加脱脂乳多少千克？

解　按关系式$x/y=(r-q)/(p-r)$得

① $x/y=(3.1-40)/(3.6-3.1)=-36.9/0.5$

用方框图解为

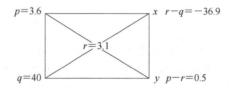

已知$x=1000$ kg，故$1000/y=-36.9/0.5$，则$y\approx-13.6$（kg）（负号表示提取），即需提取脂肪含量为 40%的稀奶油 13.6kg。

②$x/y=(3.1-0.2)/(3.6-3.1)=2.9/0.5$

用方框图解为

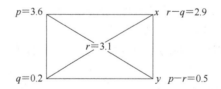

故$1000/y=2.9/0.5$，则$y\approx172.4$（kg），即需添加脂肪含量为 0.2%的脱脂乳 172.4kg。

3．标准化方法　　目前标准化方法主要有 3 种。

（1）预标准化　　预标准化是指在巴氏杀菌之前把全脂乳分离成稀奶油和脱脂乳。如果标准化乳脂率高于原料乳中的，则需在原料乳中加入计算好比例的稀奶油；如果标准化乳脂率低于原料乳中的含量，则需将脱脂乳按计算比例与原料乳在罐中混合，达到要求的脂肪含量。

（2）后标准化　　后标准化是在巴氏杀菌之后进行，方法同上，但比预标准化产生二次污染的可能性大。

（3）直接标准化　　即在线标准化，牛乳经分离成脱脂乳和稀奶油。将牛乳加热至 55～65℃，然后按预先设定好的脂肪含量，分离出脱脂乳和稀奶油，并且根据最终产品的脂肪含量，由设备自动控制回流到脱脂乳中的稀奶油的流量，多余的稀奶油会流向巴氏杀菌机，使混合后的牛乳脂肪、蛋白质等指标符合产品要求。

预标准化和后标准化都需要使用大型的、等量的混合罐，分析和调整工作也很费工。而直接标准化是与现代化的乳制品大生产相结合的方法，其主要特点为：快速、稳定、精确，可以与分离机联合运作，单位时间内处理量大等。

（四）均质

鲜乳均可使乳中脂肪球在强力的机械作用下破碎成直径较小的脂肪球，脂肪球直径可控制在 1 μm 左右。在巴氏杀菌乳的生产中，均质机的位置一般处于杀菌机的第一热回收段；在间接加热的超高温灭菌乳生产中，均质机位于灭菌之前；在直接加热的超高温灭菌乳生产中，均质机位于灭菌之后，因此应使用无菌均质机。均质能防止脂肪的上浮分离，并改善牛乳的消化、吸收程度。通常，荷斯坦牛的乳中，75%的脂肪球直径为 2.5～5.0 μm，其余为 0.1～2.2 μm。均质后的脂肪球大部分在 1.0 μm 以下。均质的效果可以用显微镜、离心和静置等方法来检查，通常用显微镜检查比较简便。

均质机是一种高压泵，当加高压的牛乳通过均质阀流向低压部时，由于切变和冲击的力量，或在阀门后随着压力的急剧变化产生爆炸等作用，以及通过阀门时产生气泡的破坏作用（也就是所谓的空化效应等力量），使脂肪球破碎。均质效果与温度有关，所以须先预热。对于大多数生产企业来说，脂肪含量在 1%～5%的原料乳均采用二级均质机进行均质处理，控制二级均质压力在 5 MPa 左右，再调节总均质压力为 18～25 MPa。

（五）杀菌

巴氏杀菌的目的首先是杀死致病菌，其次是尽可能多地破坏能影响产品风味和保质期的其他微生物和酶类系统，以保证产品质量在保质期内的稳定。

牛乳在处理过程中可能被多种微生物污染，因此杀菌的目的有以下三点。①牛乳的营养价值很高，但是婴幼儿、老弱者等如果饮用了杀菌不良的牛乳则可能感染疾病。而杀菌乳又是人们日常饮用的食品之一，因此要杀灭对人体有害的病原菌，使牛乳成为安全的食品，以维护公共卫生和保护消费者健康。②抑制酶的活性，以免成品产生脂肪水解、酶促褐变等不良现象。③破坏对成品质量有害的其他微生物，提高成品的贮藏性。一般低温长时液态乳采用玻璃瓶装，在常温下只能存放 12 h 左右。近 10 年发展的灭菌乳，采用无菌软包装，在常温下可存放 3 个月以上。

（六）冷却

乳经过巴氏杀菌后，虽然绝大部分微生物已经被消灭，但在以后各项操作中仍有被污染的可能性。为抑制残留微生物的生长和繁殖，同时保持产品品质，杀菌后的牛乳必须迅速冷却到 7℃以下。冷却方法是将杀菌后的高温牛乳经换热器冷却至 4～5℃（图 3-4）。

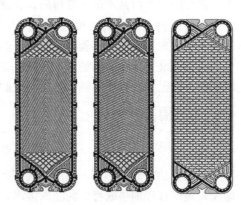

图 3-4　典型板式换热器（巴氏杀菌）板片的性状和设计（Gösta，1995）

（七）灌装

冷却后的牛乳应直接分装、及时分送给消费者。如不能立即运送时，应贮存于 5℃以下的冷库内。灌装的目的是便于零售，防止杂质混入及微生物的二次污染。此外，灌装也能很好地保存成品的风味。液态乳的包装形式主要有玻璃瓶、聚乙烯塑料瓶、塑料袋和复合塑纸。玻璃瓶可回收，但不易于存放和清洗。而塑料袋和复合塑纸袋（盒）轻便且不用回收，因而在包装工业中发展很快。

（八）冷藏运输

灌装后的消毒乳，送入冷库做销售前的暂存。冷库温度一般为 4~6℃，时间为 1~2 d，无菌包装乳可在室温下贮藏 3~6 个月。巴氏杀菌乳在贮存和分销过程中，必须保持冷链的连续性，尤其是从乳品厂到商店的运输过程及产品在商店的贮存过程是冷链两个最薄弱的环节。除温度外，在巴氏杀菌产品的贮存和销售中还应注意：①小心轻放，避免产品与硬物质碰撞；②尽量避免与具有强烈气味的物质接触；③避光；④防止和避免高温；⑤避免产品强烈振动。

第三节　超高温灭菌乳

超高温灭菌（ultrahigh temperature sterilization，UHTS）乳属于灭菌乳的种类之一，是指物料在连续流动的状态下，经过 135~150℃不少于 1 s 的超高温瞬时灭菌（以完全破坏其中可以生长的微生物和芽孢）以达到商业无菌水平，最大限度地减少产品在物理、化学及感官上的变化，然后在无菌状态下灌装于无菌包装容器中的产品。超高温灭菌的出现，大大改善了灭菌乳的特性，不仅使产品的色泽和风味得到了改善，而且提高了产品的营养价值。

灭菌乳的质量、可接受性和货架期由乳组成、储存历史和质量共同影响和决定，也被灭菌加工方式和条件、最终产品的储藏条件所影响。尽管灭菌的主要目的是减少乳中的微生物数量，但更影响产品的物理和化学稳定性、风味、颜色和营养价值。灭菌乳的整体品质不仅仅受生产过程中热处理的影响，而且在储藏过程中还显著地受物理、化学变化和一些酶反应的影响。在一个给定的产品中，加工和储存条件影响的方式和程度，受加工前乳的组成、性质和质量的影响。

生产灭菌乳的主要目的是使产品的特性在加工后保持稳定并使此时间尽量延长。灭菌乳应符合两项要求：①加工后产品应最大限度地接近产品的初始特性；②贮存过程中产品的质量应与加工后产品的质量保持一致。灭菌乳不是无菌乳，无菌乳即产品绝对无菌，这是一种理想状态，在实际生产中是不可能获得的。灭菌乳是指产品达到商业无菌状态，符合三项要求：①不含危害公共健康的致病菌和毒素；②不含任何在产品贮存运输及销售期间能繁殖的微生物；③在产品有效期内保持质量稳定和良好的商业价值，不变质。

无菌灌装可避免产品的二次污染，是工艺的一个组成部分。其特点是牛乳可进行超高温短时杀菌，在无菌的条件下包装，常温下贮存不会变质，色、香、味和营养素的损失少。

一、超高温灭菌方式

（一）加热方式

根据加热方式的不同，超高温灭菌处理主要分为直接加热和间接加热两种方式。直接加热即注入蒸汽直接加热或将牛乳注入蒸汽。间接加热指在真空下膨胀冷却或热交换器中的间接加热和冷却。

1. 直接加热　　直接加热系统可分为喷射式（蒸汽喷入产品）和注入法（产品注入蒸汽中）。产品进入系统后与加热介质直接接触，在蒸汽瞬间冷凝的同时加热乳至灭菌温度，最后通过间接冷却系统冷却至包装温度，如图 3-5 所示为蒸汽混注系统。直接加热法的优点是快速加热和快速冷却，能最大限度地减少超高温处理过程中可能发生的物理和化学变化，乳清蛋白变性程度小，成品质量提升。另外，直接加热方式设备中附有真空膨胀冷却装置，可起脱臭作用，使成品中残氧量低，风味较好。但直接加热法的设备比较复杂，且需纯净的蒸汽，因此现在使用该法者逐渐减少。

2. 间接加热　　间接加热法用管式或板式换热器加热，通过热交换器壁之间的介质间接加热的方法，保持数秒后，迅速冷却。加热介质包括过热蒸汽、热水和加压热水。冷却剂常用冷水或冰水，也可使用各种冷却剂。间接加热法又可分为片式加热器灭菌法、环形管式加热器灭菌法、刮面式加热器灭菌法。

如图 3-6 所示为片式加热器，其特点是传热效率高，结构紧凑，占地面积小。其由于进行回流换热，从而大大提高了热的利用率。而且牛乳又通过热交换区段降温使营养成分破坏少，温度能自动控制，便于生产连续化和自动化。大多数加工厂均采用此方法。

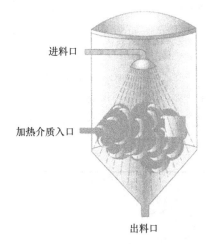

图 3-5　蒸汽混注系统（李晓东，2011）

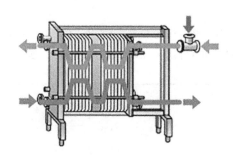

图 3-6　片式加热器（Gösta，1995）

直接加热法在 80℃以上的热程短，纤溶酶无法灭活。直接和间接 UHTS 处理的温度曲线见图 3-7。

（二）灭菌条件

为了保证产品的商业无菌，通常需要将原料乳加热到一定的温度，并在此温度下保持一段时间，以杀灭原料乳中存在的微生物及酶类。

1. 热致死率的表示方法

$$热致死率(\%)=\frac{杀菌前的细菌数-杀菌后的细菌数}{杀菌前的细菌数}$$

2. 乳中各种微生物的致死条件　　微生物的致死效果受微生物的种类、菌体细胞与孢子的状态、加热温度和时间等影响。牛乳中各种微生物的热致死条件如表 3-2 所示。通常原料乳中含有细菌营养体和芽孢的混合菌种，以营养细胞形式存在的微生物易被杀死，而一些以芽孢状态存在的微生物则很难被

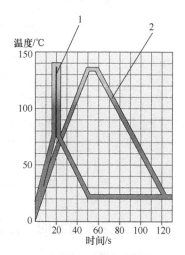

图 3-7　直接和间接 UHTS 处理的
温度曲线（Gösta，1995）
1. 直接加热；2. 间接加热

杀灭。巴氏杀菌法的杀菌效果只能达到 85%～99%，对于嗜热菌、耐热性菌和芽孢杆菌等均不能杀死。图 3-8 是热处理对微生物及酶活性的影响。图中标明了罐内灭菌和 UHTS 处理区域，标示的温度（30℃和 55℃）分别对应不同芽孢生成菌的营养体的最适生长温度。A 线所示是能够引发牛乳褐变的时间/温度组合的低限。B 线所示是完全灭菌（杀灭耐热芽孢）所要求的

时间/温度组合的低限。可见，虽然两种方法具有相同的灭菌效果，但化学效果却有很大差异，在较低的温度负荷下，维生素和氨基酸的褐变反应和破坏差异要小得多。这也是 UHTS 乳比罐内灭菌乳口感更好且营养价值更高的原因。

表3-2 牛乳中各种微生物的热致死条件（骆承庠，1999）

菌群	热致死温度和时间	菌群	热致死温度和时间
非耐热性乳酸菌	57.8℃，30 min；60~61℃，1 min	痢疾杆菌	71.1℃，16 s；72.1℃，0.5 s
耐热性乳酸菌	62.8℃，5~30 min；67.8℃，10~30 min	伤寒杆菌	59~60℃，2 min；72℃，0.5 s
溶血性链球菌	60℃，30 min；70.5℃，0.25 s	白喉棒状杆菌	69.7℃，0.5 s
耐热性小球菌	88.8℃，0.25 s；88.1℃，0.5 s	布鲁氏菌	61.5℃，23 min；71.1℃，20 min
八联球菌	60℃，24 min	立克次氏体	63~65℃，30 min；71.4℃，15 s
大肠菌群	60℃，22~75 min；65.6℃，30 min；86℃，0.5 s	枯草芽孢杆菌	100℃，180 min；120℃，8 min
		好氧芽孢杆菌	121℃，2.6 min
葡萄球菌	62.8℃，6.8 min；65.6℃，1.9 min	肉毒梭状芽孢杆菌	121℃，0.45~0.5 min
结核分枝杆菌	60℃，10 min；71.12℃，20 s；61.1℃，30 min		

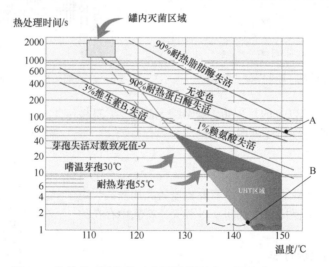

图 3-8 热处理对微生物及酶活性的影响（张兰威，2016）

二、超高温灭菌乳的工艺流程

直接和间接 UHTS 方法生产工艺是相近的。UHTS 工艺与巴氏杀菌工艺相近，主要的区别是：UHTS 处理前一定要对所有设备进行预灭菌，UHTS 热处理要求更严/强度更大，工艺流程中必须使用无菌罐，最后采用无菌灌装。无菌包装的 UHTS（直接或间接加热）工艺流程如图 3-9 所示。

根据 UHTS 加热方式，主要有直接加热的 UHTS 生产流程（图 3-10），板式间接加热的 UHTS 生产流程（图 3-11），管式间接加热的 UHTS 生产流程（图 3-12），以及直接加热和间接加热兼有的 UHTS 生产流程（图 3-13）。

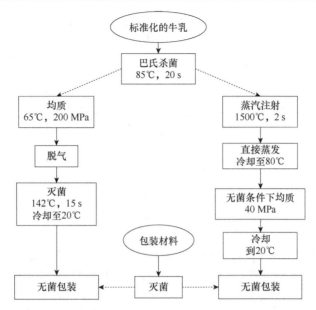

图 3-9　无菌包装的 UHTS（直接或间接加热）工艺流程图（张和平，2007）

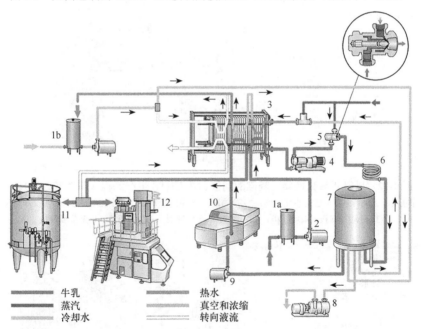

图 3-10　带有板式热交换器的直接蒸汽喷射加热的 UHTS 生产流程（Gösta，1995）

1a. 牛乳平衡槽；1b. 水平衡槽；2. 供料泵；3. 板式热交换器；4. 泵；5. 蒸汽喷射头；6. 保温管；
7. 闪蒸室；8. 真空泵；9. 离心泵；10. 均质机；11. 无菌罐；12. 无菌灌装机

三、超高温处理对牛乳的影响

（一）对微生物的影响

通常原料乳中含有细菌营养体和芽孢的混合菌种，以营养细胞形式存在的微生物易被杀死，而一些以芽孢状态存在的微生物则很难被杀灭。UHTS 处理要求杀灭原料乳中所有的微生物，但是在实际生产过程中，仍然有少量的耐热芽孢并未完全被杀灭。

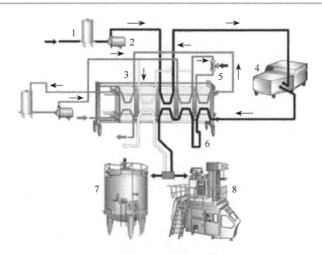

图 3-11　以板式热交换器为基础的间接加热 UHTS 生产流程（张兰威，2016）

1.平衡槽；2.物料泵；3.板式热交换器；4.均质机；5.蒸汽喷射头；6.保温管；7.无菌罐；8.无菌灌装机

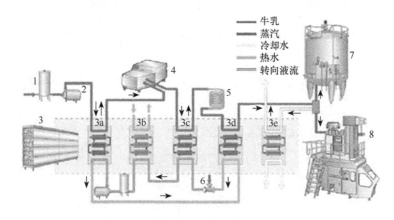

图 3-12　以管式热交换器为基础的间接加热 UHTS 生产流程（张兰威，2016）

1.平衡槽；2.供料泵；3.管式热交换器；3a.预热段；3b.中间冷却段；3c.加热段；3d.热回收冷却段；
3e.启动冷却段；4.均质机；5.保温管；6.蒸汽喷射头；7.无菌罐；8.无菌灌装机

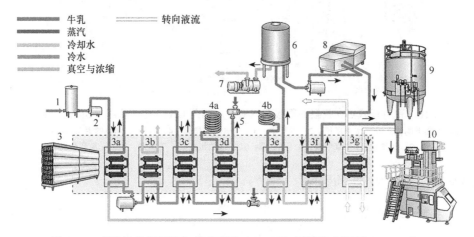

图 3-13　直接加热和间接加热兼有的 UHTS 生产流程（李建江，2017）

1.平衡槽；2.供料泵；3.管式热交换器；3a.预热段；3b.补偿冷却器；3c.加热段；3d.最终加热段；3e、3f.冷却段；
3g.转向冷却器；4a、4b.保持管；5.蒸汽喷射头；6.蒸发室；7.真空泵；8.无菌均质机；9.无菌缸；10.无菌灌装机

细菌芽孢的致死温度一般从 115℃开始，随着温度升高，致死率快速提高。由于嗜热脂肪芽孢杆菌和枯草芽孢杆菌耐热能力较强，通常使用它们作为检验 UHTS 设备灭菌效果的试验微生物。

大多数 UHTS 在高于 140℃的温度下进行，因此容易达到灭菌效果。但是只有在纤维蛋白溶解酶的残存活力不超过 1%时，才能获得室温贮藏下足够长的货架期。如图 3-14 所示，许多微生物脂肪酶和蛋白酶很难在 UHTS 处理过程中被灭活。此外，耐热脂肪酶会产生不良风味，因此要求原料乳中必须不含有这些酶。

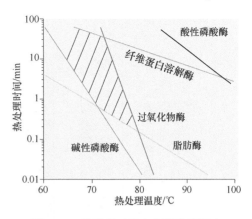

图 3-14　热处理对乳中内源酶的影响

图 3-15 所示为牛乳发生老化凝胶的表观特性，即纤维蛋白溶解酶水解酪蛋白引发凝胶沉淀，表现为乳黏度上升和蛋白质絮凝。乳的老化凝胶主要是由乳清蛋白中的 β-lg 和酪蛋白中 κ-CN 相互结合形成三维网络结构。老化凝胶的形成主要分为三个阶段：①热加工过程中，β-lg 和 κ-CN 内的二硫键发生分子间交联，形成 β-lg-κ-CN 复合物，并附着在酪蛋白胶束表面；②货架期内，附着在酪蛋白胶束表面的 β-lg-κ-CN 复合物缓慢解离到乳清相中；③乳清相中 β-lg-κ-CN 复合物形成交联，并与蛋白质结合在一起。

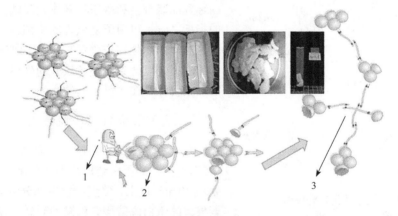

图 3-15　纤维蛋白溶解酶水解酪蛋白引发凝胶沉淀

1. 纤维蛋白溶解酶；2. 热处理后的酪蛋白胶束；3. 乳清蛋白网络

（二）对感官质量的影响

1. 风味　　牛乳作为一种组成复杂的胶体，其化学成分受热处理的影响较大，特别是加热后风味物质的改变会直接影响牛乳的感官品质。UHTS 乳的色泽与巴氏杀菌乳色泽相近，但会产生蒸煮味。这主要是由热处理过程中乳清蛋白变性所产生的硫化物所引起，加热过程中乳中巯基的含量如图 3-16 所示。加热使乳清蛋白变性并暴露出可能形成巯基酸和二甲硫醚的巯基，从而产生了蒸煮味。

2. 色泽　　牛乳在长时间的高温处理时，会形成某些化学反应产物，导致牛乳色泽发生变化（褐变），并产生蒸煮味和焦糖味，最终出现大量沉淀。在热处理过程中，乳糖在游离氨基的催化条件下，发生碱基异构化形成乳果糖（葡萄糖异构为果糖），过程如图 3-17 所示。乳果

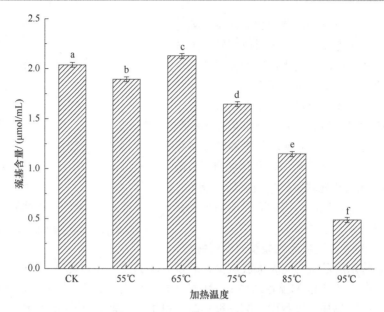

图 3-16　加热过程中乳中巯基的含量（Li et al.，2021）

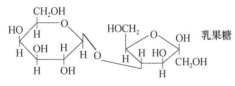

↓ 异构化

图 3-17　乳糖转化为乳果糖

（罗金斯基等，2009）

糖在巴氏杀菌条件下不产生，在 UHTS 条件下产生。国际乳品联合会和欧盟将其作为反映乳热处理强度的指标之一，可用于复原乳的鉴别。这可以使用高温短时间的热处理来避免，通过控制时间和温度组合的选择，以达到对孢子较强的破坏，同时对牛奶的热损伤保持在尽可能低的水平。

（三）对营养价值的影响

1．对酪蛋白的影响　酪蛋白结构稳定，100℃以下，酪蛋白结构几乎无变化。但在 120℃，处理 30 min 以上，酪蛋白发生部分水解、脱磷酸和聚集。酪蛋白脱磷酸会引发沙砾感，使游离钙离子增多，屏蔽胶束表面电荷，引发酪蛋白聚集。

2．对乳清蛋白的影响　乳清蛋白在热处理过程中不耐热。其变性温度为：免疫球蛋白 70℃；血清蛋白 74℃；β-乳球蛋白 80℃；α-乳白蛋白 94℃。但乳清蛋白的变性不说明 UHTS 乳的营养价值就比原料乳低；相反地，热处理提高了乳清蛋白的可消化率。

第四节　保持式灭菌乳

保持式灭菌方式是指产品罐装后采用高压灭菌，即物料在密封容器内被加热到至少 110℃，保持 15～20 min，经冷却后制成的产品。经保持式灭菌处理后，产品不含有任何在贮存、运输及销售期间能繁殖的微生物和对产品有质量影响的酶类。为进一步改善产品的感官质量，现广泛采用二段式灭菌即二次灭菌方法生产保持式灭菌乳。该方法的条件相对较温和，且产品的感官质量较高。

一、保持式灭菌乳的工艺流程

保持式灭菌乳在生产过程又可以分为原料乳直接预热灌装灭菌（称为一次灭菌），以及先经过一次预杀菌，然后灌装到瓶中再进行灭菌（称为二次灭菌，工艺流程如图 3-18 所示）。

原料乳 → 预处理 → 标准化 → 预热 → 杀菌灌装 → 高压灭菌 → 冷却 → 成品检验

图 3-18　保持式灭菌乳（二次灭菌）的工艺流程图

二、灭菌方法

保持式灭菌乳的加工方法分为间歇式加工和连续式加工两种。

（一）间歇式加工

这是一种最简单的加工类型，主要设备就是压力容器，其形状可以是长方形或圆柱形的。圆柱形压力容器的强度较好，但不能有效利用空间。若使用长方形容器，将会造成容器内大量空间的浪费。压力容器（高压锅）有卧式和立式的，控制系统较简单，产品成本低。卧式的高压锅更有利于产品的进出，而立式的必须配以升降机。另外，物料可旋转方法比用静压方法具有一定的优点，这是因为产品可以在自加热介质中较快获取热量，从灭菌效果和成品色泽上来说，也均匀一致。在间隙式加工方法中，牛乳通常先预热到 80℃ 左右后，灌装于干净、经加热后的瓶（或其他容器）中，随后封盖，置于蒸汽室中灭菌，通常处理条件为 110～118℃、15～40 min，随后被冷却取出；蒸汽室中放入下一批产品，重复上述操作。

（二）连续式加工

当大批量生产时，通常采用连续式加工方法，但是该方法往往投资规模比较大。其原理是在杀菌设备的进出罐分别设有两个上水柱，利用水柱高度形成的压力决定饱和蒸汽的压力，以维持所需温度。灌装后的产品先经低压、低温条件进入相对高温、高压区域，随后进入逐步降低温度、压力的环境，最后用冰水或冷水冷却。连续式加工的设备有水压立式灭菌机和卧式旋转密封灭菌机。

第四章

◆

炼乳的加工与控制

本章彩图

新鲜原料乳经真空浓缩除去大部分水分而制成的产品称为炼乳。传统的水分除去方式是蒸发，也最常见，当然也可采用超滤或反渗透等现代膜技术进行脱水浓缩。加工时由于所用原料和添加辅料不同，炼乳按照成品是否加糖，可分为甜炼乳和淡炼乳；按照成品是否脱脂，可分为全脂炼乳和脱脂炼乳；若加入可可、咖啡或其他辅料，则可制成多种花色炼乳；若添加维生素 A、维生素 D 等营养物质，则可制成各种强化炼乳。目前我国主要生产甜炼乳和淡炼乳。

第一节 甜 炼 乳

甜炼乳是工业化生产的最古老的乳制品之一，呈黄色，具有蛋黄浆的外观。这是在牛乳加入约 16% 的蔗糖后，经杀菌、浓缩到原来体积 40% 左右的一种含糖乳制品。成品中蔗糖含量为 40%~45%，含水量不超过 28%。由于加糖后增大了乳制品的渗透压，能抑制大部分微生物的生长繁殖，因而成品具有极好的保存性。

一、甜炼乳的工艺流程

甜炼乳的工艺流程如图 4-1 所示。甜炼乳的生产线如图 4-2 所示。

图 4-1　甜炼乳的工艺流程图

二、甜炼乳的加工技术

（一）原料乳的验收与标准化

原料乳的质量对炼乳的品质有直接影响，因此，要对原料乳进行严格选择，选用酒精试验阴性，风味、酸度、清洁度均合格的新鲜原料乳来生产加糖炼乳。同时还需注意芽孢和耐热菌的标准。对于验收合格的原料乳应及时进行加工，对于不能立即加工的原料乳，应迅速冷却后送入贮乳罐或冷藏库中暂时贮存。加工前，为了使产品合乎标准，需取出混合样品进行脂肪检查，供作标准化时的依据。

原料乳的标准化就是通过调整原料乳中的脂肪含量，使成品中的脂肪含量与非脂乳固体含量保持一定的比例关系，我国炼乳的质量标准规定是 8:20。由于炼乳是原料乳的浓缩产品，故原料乳标准化时如有少许差别，会在蒸发浓缩后产生较大的差距。因此，标准化处理首先要

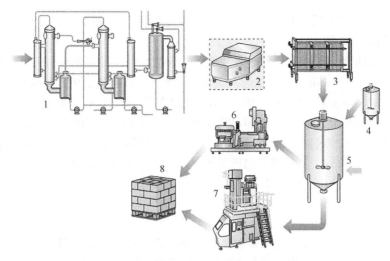

图 4-2　甜炼乳的生产线（李晓东，2011）

1.真空浓缩；2.均质；3.冷却；4.添加蔗糖糖浆；5.冷却结晶；6.装灌；7.贴标签、装箱；8.贮存

在采样、计算及计量上做到精确，在实际操作时也要严格控制，在实际生产中均以无脂干物质为计算基准，调整脂肪含量。当脂肪不足时要添加稀奶油，脂肪过高时要添加脱脂乳或用分离机除去一部分稀奶油。具体计算方法如下所示。

1. 脱脂乳及稀奶油中非脂乳固体的计算

（1）脱脂乳中 SNF_1 的计算

$$SNF_1 = \frac{SNF}{1-F} \times 100\%$$

（2）稀奶油中 SNF_2 的计算

$$SNF_2 = 1 - F_2 \times SNF_1$$

2. 含脂率不足时可添加稀奶油

$$C = \frac{SNF \times R - F}{F_2 - SNF_2 \times R} \times R$$

3. 含脂率过高时可添加脱脂乳

$$C = \frac{F - SNF \times R}{SNF_1 \times R - F_1} \times R$$

式中，C 为需添加稀奶油量或脱脂乳的量（kg）；F 为原料乳的含脂率（%）；F_1 为脱脂乳的含脂率（%）；F_2 为稀奶油的含脂率（%）；R 为成品中脂肪与非脂乳固体比值；SNF 为原料乳中的非脂乳固体占比（%）；SNF_1 为原料乳所得脱脂乳中的非脂乳固体占比（%）；SNF_2 为原料乳所得稀奶油中的非脂乳固体占比（%）。

自动化标准化机可以连续不断、精确地对原料乳进行净乳和标准化。

（二）预热杀菌

预热是乳浓缩之前的热处理，若未经浓缩的乳没有预热，均质后的全脂炼乳则不能进行杀菌。

1. 预热的目的　　预热的作用不仅在于杀灭原料乳中的致病菌及病毒，破坏和钝化酶的活力，以保证食品卫生；同时还可以提高成品的保存性，为下一步的牛乳真空浓缩过程起预热作用，防止结焦，加速蒸发，使蛋白质适当地变性，推迟成品变调。若采用预先加糖方式，通过预热可使蔗糖完全溶解。

2. 选择适宜的预热条件　　预热条件是影响甜炼乳保存性、黏度和稠度的重要因素。其预热条件可从 63℃、30 min 的低温长时间杀菌法，到 150℃超高温瞬时杀菌法的广泛范围内选择。如使用间歇式消毒缸以 65～72℃预热，易使成品在保存期变稀，造成脂离和乳糖沉淀。80～100℃预热，随着预热温度的升高，变稠趋势加剧。85℃预热已有明显的变稠倾向，95～100℃更为严重。故预热温度和保持时间，除达到杀灭致病菌和杀死绝大多数对产品质量有害的微生物、钝化酶等一般杀菌目的外，还应根据消毒器类型、加糖、浓缩等处理条件，慎重地进行综合性的选择，尽可能兼顾到防止变稠和脂离。

（三）加糖

1. 加糖的目的　　甜炼乳加的糖主要是蔗糖，其主要目的在于抑制炼乳中细菌的繁殖和增加乳制品的保存性。糖的防腐作用是渗透压所形成的，而砂糖溶液的渗透压与其浓度成比例。如果仅为了抑制细菌的繁殖，则浓度越高效力越佳。但炼乳有一定的规格要求，而且也会产生其他的缺陷。故一般添加蔗糖的数量为原料乳的 15%～16%。

2. 加糖量　　为了抑制微生物的繁殖，必须添加足够数量的蔗糖。甜炼乳中的蔗糖与其水溶液的含量之比，称为糖水比，可用下式表示：

$$糖水比=\frac{S}{M+S}\times100\%$$

式中，M 为炼乳中的水分含量（%）；S 为炼乳中的蔗糖含量（%）。糖水比是决定甜炼乳应含蔗糖的浓度和在原料乳中应添加蔗糖量的计算基准。根据研究，糖水比必须在 60%以上；为了安全起见，可掌握在 62.5%～64.5%。

3. 加糖方法

1）将糖直接加入原料乳中加热溶解，经预热杀菌后进入浓缩罐。此法可减少浓缩的蒸发水量，缩短浓缩时间且节能；但是会增加细菌及酶对热的抵抗力，成品会变稠及褐变。在采用超高温瞬间预热及双效或多效降膜式连续浓缩时，可以使用这种加糖方法。

2）将原料乳与蔗糖溶液单独进行预热和杀菌，然后混合好进行浓缩。通常在连续浓缩的情况下使用，间歇浓缩时不宜采用。

3）后进糖法。此法是将杀菌后的蔗糖溶液同牛乳共同投入单效浓缩锅后，或牛乳浓缩至将结束时吸入真空锅内。此法使用较普遍，对防止变稠效果较好，但浓缩的初始黏度过低时易引起脂肪游离。

4）先进糖法。真空浓缩时先抽糖液，再抽牛乳。此法主要是提高炼乳的初始黏度，防止甜炼乳脂肪上浮。国内很少使用此法。

5）中间进糖法。先将原料乳总量的 1/3～1/2 进入浓缩锅浓缩，再进入糖液，然后进入余下的牛乳浓缩。此法在调节成品初始黏度的同时，也能延缓变稠和减少脂离。

4. 糖浆的配制

1）配制。在甜炼乳生产中糖浆浓度一般控制在 65%左右，太稀会增加浓缩的水分蒸发量，延长浓缩时间，影响产品质量；太浓会使蔗糖难以溶解且过滤困难，延长溶解时间。因此蔗糖浓度一般不超过 70%。

2）杀菌。糖浆加热至 90℃、保温 10 min，或加热至 95℃、保温 5min。

3）冷却。冷却至 65℃，待用。

5．蔗糖的净化　　比较理想的方法是糖液经净乳机净化后再杀菌。但一般可采用尼龙布或多层纱布进行过滤，也可达到净化糖液的目的。

6．蔗糖的质量要求　　甜炼乳生产用的糖，以结晶蔗糖和品质优良的甜菜糖为最佳，其质量应干燥洁白而有光泽，无任何异味。纯糖不应少于 99.6%，还原糖不多于 0.1%。

（四）真空浓缩

1．浓缩时间　　为了避免过度浓缩降低热稳定性，应使用较短的浓缩时间，通常以不超过 2.5 h 为宜。浓缩时间超过 3.5 h 易使炼乳变色变稠，而且会因脂肪球在浓缩过程中合并、直径增大而使脂肪上浮。

2．浓缩乳温度　　浓缩乳温度超过 60℃，乳蛋白的热变性程度增大，甜炼乳的稠度和颜色均会发生改变，且容易促使脂肪球膜蛋白破坏，脂肪球合并增大的趋势加剧，甚至产生油滴。这导致脂肪上浮，从而影响炼乳的质量。温度低，炼乳黏度高，造成炼乳在加热盘管上过热而使乳蛋白变性。此外，炼乳后期温度过低还会使浓缩以后的放料发生困难。故使用单铲盘管式真空浓缩锅浓缩甜炼乳时，锅温应控制在 58℃以下，浓缩近终点时的锅温控制在 48～50℃为宜。

3．加热蒸汽压力　　加热蒸汽的压力越高，温度越高，乳蛋白受热变性的程度越大，从而促使甜炼乳发生变稠现象。一般浓缩初期蒸汽压力可控制在 0.1 MPa。随着物料浓度的升高，黏度升高，其沸点也升高，而且物料自然对流减慢，应逐渐关小加热蒸汽压力。浓缩结束前 15～20 min，蒸汽压力应降至 0.05 MPa。

（五）均质

均质的目的是防止产品在储藏过程中发生脂肪球的聚合，以及降低乳脂分离率。均质也影响热稳定性。甜炼乳的均质情况是依据产品的类型、市场（货架期）和生产商的喜好决定的。事实上，由于连续相的黏度很高，即使不进行均质，脂肪球的乳脂分离也很慢。但是，如果产品在高温下也需要保持稳定的货架期，可以使用 5～10 MPa 的均质压力。此外，均质是调整黏度的一种方法，可以增加新鲜产品的黏度，减少老化凝胶的形成。

（六）冷却结晶

甜炼乳冷却结晶的目的：①真空浓缩锅放出的浓缩乳温度较高，若不及时进行冷却，则会加剧成品在贮藏期变稠与褐变的进程，严重时会逐渐形成块状的凝胶；②控制冷却结晶的条件，使处于过饱和状态的乳糖形成多而细的结晶，使甜炼乳出现砂状结晶，从而使组织状态柔软、细腻，流动性好，舌感细腻；③使细小的乳糖结晶体悬浮于甜炼乳内而不致沉淀。

当甜炼乳结晶时，结晶越快，糖结晶体越小，但是溶液中乳糖的浓度会因晶体的形成而降低。这就使得进一步的结晶过程减缓，最终导致形成了大的结晶。因此，加糖炼乳不应开始时就使用低温冷却，以避免乳糖形成大小不整齐的晶体，必须按照结晶曲线进行结晶。

乳糖结晶时，呈三种溶解状态，即最初溶解度、最终溶解度和过饱和溶解度。三者的关系如图 4-3 所示。溶解度曲线说明，高于 100 g 水中乳糖最大的溶解度时，即出现过饱和现象。当超过过饱和溶解度曲线时，在任何情况下都将发生结晶；在最终溶解度曲线与过饱和溶解度曲线之间的范围内，在一定条件下可促进乳糖的结晶。在这个范围内，大约高于过饱和溶解度曲线 10℃的位置有一条促进结晶曲线，通过这条曲线即可求出加糖炼乳结晶的冷却温度。也就是说，在这条曲线上可以找到添加晶种的最适温度。

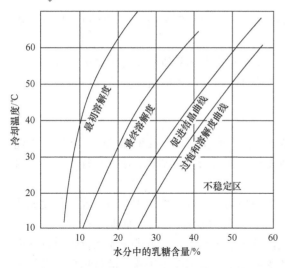

图 4-3 炼乳结晶曲线（李建江，2017）

（七）灌装及贮藏运输

1. 灌装 排除炼乳中的起泡后，将产品按一定的规格分装并使其密封，便于贮存、运输和销售，还可以提高产品的商品值。我国生产的甜炼乳绝大部分采用 397 g 马口铁罐和 250 g 玻璃瓶。

2. 封罐 封罐一般使用真空自动封罐机。因甜炼乳装罐不许留空隙，且要装满以排除罐内空气，所以甜炼乳封罐都不用抽真空，抽真空反而会吸收罐内炼乳。

3. 贮藏与运输 甜炼乳的贮藏与运输过程中，均须保证低温、干燥，避免因日晒、雨淋而影响甜炼乳的质量和保存期。炼乳箱不能接触地面，必须将箱子垫高 10 cm，离墙 30 cm，箱子之间也保持一定空隙，以使空气流畅；运输时轻放，以免损伤包装；车厢必须干燥，且不能与危险品、有毒物品及不清洁的物品同在一个车厢内。

三、甜炼乳的缺陷及防止方法

（一）变稠（浓厚化）

甜炼乳贮存时黏度逐渐增加，以致失去流动性，甚至全部凝固，这一过程即变稠。变稠是甜炼乳保存中严重的缺陷之一，其原因包括细菌性因素和理化因素两方面。

1. 细菌性因素 甜炼乳贮藏时，因乳中微生物产酸、凝乳酶对乳的凝固作用，会使其黏度逐渐增大而失去流动性，甚至全部凝固。这些产酸细菌主要是芽孢杆菌、链球菌、葡萄球菌及乳酸菌，产生乳酸、甲酸、乙酸、丁酸、琥珀酸等有机酸及凝乳酶样物质等，致使炼乳凝固。

防止细菌性变稠的措施有：①注意卫生管理及预热杀菌效果，并将设备彻底清洗、消毒，以防细菌混入。②保持一定的蔗糖浓度。为防止炼乳中的细菌生长，蔗糖比必须在 62.5%以上，但超过 65%会发生蔗糖析出结晶。因此，蔗糖比以 62.5%～64.5%为宜。③宜贮藏于低温（10℃）下。

2. 理化因素 理化性变稠是由蛋白质胶体状态的变化而引起的，即乳中蛋白质由溶胶态转变为凝胶态。贮存温度、预热温度都对产品的变稠有影响。此外，牛乳的酸度过高时，由于酪蛋白的不稳定现象，制品也易产生凝固。盐类的添加过多、过少都能引起蛋白质的不稳定。

（二）胀罐（胖听）

甜炼乳在保存期间有时会发生膨胀的现象。甜炼乳胀罐分为微生物性胀罐和物理性胀罐两种。

1. 微生物性胀罐 微生物性胀罐是因产品贮存期间微生物活动而产生气体，使罐头底、盖膨胀，严重时会使罐头破裂的胀罐现象。其原因有以下 3 种。

1）酵母菌的作用使高浓度的蔗糖溶液发酵。

2）贮藏期间，厌氧性乳酸菌会在高温条件下繁殖而产生气体。

3）炼乳中残留的乳酸菌繁殖产生乳酸，乳酸与锡作用后生成锡氢化合物。

上述微生物的存在，主要是生产过程杀菌不完全，或者混入不清洁的蔗糖及空气所致。尤其在制成后停留一定时间再行装罐时，产品易受酵母菌污染，当加入含有转化糖的蔗糖时更易引起发酵。

2．物理性胀罐　　物理性胀罐又称为假胀罐，是由于低温装罐，高温贮藏而引起的胀罐，其罐内炼乳并不变质，但影响外观。应在装罐和贮藏时控制适当的温度以避免此类现象的发生。

（三）纽扣状物的形成

由于霉菌的作用，炼乳中往往产生白色、黄色或红褐色"纽扣"状的干酪样凝块，使炼乳具有金属味或干酪味。一般而言，死亡霉菌在其代谢物酶的作用下，在1～2个月后逐步形成纽扣状絮凝，带有干酪和陈腐气味。纽扣状絮凝形成的原因是生产过程中有霉菌混入，如做好以下几点就能防止该缺陷发生：①做好卫生管理及设备清洗、消毒工作；②采取真空封罐，或将罐装满不留空隙；③彻底进行预热、杀菌；④在15℃以下倒置贮藏。

（四）砂状炼乳

乳糖晶体粗大会使甜炼乳的结构粗糙，通常乳糖晶体在10 μm以下，至少在15 μm以下可以赋予甜炼乳柔软的组织状态；在15～20 μm就会有粉状口感；20～30 μm之间会有砂状口感；超过30 μm就会呈严重的砂状口感。产生粗大晶体的原因主要有以下几条。

1．晶体质量差及添加量不足　　乳糖结晶所添加的晶体必须干燥，且磨细至直径为3～5 μm。晶种添加量应为成品量的0.025%左右，添加量过少就会导致晶体成长快，生成粗大的乳糖结晶。

2．晶种添加时间和方法错误　　应当根据晶种强制结晶的最适温度来确定晶种加入的时间，如果加入时温度过高，会因过饱和程度不够高而使部分晶体溶解，因而损失的晶种就导致晶种添加量的不足。对晶种的添加方法也有一定的要求，应在强烈搅拌的过程中用120目筛在10 min内均匀地筛入，晶种分布不均匀或添加时间过长都会导致部分或全部晶体粗大。

3．贮藏期温度过高或温度变化过大　　贮藏期温度过高或温度变化过大均会造成甜炼乳在贮藏期的乳糖再结晶。

4．其他原因　　冷却温度不达要求、冷却速度过慢、搅拌时间太短等工艺条件也会不同程度地造成晶体粗大。为了防止晶体粗大及由此引起的结构粗糙，可以针对以上提到的4点原因对冷却工艺、贮藏条件加以控制和改进，一般是可以解决的。

（五）棕色化（褐变）

甜炼乳的外观有些像玻璃，带有黄白色。这是由于高浓度的糖使得水相的折射系数与脂肪的折射系数基本相同，脂肪球和酪蛋白胶束产生的光散射非常有限。使甜炼乳产生白色的主要原因是乳糖结晶，不同于其他乳制品中的是酪蛋白胶束和脂肪球主要产生白色。由于这种玻璃样外观，即使发生美拉德反应、形成少量棕色色素，也不会使产品产生异色。加工工艺对颜色的影响相对较小，因为没有灭菌过程。但是，在储藏过程中产生的褐变是相当快的，这主要是糖、氨反应所致，尤其是在25℃以上。在零售的甜炼乳中，不能用葡萄糖（糖浆）或其他还原糖来代替蔗糖，因为这样导致褐变的速度非常快。但是，对于在食品工业中应用的甜炼乳来说，由于这些产品储藏时间一般较短，这是可以的；有时甚至是需要的，如用它来生产牛乳软糖。当然，在储藏过程中美拉德反应的产物改变了甜炼乳的风味，但是只要不过度，就可以认为是产品的正常风味。为避免棕色化，需要做好以下几点：①避免高温长时间的热处理；②使用优质的牛乳和蔗糖；③成品尽量在低温（10℃以下）贮藏。

（六）糖沉淀

甜炼乳容器的底部经常产生糖沉淀，这种沉淀主要是乳糖结晶。要防止该缺陷的产生，可参照晶体粗大的防止方法，并控制适当的初始黏度。如果乳糖结晶在 10 μm 以下，炼乳保持正常的黏度，则一般不致产生沉淀。另一种糖沉淀是蔗糖沉淀，甜炼乳中含有大量蔗糖，如果蔗糖比过高，在低温贮藏时会引起蔗糖结晶并沉淀下来，解决方法是防止蔗糖比超过 64.5%，并控制贮藏温度。

（七）脂肪分离

乳脂分离和蛋白质沉降是很重要的质量缺陷，通常在炼乳黏度非常低时会产生脂肪分离现象。在高温下长时间储藏后，蛋白质沉降，稀奶油层中脂肪球融合。杀菌后的炼乳中含有蛋白质颗粒及覆盖一层较厚蛋白质的脂肪球，它们在一定程度上聚集。越接近于初发的凝集，聚集的程度越强。较大的脂肪球（有较少的蛋白质含量），以及由这些脂肪球组成的聚集体，会发生乳脂分离。然而，含有较多蛋白质的小脂肪球（和其聚集体）、蛋白质聚集体显然会沉降。因此，放置大约 6 个月的炼乳会出现奶油层和沉降层，相比中间层含有较高的脂肪含量和蛋白质含量。当然，这两层中脂肪和蛋白质的比例是不同的，沉降层和中间层脂肪含量比刚生产的产品中低。

防止的措施是：①要控制好黏度，采用合适的预热条件，使炼乳的初始黏度不要过低；②应缩短浓缩时间、降低浓缩温度，宜采用双效降膜式真空浓缩装置；③采用均质处理，但乳必须先经过净化，并且经过加热将乳中的脂酶完全破坏。

（八）酸败臭及其他异味

乳脂肪水解会使成品呈现酸败臭的刺激味。原因可能是：①原料乳中混入了含脂肪酶多的初乳或末乳，污染了能生成脂肪酶的微生物，杀菌后又混入了未经杀菌的生乳；②预热温度低于70℃使乳中脂肪酶残留；③原料乳未先经加热处理就进行均质等。这些都会使成品炼乳逐渐产生脂肪分解导致酸败臭味。在短期保藏情况下，一般不会发生这种缺陷。此外，鱼臭、青草臭味等异味多为饲料或乳畜饲养管理不良等原因所造成。乳品厂车间的卫生管理也很重要。使用陈旧的镀锡设备、管件和阀门等，由于镀锡层剥离脱落，也容易使炼乳产生氧化现象而具有异臭。如果使用不锈钢设备并注意平时的清洗消毒则可防止。

（九）柠檬酸钙沉淀（小白点）

甜炼乳冲调后，有时在杯底发现白色细小的沉淀，其主要成分是柠檬酸钙，俗称"小白点"。这是因为甜炼乳中柠檬酸钙不能被完全溶解，柠檬酸钙在甜炼乳中处于过饱和状态，过饱和部分结晶析出是必然的。另外，柠檬酸钙的析出与乳中的盐类平衡、柠檬酸钙存在状态与晶体大小等因素有关。实践证明，在甜炼乳冷却结晶过程中，添加 15～20 mg/kg 柠檬酸钙粉剂，特别是添加柠檬酸钙胶体作为诱导结晶的晶种，可以促使柠檬酸钙晶核形成提前，有利于形成细微的柠檬酸钙结晶，可减轻或防止柠檬酸钙沉淀。

第二节　淡　炼　乳

淡炼乳又称无糖炼乳，是鲜乳经预热，浓缩到 1/2 左右，装罐封罐后经高温灭菌而制成的浓缩灭菌乳。淡炼乳的生产工艺流程如图 4-4 所示。

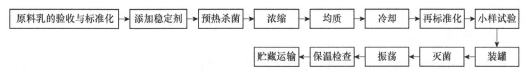

图 4-4　淡炼乳的生产工艺流程图

一、淡炼乳的工艺流程

淡炼乳的生产线如图 4-5 所示。

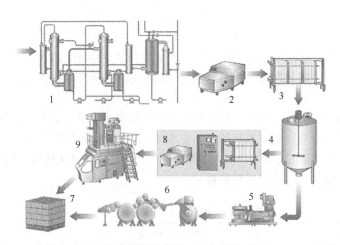

图 4-5　淡炼乳的生产线（Gösta，1995）

1.真空浓缩；2.均质；3.冷却；4.中间周转罐；5.装罐；6.杀菌；7.贮存或冷却；8.UHTS；9.无菌装罐

二、淡炼乳的加工技术

（一）原料乳的验收与标准化

原料乳的验收与标准化按照有关标准进行。

（二）添加稳定剂

添加稳定剂可增加原料乳的稳定性，防止在灭菌时发生凝固。一般 100 kg 淡炼乳加磷酸氢二钠或柠檬酸钠 26 g，或是每 100 kg 原料乳加上述盐类 5～25 g，还有的按每 100 kg 原料乳加 1～20 g 碳酸氢钠。

（三）预热杀菌

1. 预热杀菌的目的　　其目的基本与甜炼乳相同。此外，适当的加热可使一部分乳清蛋白凝固，可提高酪蛋白的热稳定性，以防止灭菌时凝固，并赋予制品以适当的黏度。

2．预热条件的选择   淡炼乳的预热条件通常为95～100℃，10～15 min。若遇热温度低于95℃，尤其在80～90℃时，其中乳的热稳定性明显降低，这是乳清蛋白凝固的结果。UHTS法可进一步显著提高热稳定性。例如，采用120～140℃、2～5 s的预热条件，乳干物质为26%的淡炼乳的热稳定性是95℃、10 min的6倍。因此，进行超高温处理就可降低热稳定剂的使用量。

（四）浓缩

工艺基本与甜炼乳相同，但因预热温度高，浓缩时乳沸腾剧烈，易起泡和焦管，应注意蒸汽压力的控制。当浓缩正常进行时，蒸发温度以不超过60℃为宜。在浓缩结束后，浓乳放出的温度应达到54～60℃，至少在52℃以上，以利于提高均质效果。试验证明，在此范围内进行17 MPa压力的均质，可使80%以上的乳脂肪球均质形成2 μm直径的脂肪球，与单纯提高均质压力相比效果更显著。炼乳的浓缩终点有两种确定方法：一是让操作工根据经验估计乳的浓度，二是抽样后用波美比重计来测定相对密度（即波美度，°Bé）。

（五）均质

1．均质的目的   均质使脂肪球变小，大大增加了表面积，从而增加了表面上酪蛋白的吸附量，以此增大脂肪球的相对密度。这主要是防止成品在保存中发生脂肪上浮，此外还可以适当增加浓度。

2．均质的操作条件   条件主要是均质的压力和温度。为了减缓脂肪上浮，脂肪球粉碎得越小越好。均质压力与脂肪球直径的关系见表4-1。一般达到均质的压力为14.7～19.6 MPa。多采用二段均质，第一段压力为14.7～16.7 MPa，第二段压力为4.9 MPa。均质温度以50～60℃为宜。试验表明，65℃贮存的均质效果最好。

表 4-1   均质压力与脂肪球直径的关系（蒋爱民，2008）

压力/MPa	脂肪球直径/μm	脂肪球平均直径/μm
0	1～18	3.71
3.4	1～14	2.39
6.9	1～7	1.68
10.3	1～4	1.40
13.7	1～3	1.08
17.2	0.5～3	0.98
20.6	0.5～2	0.76

（六）冷却

均质后的浓乳要立即冷却至10℃以下，冷却后置贮乳罐中冷藏。若当日不能灌装，则应冷却到4℃，但贮存时间最好不超过16 h。

（七）再标准化

因原料乳已经进行标准化，所以浓缩后进行再标准化的目的在于调节浓度，使其符合所要求的总乳固体。由于淡炼乳的浓度较难正确掌握，故一般多浓缩到较要求的浓度稍高一点，在浓缩后再加蒸馏水以调低浓度。这一般称为加水，加水量按下式计算。

$$加水量 = \frac{A}{F_1} - \frac{A}{F_2}$$

式中，A 为标准化乳的全脂肪量；F_1 为成品的脂肪含量（%）；F_2 为浓缩乳的脂肪含量（%）。

（八）小样试验

1. 小样试验的目的　　目的是防止不能预计的变化而造成的大量损失，灭菌前先按照不同剂量添加稳定剂，试封几罐进行灭菌，然后开罐检查以决定添加稳定剂的数量、灭菌温度和时间。

2. 操作步骤　　由贮乳槽取样，通常以每千克原料乳取 0.25 g 为限，调制成含有各剂量稳定剂的样品，分别罐装。稳定剂可配制成饱和溶液，用刻线为 0.1 mm 的吸管添加。将内容物仔细搅匀后，即行加盖密封，然后在小型高压灭菌釜或生产中用的大型高压灭菌釜进行高温灭菌。开罐后检查有无凝固物，再检查黏度、色泽、风味，开罐后，将炼乳倾注于烧杯中，观察烧杯壁的附着状态。

如果呈均一的、乳白色、半透明、滑腻的稀奶油状者为良好。如果有斑纹并有小点者为不佳。色泽呈稀奶油者为佳，暗褐色为不佳。如果凝固成斑纹状，可把灭菌温度降低 0.5℃，或缩短保存时间 1 min，或使灭菌机旋转速度减慢，或者保温时旋转 5 min 就停止。

（九）装罐、灭菌

1. 装罐　　将稳定剂溶于灭菌的蒸馏水中，再将稳定剂溶液加进浓缩乳中，搅拌均匀，即可装罐、封罐。但装罐不能太满，以防灭菌膨胀变形。装罐最好用真空封罐机，以减少炼乳中的气泡和顶隙中的残留空气。

2. 灭菌　　灭菌的主要目的是杀灭微生物、钝化酶类，从而延长产品的贮藏期。同时，灭菌还可以提高炼乳的黏度，防止脂肪上浮。另外，灭菌还赋予炼乳特殊的芳香味。可采用间歇灭菌法、连续式灭菌法，或使用乳酸链球菌改进灭菌法。连续灭菌所用的灭菌时间短，操作可实现自动化，适于大规模生产。

（十）振荡

如果灭菌操作不当，或使用了热稳定性较低的原料乳，则炼乳常常出现软的凝块，通过振荡可使凝块分散复原成均一的流体。使用水平式振动机，往复冲程为 6.5 cm，300～400 次/min，通常在室温下振动 1 s～1 min 即可，延长振动时间将降低炼乳的黏度。使用振荡机振荡，应在灭菌后 2～3 d 内进行，每次振荡 1～2 min，且不能在高温下振荡，以免黏度降低。

如果原料的热稳定性好，灭菌操作及稳定剂添加量得当，没有凝块出现，则不必进行振荡。

（十一）保温检查

淡炼乳在出厂前还要经过保藏试验，可将成品在 25～30℃条件下保温贮藏 3～4 周，观察有无膨胀现象，并开罐检查有无缺陷，必要时可抽取一定比例样品于 37℃条件下保藏 7～10 d，加以观察及检查。

（十二）淡炼乳常发生的质量问题

（1）胀罐　　产生原因与甜炼乳相同。

（2）异臭味　　灭菌不完全的细菌繁殖会造成炼乳的酸败、苦味、臭味及其他异味的产生。

（3）沉淀　　淡炼乳经长时间贮存，罐底会生成白色的颗粒状沉淀物，其主要成分为柠檬酸钙、磷酸钙、磷酸镁。它们的生成量与这些物质在淡炼乳中的浓度和贮存温度成正比。

（4）脂肪上浮　　在成品的黏度低、均质处理不完全及贮存温度较高的情况下，易发生脂肪上浮。

（5）稀薄化　　这是指淡炼乳在贮存期间出现黏度降低的现象。稀薄化的程度与蛋白质的含量成反比，并且随着贮藏温度增高和时间延长，淡炼乳的黏度下降幅度很大。

（6）褐变　　原因与甜炼乳的褐变相同。

第五章

◆

乳粉的加工与控制

第一节　概　述

本章彩图

一、乳粉的概念

乳粉是以新鲜乳为原料，添加一定数量的植物或动物蛋白质、脂肪、维生素、矿物质等配料，除去其中几乎全部水分而制成的粉末状乳制品。乳粉中水分含量很低，这使得微生物细胞和周围环境的渗透压差数很大，即产生了所谓的"干燥现象"。所以乳粉中微生物的生长繁殖受到抑制，且会死亡，这是乳粉能长期保存乳中的营养成分的原因，也为贮存和运输带来了方便。但是，以芽孢杆菌为主的微生物等也具有较强的抵抗力，能在乳粉吸湿后又重新繁殖。

乳粉除可供婴幼儿、老年人或患者等饮用外，还可用来制造糖果、冷饮、糕点等食品。随着目前世界机械工业和食品包装业的迅速发展，乳粉生产获得了长足发展，品种也越来越多。

二、乳粉的种类和化学组成

根据乳粉的特征，其可以分为以下几大类。

（1）全脂乳粉　　鲜乳标准化后，经杀菌、浓缩、干燥等工艺加工制成。

（2）脱脂乳粉　　通过离心的方法脱除乳中的脂肪后用脱脂乳制成。

（3）速溶乳粉　　其特点和全脂乳粉相似，具有良好的润湿性、分散性和溶解性，一般为加糖速溶大颗粒乳粉或喷涂卵磷脂乳粉。

（4）加糖乳粉　　鲜乳标准化后，添加一定蔗糖或乳糖经加工制成。

（5）配方乳粉　　根据特定消费者的生理特点，去除了乳中的某些营养物质或添加了某些营养物质（也可能二者兼而有之），以提供特殊人群所需要的营养元素、功能成分或因子，进而使该产品具有某些特定的生理功能，如婴幼儿乳粉、中老年高钙乳粉、低脂乳粉、降糖乳粉、低过敏乳粉、双歧杆菌乳粉等。

（6）冰淇淋粉　　在乳中配以乳脂肪、香料、稳定剂、抗氧化剂、蔗糖或一部分植物油等物质干燥而制成。

（7）乳清粉　　利用制造干酪或干酪素的副产品——乳清进行干燥而制成的粉状物。

（8）酪乳粉　　利用制造奶油的副产品——酪乳而制成。

（9）奶油粉　　将稀奶油干燥制成的粉状产品，但比稀奶油的货架期长，且便于贮存和运输。

（10）干酪粉　　将干酪熔融后添加乳化盐等成分干燥而成。

表 5-1 列举了几种主要乳粉的化学组成，随原料乳的种类及添加料等的不同而有所不同。

表5-1　几种主要乳粉的化学组成（周光宏，2011）　　　　　（单位：%）

种类	水分含量	蛋白质含量	脂肪含量	乳糖含量	灰分含量	乳酸含量
全脂乳粉	2.00	26.50	27.00	38.00	6.05	0.16
脱脂乳粉	3.23	36.89	0.88	47.84	7.80	1.55
奶油粉	0.66	13.42	65.15	17.86	2.91	—
婴幼儿配方乳粉	2.60	19.00	20.00	54.00	4.40	0.17
母乳化乳粉	2.50	13.00	26.00	56.00	3.20	0.17
甜性酪乳粉	3.90	35.88	4.68	47.84	7.80	1.55

注：表中数据测量时含少量其他物质

第二节　全脂乳粉

一、全脂乳粉的工艺流程

根据原料乳中加糖与否，全脂乳粉可分为全脂甜乳粉和全脂淡乳粉两种，它们的加工工艺基本一致。全脂乳粉的加工工艺应用了喷雾干燥技术，其他种类的乳粉加工都是在此基础上进行的，因此，这是乳粉类加工中最简单且最具代表性的一种方法。全脂乳粉的加工工艺流程如图5-1所示。

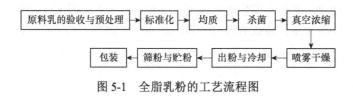

图5-1　全脂乳粉的工艺流程图

二、全脂乳粉的加工技术

（一）原料乳的验收

原料乳验收必须符合《食品安全国家标准 生乳》（GB 19301—2010）规定的各项要求，严格地进行感官检验、理化性质检验和微生物检验。如需进行贮存，则必须在净化后用冷却器冷却到4～6℃，再打入贮槽进行贮存，并定期搅拌和检查温度、酸度。

用于乳粉生产的牛乳，为避免乳清蛋白凝聚，影响乳粉的溶解性和滋味、气味，在送到乳粉加工厂之前，不允许进行强烈的、超长时间的热处理。

（二）原料乳的预处理

为保证生产乳粉所用的是高质量的原料乳，必须严格控制原料乳中的微生物数量，可采用离心或微滤除去乳中的菌体细胞及其芽孢。

（三）标准化

全脂乳粉的标准化主要是通过调整原料乳的脂肪含量，使其达到成品的标准要求（即原料乳中的脂肪含量与无脂干物质含量的比值达到乳粉的标准比值），一般与离心净乳同时进行。全脂乳一般进行标准化，一般脂肪与总固形物的比例控制在1∶2.67，以控制最终成品中脂肪的含量。

全脂甜乳粉的原料乳标准化时还要对蔗糖进行标准化，即确定蔗糖添加量（添加方法和添加量详见第四章第一节甜炼乳）。此外，加糖方法还可采用包装前加蔗糖细粉于干粉中，或预处理前加一部分，包装前再加余下部分。

加糖方法的选择取决于产品配方和设备条件。蔗糖具有热溶性，在喷雾干燥时流动性较差，容易黏壁或形成团块。因此，当产品中含糖在 20% 以下时，最好是在 15% 左右，宜采用直接加白砂糖或糖浆到原料乳中。当产品中含糖在 20% 以上时，宜采用在浓缩将要结束时添加浓糖浆或在干粉中加蔗糖细粉。现在加工的乳粉中已没有超过 20% 蔗糖含量的，后两种方法只适用于速溶豆粉类的加工。带有二次干燥的设备，宜采用加干糖粉法。溶解加糖法所制的乳粉冲调性优于加干糖粉的乳粉，但是容重小，体积较大。

无论哪种加糖方法，均应做到不影响乳粉的微生物指标和杂质度指标。除选用优质糖以外，还应采取相应措施保证产品质量、蔗糖质量均应符合国家特级品要求，色泽洁白、松散干燥，纯度大于 99.65%，还原糖含量低于 0.15%，水分在 0.07% 以下，灰分在 0.1% 以下，杂质度不高于 40×10^{-6}。

（四）均质

均质可以使未进行标准化的原料乳生产的全脂乳粉优于未经均质的乳粉，使经标准化时混合原料乳如添加的稀乳油或脱脂乳形成一个均匀的分散系。因为原料乳中的脂肪球在均质过程中被破碎成了细小的脂肪球，且能均匀分散在脱脂乳中，形成均匀的乳浊液，制成的乳粉具有良好的复原性。在加工乳粉过程中，原料乳在离心净乳和压力喷雾干燥时，不同程度地受到离心机和高压泵的机械挤压和冲击，也有一定的均质效果，因此很多乳粉不需要进行均质。

（五）杀菌

为了便于加工，大规模生产乳粉的加工厂除预热杀菌外，还会对均质后的原料乳用片式热交换器进行杀菌、冷却到 4～6℃，返回冷藏罐贮藏，随时取用。而小规模乳粉加工厂通常将净化、冷却的原料乳在预热、均质、杀菌后直接用于乳粉生产。原料乳的杀菌方法须根据成品的特性进行选择。一般认为，高温杀菌可以防止或推迟乳脂肪的氧化。但高温长时加热会严重影响乳粉的溶解度。生产全脂乳粉时，杀菌温度和保持时间对乳粉的品质，特别是溶解度和保藏性有很大影响，因此最好采用高温短时杀菌方法。

高温短时杀菌或超高温瞬时杀菌比低温长时杀菌效果好，对乳的营养成分破坏程度小，乳粉的溶解度及保藏性良好，因此得到广泛应用。尤其是高温瞬时杀菌，不仅能使乳中微生物几乎全部杀死，还可以使乳中蛋白质达到软凝块化，食用后更容易消化吸收，近年来被人们所重视。

（六）真空浓缩

1. 真空浓缩的特点

1）节省能量。原料乳先经真空浓缩除去乳中 70%～80% 的水分再进行干燥，可节省加热蒸汽和动力消耗，相应地提高了干燥设备的能力，降低成本。

2）影响乳粉颗粒的物理性状。乳经浓缩后，在喷雾干燥时，粉粒较粗大且分散性和冲调性较好，能迅速复水溶解。反之，如原料不经浓缩直接喷雾干燥，粉粒轻细，降低了冲调性，而且粉粒的色泽灰白，感官质量差。

3）改善乳粉的保藏性。真空浓缩能排除乳中的空气特别是氧气，使得粉粒内的浓度越高，乳粉中的气体含量越低。粉粒内的气泡大为减少，从而降低了乳粉中脂肪氧化的作用，增加了乳粉的保藏属性。实践得出,浓度越高的乳,乳粉中的气体含量越低。

4)经浓缩后喷雾干燥的乳粉,颗粒较致密、坚实,相对密度较大,利于包装。

2. 真空浓缩的要求　　乳粉生产中的浓缩与炼乳的生产一致,均采用真空浓缩。原料浓缩的程度直接影响乳粉的质量,特别是溶解度。浓缩乳须达到稳定的浓度与温度,黏稠度一致,具有良好的流动性,无蛋白质变性沉淀现象且总菌数指标符合卫生标准的质量要求。浓缩浓度要求不像炼乳那样严格,一般要求原料乳浓缩至原体积的 1/4,乳干物质达到 45%左右。浓缩后的乳温一般为 47～50℃,这时的浓乳浓度应为 14～16°Bé,相对密度为 1.089～1.100;若生产大颗粒甜乳粉,浓乳浓度可提高至 18～19°Bé。

乳粉的浓缩设备要选用蒸发速度快、连续出料、节能降耗的蒸发器,但也须根据生产规模、产品品种、经济条件等决定。我国常用的蒸发器为双效降膜式、多效降膜式(三效、四效、五效、七效)等蒸发器,国外还有列管式、板式、离心式、刮板式蒸发器等。加工量小的乳粉厂通常使用单效蒸发器,加工量大的连续化生产线可选用双效或多效蒸发器。

（七）喷雾干燥

1. 压力喷雾干燥技术　　浓缩后的乳打入保温罐内,立即进行干燥。干燥直接影响乳粉的溶解度、水分、杂质度、色泽和风味等,是乳粉生产中的最重要的工序之一。喷雾干燥法是目前主要采用的方法,其原理为:在喷雾干燥设备内,浓缩乳在高压或离心力的机械作用下,通过喷雾器雾化为直径 10～1000 μm 的雾状乳滴,从而使其表面积显著增大。乳滴在与干燥介质的接触瞬间进行强烈的热交换与物料交换,使浓缩物料中的水分绝大部分在短时间内被干燥介质带走,完成干燥。喷雾干燥流程如图 5-2 所示。雾滴在理想的干燥条件下干燥后,直径约减小至最初乳滴的 75%,质量约减少至最初乳滴的 50%,体积约减少至最初乳滴的 40%。

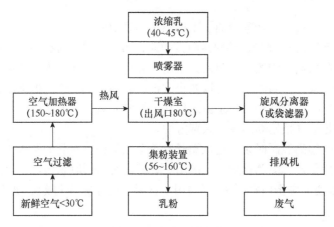

图 5-2　喷雾干燥流程

2. 离心喷雾干燥技术　　所谓离心喷雾就是将浓乳送入离心盘雾化机中,在离心盘的高速旋转下被喷成雾状,遇热空气干燥成乳粉,离心喷雾盘的线速度为 100～150 m/s。用离心喷雾法生产奶粉时,离心喷雾盘的线速度越高,雾滴越小。乳粉颗粒越小,同热空气接触的比表面积越大,热交换速度越快、热效率也越高,但是小颗粒奶粉的冲调性能较差。

（八）出粉、筛粉与包装

喷雾干燥结束后,应尽快出粉、冷却、筛粉、贮粉、包装,此过程可连续化、自动化。

1．出粉与冷却　　干燥的乳粉，落入了干燥室的底部，粉温可达 60℃。应立即将乳粉送至干燥室外并及时冷却，避免受热时间过长。特别是对于全脂乳粉，长时间的受热会增加其游离脂肪，并能引起走油导致脂肪成为连续相。乳粉颗粒表面的脂肪暴露在周围的空气里，加速氧化味的出现，乳粉的色泽、滋气味、溶解度也会变差。出粉、冷却的方式一般有以下几种。

（1）气流出粉、冷却　　气流出粉装置可以连续出粉、冷却、筛粉、贮粉、计量包装。其不仅具有较高的出粉速度，在大约 5 s 内就可以将喷雾室内的乳粉送走，也可直接在输粉管内进行冷却。但因为气流以 20 m/s 的速度流动，乳粉在导管内易受摩擦而产生大量的微细粉尘，致使乳粉颗粒不均匀，经过筛粉机过筛时，则筛出的微粉量过多。另外，这种方式的冷却效率不高，一般只能冷却到高于气温 9℃左右，夏天时冷却后的温度仍高于乳脂肪熔点。如果气流出粉所用的空气预先经过一段冷却，则不经济。

（2）流化床出粉、冷却　　流化床出粉和冷却装置的优点为：①可避免微细粉的增多。②乳粉在输粉导管和旋风分离器内所占比例少，故可减轻旋风分离器的负担，同时可节省输粉中消耗的动力。③冷却床所需冷风量较少，故可使用经冷却的风来冷却乳粉，因而冷却效率高。一般乳粉可冷却到 18℃左右。④乳粉因经过振动的流化床筛网板，故可获得颗粒较大而均匀的乳粉。⑤从流化床吹出的微粉还可通过导管返回到喷雾室与浓乳汇合，重新喷成乳粉。

（3）其他几种出粉方式　　螺旋输送机、电磁振荡器、转鼓型阀、漩涡气封法等也可连续出粉，且既能保持干燥室的连续工作状态，又使乳粉及时送出干燥室外。但是这些出粉设备不易清洗干燥，而且要立即进行筛粉、凉粉，使乳粉尽快冷却。尽管如此，乳粉的冷却速度还是很慢。

乳粉厂通常使用立式锥体底干燥箱，若无资金购置先进的输粉、冷却装置时，多采用箱体外部安装电磁振荡器配合，靠乳粉颗粒自重下落出粉的方式。即在干燥箱锥体出粉口处，连接一个扎紧下口的无菌的筒式布袋。当干燥的乳粉飘落在干燥室的底部并进入布袋内达到一定量时，及时松开布袋底口，使乳粉进入下面预先放置好的粉车内。当粉车内积满粉后，及时转入另一房间进行筛粉和凉粉。这种出粉方式易造成二次污染，故出粉间、筛粉凉粉间要尽量保持清洁的卫生状态。

2．筛粉与贮粉　　乳粉过筛的目的是将粗粉和细粉（布袋滤粉器或旋风分离器内的粉）混合均匀，并除去乳粉团块、粉渣，也使乳粉均匀、松散，便于凉粉冷却。

（1）筛粉　　一般采用机械振动筛，筛底网眼为 40～60 目。在连续化生产线上，乳粉通过振动筛后即进入锥形积粉斗中存放。

（2）贮粉与凉粉　　乳粉贮存一段时间后，表观密度可提高 15%，有利于包装。在非连续化出粉线中，筛粉后的凉粉也达到了贮粉的目的。连续化出粉线上，冷却的乳粉经过一定时间（12～24 h）的贮放后再包装为好。

在贮存时要严防受潮，注意不被细菌污染和防止昆虫爬入，包装前的乳粉存放场所必须保持干燥和清洁，以确保乳粉的质量和卫生安全。

3．包装　　包装是乳粉生产的最后一道工序，在乳粉达到贮放的时间要求后进行，包装时乳粉的温度、包装室内的湿度均会影响产品的质量，从而直接影响乳粉的保藏性及商品外观。应注意，乳粉贮存室的温度应保持稳定，湿度不宜超过 75%。

此外，包装要求称量准确、排气彻底、封口严密、装箱整齐、打包牢固。包装规格、容器及材质依乳粉的用途不同而异。小包装容器常用的有马口铁罐、塑料袋、塑料复合纸袋、塑料铝箔复合袋。大包装容器有马口铁箱、圆筒、塑料袋套和牛皮纸袋等，大包装主要供应特别需要者，如出口及其他食品工业原料。包装方法的选择对乳粉的贮存、质量保证有重要意义。如塑料袋包装的贮存期规定为 3 个月。铝箔复合袋包装的贮存期规定为 6～12 个月。真空包装技术和充氮包装技术可使乳粉质量保持 3～5 年。

第三节　脱　脂　乳　粉

脱脂乳粉是以新鲜的脱脂乳为原料,经过杀菌、浓缩、喷雾干燥制成的乳制品,是很重要的蛋白质来源,可直接作为食品,主要用作食品工业原料。脱脂乳粉在制造上与全脂乳粉有几点不同:在脱脂乳粉中,因为脂肪标准化后其脂肪含量很低,含有 0.05%～0.10% 的脂肪,所以与全脂乳粉相比,它的热处理强度更大,不需要均质,且不易发生氧化,耐保藏。

一、脱脂乳粉的工艺流程

脱脂乳粉的工艺流程如图 5-3 所示。

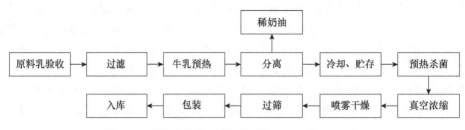

图 5-3　脱脂乳粉的工艺流程图（张兰威,2016）

二、脱脂乳粉的加工技术

脱脂乳粉的生产工艺流程及设备与全脂乳粉基本一致,但是脱脂乳中的热敏性乳清蛋白质容易受热变性,从而影响乳粉的溶解度。因此,生产脱脂乳粉时某些工艺条件还须区别于全脂乳粉。

（一）原料乳的预热与分离

原料乳要求及预处理同全脂乳,新鲜牛乳预热到 38℃ 即可采用离心式奶油分离机分离,且脱脂乳的含脂率要控制在 0.1% 以下。

（二）预热杀菌

脱脂乳中所含乳清蛋白热稳定性差,在杀菌和浓缩时易引起热变性,使制品乳粉溶解度降低,并产生蒸煮味。为使乳清蛋白变性程度低,又能达到杀菌抑酶的目的,脱脂乳的预热杀菌温度以 80℃、保温 15 s 为最佳条件。在此杀菌条件下,脱脂乳中乳清蛋白变性程度为 5%,结核分枝杆菌和大肠杆菌均能被杀死,也能钝化磷酸酶和脂肪酶。而过氧化物酶在 60℃、30 min 的加热条件下却不能钝化。

（三）真空浓缩

为了不使过多的乳清蛋白变性,脱脂乳的蒸发浓缩温度宜低于 65.5℃,浓度为 15～17°Bé,乳干物质含量可控制在 36% 以上。

如果浓缩温度超过 65.5℃,则乳清蛋白变性程度超过 5%,可采用真空浓缩尤其是多效真空浓缩。乳温不会超过 65.5℃，受热时间也很短，对乳清蛋白变性影响不大。

（四）喷雾干燥

将脱脂乳按照普通的方法喷雾干燥，即可得到普通脱脂乳粉。普通脱脂乳粉因其乳糖为呈非结晶性的玻璃状态的 α-乳糖和 β-乳糖的混合物，具有很强的吸湿性，极易结块。为克服此缺点，并提高脱脂乳粉的冲调性，可采取特殊的干燥方法生产速溶脱脂乳粉。

第四节　速　溶　乳　粉

速溶乳粉是将全脂牛乳、脱脂牛乳经过特殊的工艺操作而制成的乳粉，比普通喷雾乳粉颗粒大而疏松，对温水或冷水具有良好的润湿性、分散度及溶解性，所以颇受消费者欢迎。速溶乳粉的特性来自特殊的工艺条件。生产具有极佳溶解性的脱脂和全脂乳粉（即速溶乳粉）的方法已经开始使用。

一、速溶乳粉的特点

速溶乳粉的特点如下所述。

1）速溶乳粉的颗粒直径大，一般为 $100\sim800\ \mu m$。

2）速溶乳粉的溶解性、可湿性、分散性等性能都得到极大的改善，当用不同温度的水冲调复原时，稍作搅拌即可迅速溶解，且不结块。无须先调浆再冲调，操作方便，即使用冷水直接冲调也能迅速溶解。

3）速溶乳粉中的乳糖是呈结晶状的含水乳糖，在包装和保存过程中不易吸潮结块。

4）由于速溶乳粉的直径大而均匀，减少了制造、包装及使用过程中粉尘飞扬的程度，改善了工作环境，避免其他损失。

5）速溶乳粉的比容大、表观密度低，因此包装容器的容积相应增大，一定程度上增加了包装费用。

6）速溶乳粉的水分含量较高，不利于保藏；对脱脂速溶乳粉而言，易于褐变，并产生粮谷气味。

二、速溶乳粉的加工技术

乳粉要想在水中迅速溶解必须经过速溶化处理，乳粉颗粒经处理后形成更大一些的多孔附聚物。速溶过程中，可使大量体积的空气进入粉粒之中，导致出现一种粗的、簇聚的附聚结构。而在复原过程中，水分代替了空气，使得附聚颗粒周围无黏稠层形成。生产速溶乳粉的方法之一即再将干乳粉颗粒循环返回到主干燥室，一旦干燥颗粒被送入干燥室，其表面即会被蒸发的水分所润湿，颗粒开始膨胀，毛细管和孔关闭并且颗粒变黏，其他乳颗粒黏附在其表面上，于是附聚物形成。

（一）脱脂速溶乳粉的干燥工艺

脱脂速溶乳粉的速溶工艺与全脂乳粉的工艺完全不同。脱脂乳粉的复原速度是由乳粉的质构所决定的。脱脂速溶乳粉的速溶工艺是将乳粉颗粒附聚成大小为 $2\sim3\ mm$ 的多孔附聚物，附聚的过程增加了乳粉中空气的量，乳粉复原的过程是从乳粉中的空气被水替代时开始的。随后乳粉颗粒被润湿分散，最后真正的溶解开始。

普通脱脂乳粉中的乳糖呈不定形的玻璃状非结晶状态，是 α-乳糖∶β-乳糖＝1∶1.5 的混合物，具有很强的吸湿性。温度为 35℃、相对湿度为 70%时，普通脱脂乳粉放置 4～10 h，其含水量将高达 10%～12%，其后就不再吸水了，但乳已变成结晶状态。而若此时将已吸湿的脱脂乳粉再进行干燥，蒸发掉吸湿的水分，就能得到乳糖呈结晶状态的乳粉。速溶脱脂乳粉就是根据上述原理制造的，其制造方法有以下几种。

1. 干燥室内直接附聚法　干燥室内直接附聚法是在同一干燥室内完成雾化、干燥、附聚、再干燥等操作，使产品达到标准要求的方法。

从设备角度出发，一般通过增高干燥室高度或增大其直径、延长物料的干燥时间，以及使物料在较低的温度下干燥等方法达到预期的干燥目的。通常喷雾器采用上下两层结构布置。

从工艺角度考虑，一般采用提高浓缩乳的浓度，使用大孔径喷头压力喷雾，并降低高压泵使用压力，以得到颗粒较大的脱脂速溶乳粉。

直接附聚法的工作原理是：一部分浓缩乳通过上层雾化器分散成微细的液滴，在与高温干燥介质接触的瞬间进行强烈的热交换和质交换，从而形成比较干燥的乳粉颗粒；另一部分浓缩乳通过下层雾化器形成湿度较高的乳粉颗粒，使两种不同湿度的乳粉排风颗粒保持良好的接触，并使湿颗粒包裹在干颗粒上。这样湿颗粒失去水分，而干颗粒获得水分而吸潮，以达到使乳粉附聚及乳糖结晶的目的。然后附聚颗粒在热介质的推动及本身的重力作用下，在干燥室内继续干燥并持续地沉降于底部卸出，最终得到干燥的产品。

但是这种方法由于乳滴大，干燥时间较长，生产效率低。如果使用高温热风进行短时间干燥，蛋白质容易受热变性而使产品质量变劣。所以应以尽可能延长低温恒速干燥时间为目的，采用塔式干燥机的方法。即在塔顶配列几个喷嘴，由一个喷嘴喷出比较湿的粒子，由其他喷嘴喷出比较干的粒子，使其互相接触，进行聚团粒化。

2. 流化床附聚法　流化床附聚法即二段干燥法，但在脱脂速溶乳粉生产时要求经第一干燥区喷雾干燥后最终获得的乳粉水分含量高达 10%～12%。乳粉在沉降过程中产生附聚并在沉降于干燥室底部时持续进行，然后将潮湿且已部分附聚的乳粉自干燥室卸出，进入第一级振动流化床继续附聚成稳定的团粒，再进入第二段干燥区的流化床及冷却床，最后经过筛板、成为均匀的附聚颗粒（图 5-4）。

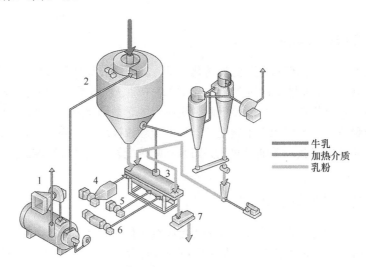

图 5-4　流化床喷雾干燥（李晓东，2011）
1.空气加热器；2.喷雾干燥塔；3.流化床；4.空气加热室；5.冷空气室；6.冷却干空气室；7.振动筛

（二）全脂速溶乳粉的干燥工艺

全脂速溶乳粉含有较多的脂肪，脂肪的疏水性对润湿性有很大影响，其生产工艺较脱脂速溶乳粉复杂。

1. 基粉的要求　　全脂速溶乳粉的加工过程是从生产基粉开始的，卵磷脂化的乳粉在 25℃ 的水中具有速溶性。基粉除要达到普通乳粉的标准外，还要达到下列要求。

首先，基粉中应含有极低的游离脂肪，这可通过在雾化前对浓缩乳进行均质来实现。但颗粒的密度要尽可能高，以增加沉降性，因此需要使用高浓度的浓缩乳以使包理在乳粉颗粒中的空气含量达到最小值。将进风温度升高到 170～180℃，也可以增加乳粉颗粒的密度。此外，乳粉颗粒应该是多孔附聚物，不能有细粉。绝大部分乳粉颗粒的直径应该为 100～250 μm。低于 90 μm 的颗粒不应超过 15%～20%。体密度应该在 0.45～0.50 g/cm^3，可通过提高乳的浓缩度和在雾化过程中使用与干燥能力相适应的最低雾化速度来实现。这种工艺条件会产生大颗粒的乳粉，从而延长干燥的时间，使得没有干燥完全的乳粉混合在一起的机会增多。为了克服干燥时间长的缺点，应该采用二级或三级干燥工艺。使干燥室中的温度比一级干燥温度低，得到的产品游离脂肪含量较低。

2. 工艺要求　　用喷雾干燥法制造全脂速溶乳粉可采用一段法或二段法，但不论采用哪一种生产方法，其工艺过程中均包括以下两个关键性的环节。

1）采用高浓度、低压力、大孔径喷头，生产颗粒大且附聚颗粒直径较大和颗粒分布频率在一定范围内的乳粉，用以改善乳粉的下沉性。

2）喷涂卵磷脂以改善乳粉颗粒的润湿性、分散性，使乳粉的速溶性大为提高。

第五节　配 方 乳 粉

配方乳粉是针对不同人群的营养需要，在鲜乳或全脂乳粉中配以各种营养素经加工干燥而成的乳制品。目前发展的主要品种包括婴幼儿配方乳粉、成人配方乳粉等。

一、婴幼儿配方乳粉

婴幼儿配方乳粉是 20 世纪 50 年代发展起来的一种乳制品，它已经成为儿童食品工业中最重要的食品之一。婴幼儿配方乳粉的定义为：以类似母乳组成的营养素为基本目标，通过添加或提取牛乳中的某些成分，使其组成在数量上、质量上、生物功能上都无限接近于母乳的，经过配制和乳粉干燥技术制成的调制乳粉。在母乳不足或缺乏时，婴幼儿配方乳粉可作为母乳的替代品，能够满足 3 岁以下婴幼儿的生长发育和营养需求。

（一）婴幼儿配方乳粉的设计理论依据

1. 设计原则　　婴幼儿配方乳粉品种较多，但其配方总体是根据婴幼儿成长所需要的营养成分和母乳中独特的营养成分共同设计的。牛乳被认为是母乳最好的代替品，大多数的婴幼儿配方乳粉产品主要是以牛乳为基料。但是母乳与牛乳在感官和组成上都有一定的区别，需将牛乳的成分进行调整，使其近似母乳并加工为方便食用的粉状产品。母乳与牛乳中的营养物质含量见表 5-2。

表 5-2　100 mL 母乳与 100 mL 牛乳中营养物质含量（金昌海，2018）

乳的种类	蛋白质含量/g		脂肪含量/g	乳糖含量/g	灰分含量/g	水分含量/g	热能/kJ
	乳清蛋白	酪蛋白					
母乳	0.68	0.42	3.5	7.2	0.2	88.0	274
牛乳	0.69	2.21	3.3	4.5	0.7	88.6	226

1）改变乳清蛋白和酪蛋白的比例，使其达到母乳中的蛋白质构成比例（乳清蛋白：酪蛋白＝6：4），有的产品还添加了具有生物活性的蛋白质和肽类。

2）调整乳粉中的饱和脂肪酸和不饱和脂肪酸的比例，改变各种脂肪酸的分子结构和分子排列，尤其要添加婴幼儿必需、而牛乳中缺乏的必需脂肪酸。

3）增加配方乳粉中的乳糖等可溶性糖类的含量，并使 α-乳糖和 β-乳糖的比例为4：6。有的产品中添加了具有双歧杆菌增殖作用的功能性低聚糖。

4）按照 DRI 强化婴幼儿生长发育所需要的各种维生素和矿物质元素。

另外，在婴幼儿配方乳粉的生产制造中，不仅需要根据母乳化原则制定各种营养配比和具体的生产工艺流程，也要充分考虑在医学、营养学特别是婴幼儿营养学等方面的研究成果。许多发达国家著名的婴幼儿配方乳粉品牌都具有医药和营养学背景，许多还是制药公司的子公司。

2. 成分设计

（1）蛋白质设计理论　母乳与牛乳中蛋白质的图谱明显不同。酪蛋白占牛奶中总蛋白质的75%以上，而酪蛋白在母乳中的比例则明显较低。酪蛋白能给婴幼儿提供大量的必需氨基酸，但与乳清蛋白相比，酪蛋白不易消化，若婴幼儿配方奶粉中酪蛋白比例过高，则可能导致婴幼儿食欲下降和消化不良等。婴幼儿正处于发育阶段，肾脏机能还不完善，因此最重要的是使配方乳粉中的蛋白质变为容易消化且含量适当的蛋白质。根据母乳中蛋白质含量和婴幼儿营养学的研究结果表明，一般蛋白质含量为12.8%～13.3%。

牛乳中的白蛋白极少，酪蛋白与白蛋白＋球蛋白的比约为5：1，而母乳中约为1.3：1。母乳酪蛋白具有类似牛乳的 α-酪蛋白、β-酪蛋白的性质，没有类似牛乳 α_s-酪蛋白的性质。此外，母乳酪蛋白与磷结合量为40%，约为牛乳的1/2，而牛乳与钙的结合量也特别多，因此酪蛋白对无机盐的凝聚程度也各异。在氯化钙浓度为0.1 mol/L 时，牛乳酪蛋白约有70%凝聚，母乳酪蛋白约为30%；同时，牛乳酪蛋白、母乳酪蛋白对10%三氯乙酸的溶解度，分别为2%和6%。酪蛋白粒子的大小也不同，母乳为70～80 μm，而牛乳为80～120 μm。

母乳与牛乳的乳清蛋白也有质的差别，母乳中含有 α-乳白蛋白、β-乳球蛋白、γ-球蛋白和乳铁蛋白等。酪蛋白在胃中由于酸的作用形成较硬的凝固物，但将酪蛋白与乳清蛋白的比例调为1时，因乳清蛋白的保护胶质作用，酪蛋白呈微细的凝固。同时，乳清蛋白有较酪蛋白更高的生理价值，可增强耐脂肪性，这主要是由于乳清蛋白具有较多的胱氨酸。所以，在牛乳中添加胱氨酸后，其蛋白质效价明显提高。同时降低食用者的血浆尿素含量。因此，婴幼儿配方乳粉中利用乳清蛋白是很有意义的。婴幼儿配方乳粉中乳清蛋白含量需≥60%。同时，为了进一步提升蛋白质的质量，还可以添加乳铁蛋白、酪蛋白磷酸肽及 α-乳白蛋白等原料。

但是，婴幼儿的胃肠功能未发育成熟，肠道的屏障功能弱，身体免疫机能比较低，对于部分过敏物质的抵抗力差，蛋白质可能被免疫系统当成入侵病原，此时免疫系统释放一种特异性免疫球蛋白，蛋白质与之结合、生成许多化学物质，使婴幼儿发生乳蛋白过敏的症状。主要解决方法有如下两种：①水解蛋白质，如图 5-5 所示，主要通过加热或酶水解手段，将配方中的乳蛋白分子加工变成易消化的物质，包括小分子乳蛋白、肽段和氨基酸，从而一方面可以降低原大分子乳蛋白的致敏性，另一方面利用小分子乳蛋白可以帮助建立耐受性，进而提高消化率。②蛋白质糖基化，如图 5-6 所示，基于美拉德反应的原理改变乳蛋白结构，使得乳蛋白的氨基酸被糖覆盖，掩蔽抗原决定簇，降低其致敏性。

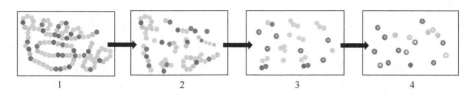

图 5-5 水解蛋白质
1.完整蛋白质；2.部分水解；3.深度水解；4.氨基酸配方

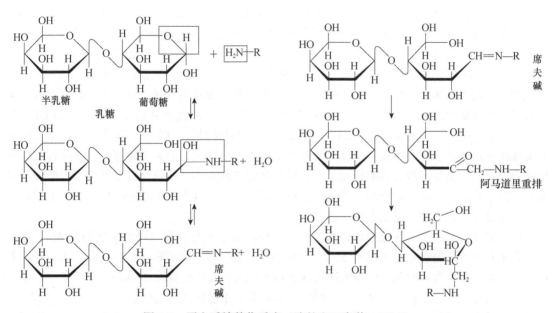

图 5-6 蛋白质糖基化反应（陈笛和王存芳，2020）

（2）脂肪设计理论 牛乳与母乳的脂肪含量接近，但构成不同，牛乳中的饱和脂肪酸含量高，不易消化。人乳的碘值很高，而牛乳的水溶性挥发性脂肪酸值和皂化价较高。因此，牛乳饱和脂肪酸，特别是挥发酸较多，而人乳中不饱和脂肪酸，特别是亚油酸、亚麻酸较多。

脂肪的消化和吸收也是婴幼儿营养的重要方面。婴幼儿能够从母乳脂肪中摄取 50%的热量。但普通牛乳中所能消化吸收的脂肪只有 66%，仍有 34%未能消化吸收，且脂肪中所含的钙、镁矿物质和一些脂溶性维生素也随着这些不能够吸收的脂肪一起损失掉。

脂肪的消化性和营养价值与脂肪酸相关，低级脂肪酸或不饱和脂肪酸比高级脂肪酸或饱和脂肪酸更容易消化和吸收，而母乳中主要含有不饱和脂肪酸，所以婴幼儿对人乳脂肪酸的消化率比对牛乳中脂肪酸的消化率高 20%～25%。因此，应该从以下几个方面对配方乳粉中的脂肪进行母乳化。

1）亚油酸的强化。亚油酸是一种必需的不饱和脂肪酸，容易消化和吸收。在人乳的脂肪中亚油酸的含量为 12.8%，而在牛乳中仅为 2.2%左右。为了提高配方乳粉的脂肪消化性和吸收性，需要在配方乳粉中添加适量的亚油酸。通常会在婴幼儿乳粉中添加经过改善的具有活性的顺式亚油酸。这是因为这种亚油酸与母乳中的亚油酸同型，既利于婴幼儿的消化吸收，也能增强婴幼儿对皮炎等感染的抵抗力。亚油酸的强化量根据母乳中的含量定为脂肪酸总量的 13%。玉米胚芽油、椰子油、向日葵油、奶油和猪油精炼提取物均可作为活性顺式亚油酸的天然来源。国外也有报道通过生物降解油脂能够得到纯度较高的亚油酸单体。大豆油、棉籽油、红花油也是亚油酸的来源。

2）脂肪酸结构的母乳化。牛乳和母乳中各种甘油三酸酯的比例有明显区别。因此，脂肪母乳化不仅需要改变脂肪酸的数量，也要结合脂肪酸类型和结构进行改善。母乳与牛乳的甘油三酯结构分别为 OPO 和 POP。如脂肪酸中消化性差的棕榈酸在母乳和牛乳脂肪中含量大致相同，一般为 20%～25%，但母乳中的棕榈酸的消化吸收性远高于牛乳的。其主要原因在于母乳中的棕榈酸大约有 70%结合在甘油三酸酯分子容易消化和吸收的 β 位置上。

3）特殊长链多不饱和脂肪酸的母乳化。多不饱和脂肪酸主要包括亚油酸、α-亚麻酸、γ-亚麻酸、花生四烯酸（AA）、二十二碳六烯酸（DHA）和二十碳五烯酸（EPA）等。不饱和脂肪酸又分为 ω-3 和 ω-6 型。其中 ω-6 多不饱和脂肪酸主要来源于植物油，ω-3 多不饱和脂肪酸来源于海洋动植物油脂。

ω-3 多不饱和脂肪酸中，DHA 和 EPA 比较重要，多见于鱼油中，尤其是深海冷水鱼鱼油中含量较高，是人体所必需的脂肪酸。EPA、DHA 具有抑制血小板凝聚、抗血栓、舒张血管、调整血脂、升高血中的高密度脂蛋白胆固醇（HDL）、降低血中的低密度脂蛋白胆固醇（LDL）等功能，可治疗和防治心脑血管病。DHA 很容易通过大脑屏障进入脑细胞，存在于脑细胞及脑细胞垂体中，对促进脑细胞生长、发育，改善大脑机能，提高记忆力和学习能力，增强视网膜反射能力及延缓大脑衰老等具有积极意义。在婴幼儿配方乳粉中，特殊长链多不饱和脂肪酸的母乳化是新的母乳化方向，在配制乳的生产过程中添加富含各种多不饱和脂肪酸的植物油脂或者经过提取纯化的浓缩油，是重要的母乳化方法。

（3）糖类母乳化　牛乳中乳糖含量比人乳少，且主要为 α-型（母乳主要为 β-型）。婴幼儿期碳水化合物含量以占总热量的 50%～55%为宜。新生婴儿除淀粉外，对乳糖、葡萄糖、蔗糖都能消化，这是因为婴儿所含的乳糖酶活性高于成人。人乳低聚糖（HMO）是母乳中的第三大组分，含量为 5～15 g/L，是牛乳中含量的 1000 倍，不能被人体消化。

配方乳粉中通过加可溶性多糖类，如葡萄糖、麦芽糖、糊精或平衡乳糖等，来调整乳糖和蛋白质之间的比例，平衡 α-型和 β-型乳糖的比例，使其接近于人乳（α：β＝4：6）。较高含量的乳糖能促进钙、锌和其他一些营养素的吸收。一般乳粉含有 7%的碳水化合物，其中 6%是乳糖，1%是麦芽糊精。麦芽糊精则可用于保持有利的渗透压，并可改善配方食品的性能。乳低聚半乳糖（GOS）、低聚果糖（FOS）、半乳糖醛酸（GalUA）均不是母乳中含有的糖链结构。GOS、FOS 可以改善婴儿肠道菌群、减轻过敏反应，但是，目前婴幼儿配方乳粉中添加的 GOS 或 FOS 的生理功能远不及母乳低聚糖。

（4）维生素、矿物质元素母乳化　牛乳中的无机盐量较母乳高 3 倍多，摄入过多的微量元素会加重婴儿肾脏的负担，因此配方乳粉中采用脱盐法除去部分无机盐。铁缺乏是婴儿最常见的营养缺乏症，而牛乳较人乳缺乏铁含量，用配方食品喂养的婴儿可以适当地补充铁剂。添加微量元素时应慎重，因为微量元素之间的相互作用，微量元素与牛乳中的酶蛋白、豆类中植酸之间的相互作用对食品的营养性影响很大。

婴幼儿配方乳粉应充分强化维生素，特别是维生素 A、维生素 C、维生素 D、维生素 K、烟酸、维生素 B_1、维生素 B_6、叶酸等。其中，水溶性维生素过量摄入时不会引起中毒，所以没有规定其上限。脂溶性维生素 A、维生素 D 长时间过量摄入时会引起中毒，因此须按规定加入。

（二）婴幼儿配方乳粉配方及成分表标准

我国的婴幼儿配方乳粉品种很多，但在全国推广的主要是配方Ⅰ和配方Ⅱ的乳粉。

1. 婴幼儿配方乳粉Ⅰ　　婴幼儿配方乳粉Ⅰ是以乳为基础，通过添加大豆蛋白强化部分维生素和微量元素等制作的一种初级的婴幼儿配方乳粉，但营养成分的调整存在着不完善的地方。该产品价格低廉，易于加工。婴幼儿配方乳粉Ⅰ的配方组成及成分标准见表5-3和表5-4。

表5-3　100 g 婴幼儿配方乳粉Ⅰ配方组成（蒋爱民，2008）

原料	牛乳固形物含量/g	大豆固形物含量/g	蔗糖含量/g	麦芽糖或饴糖含量/g	维生素 D_2 含量/IU	铁含量/mg
用量	60	10	20	10	1000～1500	6～8

表5-4　100g 婴幼儿配方乳粉Ⅰ营养成分含量（金昌海，2018）

成分	含量	成分	含量	成分	含量
水分/g	2.48	钙/mg	772	维生素 B_2/mg	0.72
蛋白质/g	18.61	磷/mg	587	维生素 D_2/IU	1600
脂肪/g	20.06	铁/mg	6.2	灰分/g	4.4
糖/g	54.6	维生素 A/IU	586		

2. 婴幼儿配方乳粉Ⅱ　　产品用脱盐乳清粉调整酪蛋白和乳清蛋白的比例（酪蛋白与乳清蛋白之比为40∶60），同时增加了乳糖的含量（乳糖占总糖量的90%以上，其复原乳中乳糖含量与母乳接近），添加植物油以增加不饱和脂肪酸的含量，再加入维生素和微量元素，使产品中各种成分与母乳相近。婴幼儿配方乳粉Ⅱ的配方组成见表5-5。

表5-5　婴幼儿配方乳粉Ⅱ配方组成（周光宏，2011）

物料名称	每吨投料量	物料名称	每吨投料量	物料名称	每吨投料量	物料名称	每吨投料量
牛乳/kg	2500	乳清粉/kg	475	棕榈油/kg	63	三脱油/kg	63
乳油/kg	67	蔗糖/kg	65	维生素 A/g	6	维生素 D/g	0.12
维生素 C/g	60	维生素 E/g	0.25	维生素 B_1/g	3.5	维生素 B_6/g	35
硫酸亚铁/g	350	叶酸/g	0.25	维生素 B_2/g	4.5	烟酸/g	40

注：牛乳中干物质11.1%，脂肪3.0%；乳清粉中水分2.5%，脂肪1.2%；乳油中脂肪含量82%；维生素 A 6 g，相当于240 000 IU，维生素 D 0.12 g，相当于48 000 IU；硫酸亚铁为 $FeSO_4 \cdot 7H_2O$

（三）婴幼儿配方乳粉的加工

1. 湿法生产婴幼儿配方乳粉　　目前，婴幼儿配方乳粉的生产大多采用湿法工艺或干湿法复合工艺，需要将大量的粉状配料重新溶解，然后和牛乳及营养添加剂混合喷雾干燥，但是生产周期长，能耗大，成本高。湿法生产婴幼儿配方乳粉的工艺流程见图5-7。

1）采用10℃左右经过处理的原料乳在高速搅拌缸内溶解乳清粉、糖等配料，以及维生素和微量元素。

2）混合后的物料预热到55℃，再加入脂肪成分；然后进行均质，均质压力为15～20 MPa。

3）杀菌温度为88℃，16 s 或其他杀菌强度。

4）物料浓缩至18°Bé。

5）喷雾干燥进风温度为155～160℃，排风温度为80～85℃，塔内负压196.133 Pa。

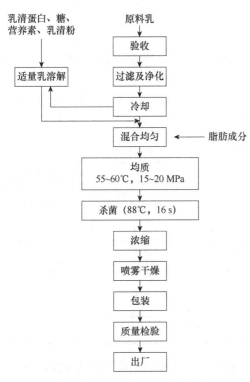

图 5-7 湿法生产婴幼儿配方乳粉的
工艺流程（张兰威，2016）

2. 干法生产婴幼儿配方乳粉 干法生产是将生产婴幼儿配方乳粉的原料用特殊的干混设备加以混合，然后再包装出厂的一种工艺。该方法省掉了乳清粉等配料重溶再喷雾干燥的耗能过程，节约能源并缩短了生产周期；防止了加热过程对营养强化剂的破坏，能在保持营养的基础上降低成本。但是，干法生产的婴幼儿配方乳粉感官质量欠佳，维生素和微量元素容易混不均匀，且不易控制产品的微生物指标。目前国家不提倡用此工艺生产婴幼儿配方乳粉。干法生产婴幼儿配方乳粉的工艺流程如图 5-8 所示。

（1）原材料的计量和检验 所有原料都必须在生产前进行感官、理化及微生物指标的检验，以确保成品中的各项指标合格。

（2）营养强化剂的预混 由于维生素和微量元素的量较小，一般一吨产品只需几千克，因此须先和糖预混合以缩小混合比例。但白砂糖应先粉碎至 100 目以上，以保证和其他配料混合均匀。

（3）混料机的选择和混料车间的环境 混料机一般选用三维混料机，此混料机在自转的同时能进行公转，兼具强烈的湍动作用、翻转及平移运动，因此在加速物料流动和扩散的同时，也能克服离心力的影响，避免物料出现偏移和聚焦。混料车间应严格按照 GMP 标准设计，环境温度应在 20℃以下，相对湿度在 60%以下。

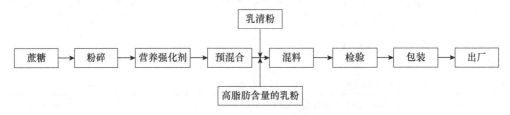

图 5-8 干法生产婴幼儿配方乳粉的工艺流程

（4）混合工艺参数的控制 混料机的装载系数应在 50%～80%，混料时间应在 25～40 min，视物料混合的均匀程度而定。

（5）产品的检验与质量控制 要增加中间检验的频次，包括理化指标和营养素，以确保真正混合均匀。

二、一般成人配方乳粉

（一）分类及基础配方

1. 中老年配方乳粉 中老年配方乳粉是根据中老年人的生理需要，在营养丰富的乳粉中又添加了蛋白质、碳水化合物和中老年人易缺乏的维生素和矿物质等，从而缓解中老年人的生命自然衰退现象。例如，缺钙和骨质疏松是困扰很多中老年人的健康难题。但是补钙需要有易于被人体吸收的钙源和辅助因子维生素 D_3 等,部分中老年乳粉中就特别添加了易于吸收并且不会给肠胃造成负担的乳钙,再配合维生素 D_3,使钙质吸收率大大增加并有利于改善骨质疏松症状。

中老年人对维生素和无机物质的需要量一般要高于正常人,因此中老年乳粉中特别添加了维生素 A、维生素 D、维生素 B_1、维生素 B_2、抗坏血酸、钙、磷、铁等成分,从而有助于预防慢性病,保护心血管。同时,有的中老年乳粉还额外添加了益生菌,可以帮助保持肠道健康,促进肠蠕动,预防便秘,有利于营养元素的有效吸收。

2．孕妇配方乳粉   这是以新鲜牛乳为主要原料,添加一定量孕妇所需要的叶酸、钙等微量成分,经杀菌、浓缩、干燥等工艺而制得的粉末状产品。孕期是女性特殊的生理时期,孕期女性需要大量的营养物质,许多营养物质的需要量大于普通人。因此乳粉中添加了有助于胎儿发育的钙、叶酸等。另外,孕妇也需要大量的其他营养物质,如蛋白质、各种维生素、矿物质等。

3．成人配方乳粉   这是以鲜牛乳为主要原料,适用于 18～50 岁的、处于中等体力活动状态的普通人群的一种乳粉。其采用根据《中国居民膳食营养素参考摄入量(2023 版)》制定的营养素配方,含有 RNIs/AIS 中建议的所有营养元素,能补充日常疏于补充的多种营养元素。针对成年人工作压力大,其还特别添加了活性免疫球蛋白(活性免疫球蛋白可以增强人体的抵抗力)、纯乳钙质,满足成年人的特殊需求;另外,强化了低聚果糖和被称为"第七营养素"的膳食纤维,改善成年人的胃、肠道功能。

（二）生产工艺

一般成人配方乳粉的生产工艺如图 5-9 所示。

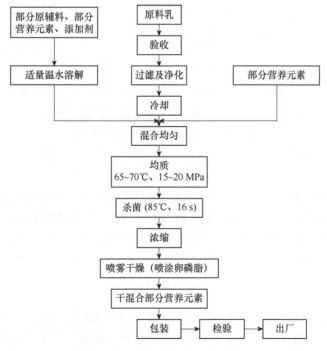

图 5-9   一般成人配方乳粉的生产工艺(张兰威,2016)

第六节　乳粉的品质控制

乳品质量的控制是一个系统工程，其中，原料乳等所需原料位于乳业产业链的最上游，除此以外，在乳粉的生产过程中，如果操作不当，也有可能出现各种质量问题。目前乳粉常见的质量问题主要有水分含量过高、溶解度偏低、易结块、颗粒形状和大小异常、有脂肪氧化味、色泽较差、细菌总数过高及杂质度过高等。

一、影响乳粉质量的因素

（一）颗粒大小与形状

乳粉颗粒的大小与形状，因制造方法、操作条件而异。喷雾干燥时过高的出口温度会导致颗粒表面形成硬壳，阻碍颗粒内的水蒸气和空气向外扩散。颗粒中会残留 10%～30% 的水分，蛋白质变性，乳粉溶解性下降。

滚筒法生产的乳粉，通常呈不规则的片状，不含有气泡。喷雾法生产的乳粉，常具有单个或几个气泡。在喷嘴附近，雾化液滴的水分高、黏性强，乳粉微粒渗入雾化液滴颗粒内，被其包裹，形成洋葱型附聚物；离喷嘴有一定距离的雾化液滴与乳粉颗粒的干燥程度差距不大，且水分含量较高时，相互粘连，形成葡萄型附聚物（图 5-10）。乳粉发生聚集的四种类型中，紧密葡萄型的冲调性最好。压力式喷雾干燥的乳粉较离心式的颗粒小，但是颗粒大小与浓缩乳的浓度有密切关系。因此，乳粉颗粒受浓缩乳浓度的影响比喷雾方式所受的影响还要大。

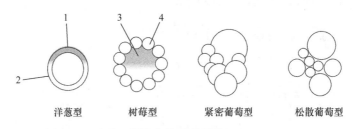

洋葱型　　　树莓型　　　紧密葡萄型　　　松散葡萄型

图 5-10　喷雾干燥塔中的乳粉附聚（Pawar，2014）
1.固体颗粒；2.雾化的液体；3.细粉；4.液滴

（二）气泡

喷雾干燥的乳粉均含有气泡，但气泡并不一定在颗粒中心，气泡大小也不一致。压力式喷雾干燥的全脂乳粉颗粒中含空气 7%～10%（容积百分比）；脱脂乳粉颗粒中约含空气 13%。离心式喷雾干燥的全脂乳粉含空气 16%～22%；脱脂乳粉约含空气 35%。气泡含量较多的乳粉难以下沉，且容易氧化变质

（三）容重

乳粉的容重可用表观密度、容积密度和真密度三种方式表示。乳粉的容重是一个极复杂的特性，影响着很多其他特性，也同时受很多因素的影响。乳粉的容重因乳粉颗粒内部的结构及颗粒大小而异，滚筒式干燥乳粉因颗粒呈凹凸不平的片状，不易致密填充于容器中，因此其容重往往低于喷雾式干燥乳粉。

容重也受板眼孔径、喷雾压力、浓缩乳的浓度等影响。一般浓度越高，乳粉的密度也越大，干燥温度增高时，因颗粒膨胀而中空，结果会使密度降低。乳粉的密度越小，需要的包装容积越大。尤其是铁罐包装，如果密度波动很大，会给包装带来很多困难。强力振动压实之后，会影响冲调性能。

（四）乳粉中的脂肪状态

乳粉颗粒中脂肪的状态随干燥方式和操作方法而异。脂肪的状态对乳粉的保藏性有影响。压力式喷雾干燥乳粉因高压泵起了一部分的均质作用，因而脂肪球较小，一般为 $1\sim2\ \mu m$。离心式喷雾干燥乳粉为 $1\sim3\ \mu m$。

乳粉中脂肪的状态可以用四氯化碳溶剂抽提的方法加以观察。凡是能直接用四氯化碳从乳粉中抽提出来的脂肪都是游离脂肪。滚筒式干燥乳粉中，游离脂肪占脂肪总量的 91%～96%；喷雾式干燥乳粉中，游离脂肪占脂肪总量的 3%～14%。因此，滚筒式干燥乳粉很容易氧化、酸败、变质。游离脂肪的含量可以在干燥前进行均质使其降低。但是，乳粉在出粉、运输和包装时，遭到摩擦则会使游离脂肪含量增高，处于高温曝晒条件下也会使游离脂肪含量增高。

（五）乳粉中蛋白质的状态

乳粉的冲调、复原能影响乳粉中蛋白质的理化状态，尤其对酪蛋白影响较大。因此，在干燥过程中尽量使蛋白质保持原来状态。虽然喷雾干燥过程中乳粉的变性较小，但即使是优质牛乳，也易因不适当的受热而发生变性，从而产生不溶性共沉物。且加热温度越高，时间越长，蛋白质的变性越严重。该成分主要是吸收了磷酸三钙的变性酪蛋白酸钙。

（六）乳粉中糖的状态

新制成的乳粉所含的乳糖呈非结晶的玻璃状态。α-乳糖与β-乳糖的无水物保持平衡状态，其比例大致为 1∶1.6。

乳粉中呈玻璃状态的乳糖，吸湿性很强，很容易吸潮。如果将乳粉放置于潮湿的空气中，则乳糖开始吸收水分逐渐变为含有 1 分子结晶水的结晶乳糖。乳糖的结晶会使脂肪从乳粉颗粒表面产生的很多裂纹中逐渐渗出，同时外界的空气也很容易渗透进乳粉颗粒中，引起氧化、酸败、变质。

（七）乳粉的色泽

全脂乳粉和脱脂乳粉通常呈淡黄色。如使用加碱中和的原料乳，则乳粉的颜色为褐色。此外，如在高温下加热时间过长，也会使乳粉的颜色变褐。

生产喷雾式干燥乳粉时，如温度过高、时间过长或喷雾结束后长时间在高温下存放，易使乳粉颜色加深。如焦粉过多，不仅降低乳粉的溶解度，也会使颜色产生缺陷。乳粉在保存中颜色变深变暗，主要是乳粉中含水量过多和保存温度过高所致。

（八）乳粉的溶解度

乳粉溶解度的高低反应乳粉中蛋白质的变性程度，而变性的程度很大地影响着乳粉的可溶性。优质乳粉的溶解度应达 99.90% 以上，甚至是 100%。溶解度指数是对乳粉中不溶残余物的测量。溶解度指数是将已知量的乳粉溶在水中，分散及离心之后依然在离心管底沉淀的毫升数。

影响乳粉溶解度的因素主要是原料乳的质量、乳粉的加工方法（工艺条件）、成品水分含量、成品保存时间及保存条件（如温度、湿度）等。对高品质牛乳进行合适的预热处理可提高最终复原产品的稳定性。干燥过程的参数必须在尽量缩短的干燥后期进行调整，因为此时的总固形物含量特别高。离子平衡包括 pH 和添加的盐，对蛋白质的稳定性及乳粉的溶解度有着重要的影响。在滚筒式干燥过程中，乳与滚筒的高温金属表面直接接触，使得蛋白质经历了高温变性。

二、乳粉常见的质量缺陷及其防止方法

乳粉应具有鲜乳所具有的优良风味，但在保存中往往容易产生酸败味和氧化味，因而使乳粉的风味变坏。除此之外，水分及其他因素的变化，能使乳粉产生各种质量缺陷。现将乳粉的主要缺陷和一些防止方法介绍如下。

（一）脂肪分解味（酸败味）

脂肪分解味是一种类似酪酸的酸性刺激味，主要是乳中解脂酶的作用，使乳粉中的脂肪水解而产生游离的挥发性脂肪酸。为了防止脂肪分解产生异味，在牛乳杀菌时，必须将解脂酶彻底破坏，同时还必须严格控制原料乳的质量。

（二）氧化味（哈喇味）

乳粉脂肪氧化味是由于乳粉的游离脂肪酸含量高，易引起乳粉的氧化变质而产生。为了减慢脂肪在贮存期间的氧化速度，在工业生产中可用特殊的方法对乳进行预处理以延长保存期，其方法即添加抗氧剂和在铁罐包装情况下添入惰性气体。

（1）空气　　空气进入乳粉后，在不饱和脂肪酸的双键处氧与脂肪发生氧化。所以制造过程和成品保藏过程中，应尽量避免与氧长时间接触；包装时应尽可能抽真空除去氧气后充入氮气；尽量使颗粒放大以减小表面积。

（2）光线和热　　光线和热能促进乳粉氧化，30℃以上更显著。在喷雾干燥时，如使乳粉在烘箱内存放时间久，则乳粉颗粒受热时间过长，易使脂肪渗透到颗粒表面，更容易引起氧化。因此，乳粉应尽量贮存在阴凉、干燥的环境中。

（3）重金属　　乳粉中含重金属 1mg/kg 时就会对乳粉产生影响，特别是二价铜离子，最容易促进氧化作用，其他重金属如三价铁也能促进氧化作用。为了防止氧化味的产生，应尽量避免与铜、铁容器及管道接触，这也是加工管道采用不锈钢材料制成的原因之一。

（4）原料乳的酸度　　酸度高也会使乳粉产生氧化味，所以要严格控制原料乳的酸度。

（5）原料乳中过氧化物酶　　过氧化物酶也是促进氧化的一个重要因素。因此，生产乳粉时，原料乳的杀菌最好采用高温短时间杀菌或超高温瞬间杀菌，以破坏过氧化物酶。

（6）乳粉中的水分含量　　乳粉中的水分含量过高会影响乳粉质量，但过低时也会产生氧化味，一般严格控制产品的水分含量在 2.0%左右。

（三）棕色化及陈腐味

乳粉在保存过程中容易发生棕色化，同时产生一种陈腐的气味。这主要与乳粉中水分的含量和保存温度有关。如果水分含量在 5％以上，在室温下保藏时会产生棕色化。乳粉的棕色化主要是美拉德反应的结果。

（四）吸潮

乳粉极易吸潮而结块，这种吸水能力主要取决于乳蛋白和乳糖。几种重要的功能性质，如溶胀性、黏度、胶凝作用、发泡性和乳化能力，在大多数食品体系中都受蛋白质-水相互作用的影响。这类相互作用可通过水的吸附-解吸等温曲线来描述，吸附-解吸等温曲线可以说明蛋白质的水合作用是水分活度（A_w）的函数。在水分活度值较低时（$A_w < 0.3$），水以单层结合水的形式，通过氢键与带电荷和极性的蛋白质残基结合。在 $A_w > 0.3$ 时，水分与蛋白质的结合会变得松散，因此围绕蛋白质胶束形成多层水。此外，水分还会机械地被蛋白质颗粒之间的毛细管所滞纳。

除蛋白质外，干乳粉中乳糖的状态对吸湿平衡影响很大。当乳糖吸水后，使蛋白质粒子彼此黏结而使乳粉形成块状。乳粉如果是用密封罐装则吸湿的问题不大，但一般简单的非密封包装，或者食用时开罐后的存放过程，则有显著的吸湿现象。乳粉的吸水性在选择干燥方式、合适包装材料和储藏条件上具有重要的实用价值。

（五）因细菌而引起的变质

水分含量在 5% 以下的乳粉，经密封包装后，细菌不会繁殖，因此不会引起变质。喷雾干燥乳粉水分在 2%～3%，在保藏过程中细菌反而减少。乳粉开罐后，如放置日期过久，则逐渐吸收水分，当水分超过 5% 以上时，细菌开始繁殖而使乳粉变质，所以乳粉开罐后不应放置过久。

第七节　乳粉的质量标准

一、感官、理化和微生物指标要求

乳粉的质量应符合《食品安全国家标准 乳粉》（GB 19644—2010）的规定，本标准适用于全脂、脱脂、部分脱脂乳粉和调制乳粉。

（一）感官指标

乳粉的感官指标应符合表 5-6 的规定。

表 5-6　感官指标（GB 19644—2010）

项目	要求	
	乳粉	调制乳粉
色泽	呈均匀一致的乳黄色	具有应有的色泽
滋味、气味	具有纯正的乳香味	具有应有的滋味、气味
组织状态	干燥均匀的粉末	

（二）理化指标

乳粉的理化指标应符合表 5-7 的规定。

表 5-7　理化指标（GB 19644—2010）

项目	指标	
	乳粉	调制乳粉
蛋白质/%	≥34（非脂乳固体ᵃ）	≥16.5
脂肪ᵇ/%	≥26.0	—
复原乳酸度/°T		
牛乳	≤18	—
羊乳	7~14	—
杂质度/（mg/kg）	≤16	—
水分/%	5.0	

a. 非脂乳固体（%）＝100－脂肪（实测值，%）－水分（实测值，%）；b. 仅适用于全脂乳粉

（三）微生物指标

乳粉的微生物应符合表 5-8 的规定。

表 5-8　微生物限量（GB 19644—2010）

项目	限量			
	n	c	m	M
菌落总数	5	2	50 000	200 000
大肠菌群	5	1	100	100
金黄色葡萄球菌	5	2	10	100
沙门氏菌	5	0	0/25 g	—

二、婴儿配方乳粉的质量标准

（一）感官指标

婴儿配方乳粉的感官指标应符合《食品安全国家标准 婴儿配方食品》（GB 10765—2021），见表 5-9。

表 5-9　感官指标（GB 10765—2021）

项目	要求
色泽	符合相应产品的特性
滋味、气味	符合相应产品的特性
组织状态	符合相应产品的特性，产品不应有正常视力可见的外来异物
冲调性	符合相应产品的特性

（二）微生物指标

婴儿配方乳粉的微生物指标见表 5-10。

表 5-10　微生物指标（GB 10765—2010）

项目	限量			
	n	c	m	M
菌落总数 [a]	5	2	1 000	10 000
大肠菌群	5	2	10	100
金黄色葡萄球菌	5	2	10	100
阪崎肠杆菌 [b]	3	0	0/100 g	—
沙门氏菌	5	0	0/25 g	

a. 不适用于添加活性菌种（好氧和兼性厌氧益生菌）的产品［活性益生菌的活菌数应≥10^6CFU/g（或 CFU/mL）］；b. 仅适用于供 0～6 月龄婴儿食用的配方食品

第六章

发酵乳与乳饮料的加工与控制

本章彩图

第一节 概 述

一、发酵乳的定义

发酵乳是指乳在发酵剂的作用下部分乳糖转化成乳酸而成的乳制品。经微生物的代谢，产生 CO_2、乙酸、双乙酰、乙醛等物质，赋予最终产品独特的风味、质构和香气。在保质期内，大多数该类产品中的特定菌必须大量存在，并能继续存活和具有活性。发酵乳制品可包括：酸乳、开菲尔（kefir）、马奶酒（koumiss）、发酵酪乳（cultured buttermilk）、酸奶油和干酪等产品。

二、发酵乳分类

目前全世界有 400 多种酸乳。其分类方法颇多。

（一）按组织状态进行分类

（1）凝固型酸乳　　发酵过程在包装容器中进行，从而使产品因发酵而保留其凝乳状态。

（2）搅拌型酸乳　　是先发酵后灌装而得到的成品。发酵后的凝乳在灌装前搅拌成黏稠状组织状态。

（二）按脂肪含量分类

可分为全脂酸乳、部分脱脂酸乳和脱脂酸乳。根据 FAO/WHO 规定，脂肪含量全脂酸乳为 3.0%，部分脱脂酸乳为 3.0%～0.5%，脱脂酸乳为 0.5%；酸乳非脂固体含量为 8.2%。

（三）按成品口味分类

（1）天然纯酸乳产品　　只由原料乳和菌种发酵而成，不含任何辅料和添加剂。

（2）加糖酸乳产品　　该品种酸乳在我国很常见，由原料乳和少量糖（一般为 6%～7%）加入菌种发酵而成。

（3）调味酸乳　　在天然酸乳或加糖酸乳中加入香料而成。酸乳容器的底部加有果酱的酸乳称为圣代酸乳。

（4）果料酸乳　　是在天然酸乳中加入糖、果料混合而成。

（5）复合型或营养健康型酸乳　　通常在酸乳中强化不同的营养素（维生素、食用纤维素等）或在酸乳中混入不同的辅料（如谷物、干果、菇类、蔬菜汁等）而成。这种酸乳在西方国家非常流行，人们常在早餐中食用。

（6）疗效酸乳　　包括低乳糖酸乳、低热量酸乳、维生素酸乳或蛋白质强化酸乳等。

（四）按发酵的加工工艺进行分类

（1）浓缩酸乳　　是由脱除正常酸乳中的部分乳清而制得。因为干酪加工中也有除去乳清的过程，因此又称酸乳干酪。

（2）冷冻酸乳　　在酸乳中加入果料、增稠剂或乳化剂，经过冷冻处理而得到的产品。

（3）充气酸乳　　发酵后在酸乳中加入稳定剂和起泡剂（通常是碳酸盐），经过均质处理即得这类产品。这类产品通常是以充 CO_2 气体的酸乳饮料形式存在。

（4）酸乳粉　　通常使用冷冻干燥法或喷雾干燥法除去酸乳中约 95% 的水分而制得。

（五）按菌种种类进行分类

（1）酸乳　　一般是指仅用保加利亚乳杆菌和嗜热链球菌发酵而得的产品。

（2）双歧杆菌酸乳　　酸乳菌种中含有双歧杆菌，如法国的"Bio"、日本的"Mil-Mil"。

（3）嗜酸乳杆菌酸乳　　酸乳菌种中含有嗜酸乳杆菌。

（4）干酪乳杆菌酸乳　　酸乳菌种中含有干酪乳杆菌。

三、发酵乳对人体健康的作用

发酵乳制品不仅风味独特，具有丰富的营养价值和保健功能，且比牛乳更容易被人体吸收利用。发酵乳对人体的健康作用取决于三个因素：原料乳、发酵（包括工艺和菌种）和活菌数，这三者紧密相连不可分割。

（一）发酵乳的营养价值

发酵乳制品相比原料乳有更优良的营养价值，主要表现在以下几个方面。

1. 具有极好生理价值的蛋白质　　发酵乳中的乳酸菌能使乳蛋白（主要是酪蛋白）变性凝固成为微粒子，并相互联结成豆腐状的组织结构。这种由乳酸作用产生的酪蛋白粒子比其在胃酸作用下产生的粒子更小，因此，酸乳中的蛋白质比牛乳中的蛋白质在肠道中释放速度更慢、更稳定，这样就使蛋白质分解酶在肠道中充分发挥作用。另外，发酵乳在发酵过程中，乳酸菌发酵产生蛋白质水解酶，使原料乳中部分蛋白质水解，从而使酸乳中含有比原料乳更多的肽和比例更合理的人体所需的必需氨基酸，相当于普通牛乳4倍以上的人体必需氨基酸及各种多肽。因此，发酵后的乳蛋白消化吸收利用率明显增加。近年来对这些多肽类的生物活性进行了广泛研究，发现这些多肽具有抗菌、抗高血压、促进新陈代谢、强化钙吸收等多种生理功能。

2. 含有更多易于吸收的矿物质　　发酵乳含有丰富易吸收的钙。矿物质元素发酵饮料中富含多种矿物质，如钙、钾、镁、锌、铁等。这些元素是构成机体的重要成分，同时也是维持机体正常功能的重要物质。乳被认为是优于其他食品的最佳钙质来源，且和鱼类、肉骨类食品中钙的吸收率（20%～30%）相比，牛乳中的钙的吸收率高达 70%。这与乳中酪蛋白和乳糖利于钙吸收及高磷含量促使人体排泄钙质有关。在发酵乳生产过程中，牛乳中钙不仅没有受到破坏，还被转化为更易于人体吸收的可溶性乳酸钙。同时在乳酸菌作用下乳蛋白被分解产生的多肽类也有帮助钙吸收的功能。

3. 富含维生素　　发酵乳含有多种维生素及其他营养成分。这不仅源于优质的原料乳，也与菌株种类有较大的关联，如 B 族维生素就是乳酸菌生长代谢的产物之一。在发酵乳制造过程中这些维生素成分不仅没有受到损害，部分维生素反而由于乳酸菌的代谢活动而增强。此外，发酵乳相比牛乳含有更多的维生素 A 和 B 族维生素。这是人体生长发育不可缺少的营养元素，除促进人体细胞生长之外，还有保护皮肤及黏膜的作用。人体通常通过绿色蔬菜中的色素来摄入维生素 A，但是这些色素在人体内的转化率只有 30%，所以直接饮用发酵乳能更加有效地吸收维生素 A。此外，牛乳欠缺植物纤维及维生素 C。果汁发酵乳，特别是在日本、欧洲风行的大粒果肉发酵乳，含有大量水果中的纤维及维生素 C，能补足普通牛乳在营养上的欠缺，是营养成分更加完善、合理的食物佳品。

（二）发酵乳的保健功能

1. 缓解"乳糖不耐受症"　　人体内乳糖酶活力在刚出生时最强，断乳后开始下降，成年时人体内的乳糖酶活力仅是刚出生时的 10%。因此，成年人摄入牛乳时就会出现腹痛、腹泻、痉挛、肠鸣等症状。有些小儿也会产生乳糖不适症，这是因为小肠中乳糖酶活性低下，乳糖直接进入大肠，渗透压升高促使水分吸收增加，肠蠕动加速而引起腹泻或肠道不适。乳经过发酵后，乳糖降解形成乳酸，乳糖含量显著降低。此外，乳酸菌具很强的 β-乳糖酶活性，可将乳糖转化成葡萄糖。另外，有些乳酸菌在人的消化道内具有较强的残存活性，可在肠胃系统中分解乳糖，降低乳糖浓度，从而减缓乳糖不耐受症。

2. 改善肠道微生物菌群平衡，抑制肠道有害菌生长　　消化道表面积很大，存在丰富的微生物类型，这些肠道微生物菌群等易引起病原性疾病，所以肠内菌群的正常分布对保持人体健康、预防疾病具有十分重要的作用。发酵乳中乳酸菌能通过肠道内壁蛋白质（受体）与乳酸菌外壁（供体）成分多糖的相互作用在肠内附着定居，且对胆汁酸具有耐性。发酵乳具较强的抗菌活性，而且酸度高的食品抗菌作用显著。它能抑制有害微生物生长，使乳酸菌占优势。嗜酸杆菌、双歧杆菌作用尤其突出，嗜酸杆菌可产生有机酸、H_2O_2 及抗生素物质，双歧杆菌具有防止便秘，预防及治疗细菌性下痢，维持肠内菌正常平衡，合成 B 族维生素等功能，且能利用其他细菌不能利用的寡糖类（oligosac-charides）作为其增殖因子。这对肉类、肉制品、蛋制品、乳品等的保存具有重要作用。

3. 降低胆固醇水平　　研究表明，长期进食酸乳可以降低人体胆固醇水平，但少量摄入酸乳的影响结果则很难判断。这是因为，酸乳中富含的乳酸菌及其代谢物中可能含有抗胆固醇因子，且其在肠黏膜上黏附并定植也能减少肠道对胆固醇的吸收。乳酸菌产生的特殊酶系中有降低胆固醇的酶系，它们在体内可能通过抑制羟甲基戊二酰辅酶 A（HMG-CoA）和还原酶（胆固醇合成的限速酶）来抑制胆固醇的合成。此外，乳酸菌可吸收部分胆固醇并将其转变为胆酸盐从体内排出。嗜热链球菌和保加利亚乳杆菌单独或混合发酵均可以使蛋乳中胆固醇量下降10%左右，嗜热链球菌比保加利亚乳杆菌的降胆固醇能力稍强。

4. 合成某些抗生素，提高人体抗病能力　　在生长繁殖过程中，乳酸链球菌能产生具有抑菌作用的乳酸链球菌素，从而提高人体对疾病的抵抗能力。在肠道内的部分细菌分泌的一些酶类，可使前致癌物转化为致癌物。而乳酸菌（包括补充到肠道中的乳酸菌）可通过调整肠道菌群抑制这些细菌酶的活性，降低肿瘤发生的危险。这可能是乳酸菌的某些代谢产物可促进肠胃蠕动缩短了致癌物质在肠内滞留的时间，以此减少致癌物质与上皮细胞的接触；或者是乳酸菌的代谢产物在肠道内膜的附着不利于细菌酶发生作用，可抑制其活性，阻断肠内的前致癌物向致癌物的转化。

5. 发酵乳与白内障　　研究表明，发酵乳可以预防白内障的形成。人体对发酵乳中半乳糖的吸收虽然较牛乳慢，但发酵乳中游离的半乳糖能激活空肠或肝中的半乳糖激酶。这种由发酵乳引起的对半乳糖代谢的敏化作用可能是减少白内障形成的一个因素。

6. 具有美容、明目、固齿和健发等作用　　发酵乳中丰富的钙含量益于牙齿和骨骼的生长；还有一定的维生素，其中维生素 A 和 B 族维生素都有益于眼睛；酸乳中丰富的氨基酸有益于头发。此外，发酵乳具有一定的抗氧化作用，这是因为其中的 SOD、维生素 E、维生素 C 可跟过氧化自由基反应，协同起到抗氧化作用。而生物体衰老学说之一是自由基及其诱导的氧化反应引起生物膜损伤和交联键形成，使细胞损害。自由基活性强，细胞损伤作用越强。因此，发酵乳饮品作为老年食品具有重要意义。同时，其也能改善消化功能，防止便秘，抑制有害物质如酚、吲哚及胺类化合物在肠道内产生和积累，阻止老化发生，使皮肤白皙而健康。

第二节　发酵剂制备

一、发酵剂菌种及作用

（一）发酵剂的概念及菌种选择

1. 发酵剂的概念　在生产酸乳制品或乳酸菌制剂之前，必须根据生产需要，预先制备各种发酵剂。在乳品工业中，发酵剂是指生产发酵乳制品及干酪等产品时所用的特定微生物培养物。它的质量优劣与发酵乳产品质量关系密切。

2. 发酵剂的菌种选择　菌种的选择对发酵剂的质量起着重要作用，应根据生产目的不同选择适当的菌种。选择时以产品的主要技术特性，如产酸力、产香性、产黏性及蛋白质水解能力作为发酵剂菌种的选择依据。

（1）**产酸力**　不同发酵剂之间的产酸能力有显著差异。通常使用产酸曲线和酸度测定来判断菌种的产酸能力。产酸曲线是在同样条件下测得的发酵酸度随时间的变化关系，从曲线上就可以判断发酵剂产酸能力的强弱。酸度检测也是常用的活力测定方法，活力就是在规定时间内发酵过程的酸生成率。产酸能力强的发酵剂在发酵过程中容易导致产酸过度和后酸化过强（在冷却和冷藏时继续产酸）。生产中一般选择产酸能力中等的发酵剂，即 2%接种量，在 42℃条件下发酵 3 h 后，滴定酸度为 90～100°T。

后酸化是指酸乳生产终止发酵后，发酵剂菌种在冷却和冷藏阶段仍能继续缓慢产酸。后酸化过程包括三个阶段：①冷却过程产酸，即从发酵终点（42℃）冷却到 19～20℃时酸度的增加，特别是在冷却比较缓慢时，产酸能力强的菌种产酸量较大；②冷却后期产酸，即从 19～20℃冷却至 10～12℃时酸度的增加；③冷藏阶段产酸，即在 0～6℃冷库中酸度的增加。

因此，为了更好地控制产品质量，所选菌种应尽可能符合以下要求：①选择自发酵结束到冷却的产酸强度，应是产酸弱到产酸中等程度者；②选择冷藏过程中的产酸（后酸化），应尽可能地弱产酸；③选择冷链中断时的产酸化（10～15℃），应尽可能地弱产酸。

目前我国冷链系统尚不完善，从酸乳产品出厂到消费者饮用之前，冷链经常被打断，因此在酸乳生产中选择产酸较温和的发酵剂显得尤为重要。

（2）**产香性**　优质酸乳必须具有良好的滋气味和芳香味。一般酸乳发酵剂产生的芳香物质主要有乙醛、双乙酰、乙偶姻、丙酮和挥发酸等，因此选择能产生良好滋气味和芳香味的发酵剂很重要。评估方法有以下几种。

1）感官评定。进行感官评价时应考虑样品的温度、酸度和存放时间对品评的影响。品尝时样品温度应为常温，因低温对味觉有阻碍作用；酸度不能过高，酸度过高对口腔黏膜刺激过强；样品要新鲜，以生产后 24～48 h 内的酸乳进行品评为佳，因该阶段是滋气味和芳香味形成阶段。

2）测定挥发酸。通过测定挥发酸的量来判断芳香物质的生成量。挥发酸含量越高，意味着生成芳香物质的含量越高。

3）测定乙醛。乙醛（主要由保加利亚乳杆菌产生）能形成酸乳的典型风味，不同菌株生成乙醛的能力不一样，因此乙醛产生能力是选择优良菌株的重要指标之一。

（3）产黏性　酸乳发酵过程中产生微量的黏性物质，有助于改善酸乳的组织状态和黏稠度，特别对于固形物含量低的酸乳尤为重要。但一般情况下，产黏性菌株通常对酸乳的其他特性如酸度、风味等有不良影响，成品风味较差。因此在选择这类菌株时，最好和其他菌株混合使用。生产过程中，如正常使用的发酵剂突然产黏，则可能是发酵剂变异所致，应引起注意。

（4）蛋白质水解能力　乳酸菌的蛋白质水解活性一般较弱，嗜热链球菌的蛋白质水解活性很弱，而保加利亚乳杆菌表现出一定的蛋白质水解活性，能将蛋白质水解为游离的氨基酸和肽类。影响发酵剂蛋白质水解活性的主要因素有以下几种。

1）温度。蛋白质水解活性在低温时较弱，常温下活性较强。

2）pH。不同的蛋白质水解酶的最适pH不同。pH过高，容易积累蛋白质水解的中间产物，从而使酸乳中出现苦味。

3）菌种与菌株。嗜热链球菌和保加利亚乳杆菌的比例和数量会影响蛋白质水解的程度。菌株的不同也会影响蛋白质水解能力，保加利亚乳杆菌的某些菌株由于水解蛋白质能力强会产生苦味。

4）时间间隔。贮藏时间的长短影响蛋白质水解作用，从而可能对发酵剂和酸乳产生一些正面影响，如刺激嗜热链球菌的生长、促进酸的生成、增加了酸乳的可消化性；但也会有不利影响，如使得成品黏度降低、味道发苦等。所以若酸乳保质期短，蛋白质水解问题可不予考虑；若酸乳保质期长，应选择蛋白质水解能力弱的菌株。

（二）发酵剂的作用

1. 乳酸发酵　乳酸发酵就是利用乳酸菌对底物进行发酵，结果使糖类转变为有机酸的过程。例如，牛乳进行乳酸发酵，结果形成乳酸，使乳中pH降低，促使酪蛋白凝固，产品形成均匀细致的凝块，并产生良好的风味。

2. 产生风味　添加发酵剂的另一个目的，是使成品产生良好的风味。一般认为乳中的主要碳水化合物乳糖经发酵后生产挥发性风味物质。柠檬酸的分解在产生风味方面起重要代谢作用。与此有关的微生物，以明串球菌属为主，并包括一部分链球菌（如丁二酮乳酸链球菌）和杆菌。这些产生风味的细菌，分解柠檬酸而生成丁二酮、羟丁酮、丁二醇等四碳化合物和微量的挥发酸、乙醇、乙醛等。其中对风味起最大作用的是丁二酮。但产生风味的浓厚程度受菌种和培养条件的影响，如在发酵剂的培养基中添加柠檬酸并进行通气培养，可促进风味的产生。

3. 蛋白质和脂肪分解　发酵剂对蛋白质的分解起到重要作用，这是因为乳酸杆菌在代谢过程中能生成蛋白酶；乳酸链球菌和干酪乳杆菌具有分解脂肪的能力。但在实际生产中，通常采用混合微生物发酵剂，使得发酵剂同时具有乳酸发酵、蛋白质和脂肪分解的多重作用，从而使酸乳更有利于消化吸收。

4. 酒精发酵　牛乳酒、马乳酒之类的酒精发酵乳，采用酵母菌发酵剂，将乳酸发酵后逐步分解产生酒精。由于酵母菌适于在酸性环境中生长，因此，通常采用酵母菌和乳酸菌混合发酵剂进行生产。酒精发酵也可用于乙醇生产方面，发酵剂以乳清作为培养基，也在乳清利用方面起到重要作用。

5. 产生抗生素　乳酸链球菌和乳脂链球菌中的个别菌株，能产生乳酸链球菌素（nisin）

和双球菌素（diplococcin）。发酵剂不仅具有产生乳酸的发酵作用，也能依靠产生的抗生素来防止杂菌生长的作用，特别对防止酪酸菌的污染有重要作用。

（三）发酵剂的类型

1. 按制备过程分类

（1）商品发酵剂　　即一级菌种，是乳酸菌的纯培养物，实际上指从专业发酵剂公司或有关研究所购买的原始菌种。它一般多接种在脱脂乳、乳清、肉汁或其他培养基中，或者用冷冻升华法制成一种冻干菌苗。

（2）母发酵剂　　其经一级菌种的扩大再培养，是生产发酵剂的基础，即在酸乳生产厂用商品发酵剂制得的发酵剂。

（3）生产发酵剂　　其是经母发酵剂的扩大培养、用于实际生产的发酵剂，称为生产发酵剂，也叫工作发酵剂。生产发酵剂通常可分为奶油发酵剂、干酪发酵剂、酸乳制品发酵剂及乳酸菌制剂发酵剂等。

2. 按菌种数量分类

（1）混合发酵剂　　这一类型的发酵剂含有两种或两种以上菌，如保加利亚乳杆菌和嗜热链球菌按 1∶1 或 1∶2 比例混合的酸乳发酵。这是因为，嗜热链球菌在前期产酸，对低 pH 的耐受能力差，发酵后期大量死亡；保加利亚乳杆菌在后期产酸，但其生长启动的 pH 低，保加利亚乳杆菌的比例不能太高，否则后期产酸太强。二者的共生产酸作用如图 6-1 所示。

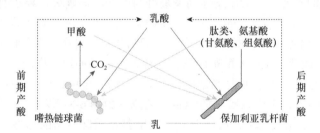

图 6-1　混合发酵剂的产酸

（2）单一发酵剂　　只含有一种菌的发酵剂，生产时可以将各菌株混合。

3. 按发酵剂产品形式分类　　根据物理状态，发酵剂在生产、分发时可分为液态发酵剂、粉状（或颗粒状）发酵剂及冷冻发酵剂三种。

（1）液态发酵剂　　乳品厂通常由化验室制备母发酵剂、中间发酵剂，而生产用的工作发酵剂由专门的发酵剂室或酸乳车间生产。所用培养基为脱脂乳或脱脂复原乳，干物质含量一般控制稍高，必要时可添加生长促进因子。工作发酵剂的培养基必要时也可使用原料乳。

（2）粉状（或颗粒状）发酵剂　　粉状发酵剂是通过冷冻干燥培养到最大乳酸菌数的液体发酵剂而制成的。因冷冻干燥是在真空下进行，因此能最大限度地减少对乳酸菌的破坏。

（3）冷冻发酵剂　　冷冻发酵剂是通过冷冻浓缩乳酸菌生长活力最高点时的液态发酵剂而制成的，包装后放入液氮罐中。超浓缩冷冻发酵剂也属于冷冻发酵剂，是在乳培养基中添加了生长促进剂，由氨水不断中和产生的乳酸，最后用离心机来浓缩菌种。冷冻发酵剂一般在使用前再接种制成母发酵剂。但使用浓缩冷冻发酵剂时，可将其直接制备成工作发酵剂，不需进行中间扩培过程，因接种次数减少，降低了被污染的机会。浓缩冷冻发酵剂单个滴在液氮罐中，由于冷冻作用而形成片种，然后存于−196℃液氮中。与液态发酵剂相比，冷冻干燥发酵剂保存质量较高、稳定性更好、乳酸菌活力更强。

二、发酵剂的调制

1. 菌种的复活及保存　从菌种保存单位取来的纯培养物，通常保存在试管或安瓿瓶中，由于保存寄送等影响，需恢复活力，即在无菌操作条件下接种到灭菌的脱脂乳试管中多次传代、培养，而后保存在 0～4℃冰箱中，每隔 1～2 周移植一次。但在长期移植过程中，可能会有杂菌污染，造成菌种退化或菌种老化、裂解。因此，菌种须不定期的纯化、复壮。

2. 母发酵剂的调制　取新鲜脱脂乳 100～300 mL（同样两份）装入预经干热灭菌（150℃，1～2 h）的母发酵剂容器中，以 115℃、15～20 min 高压灭菌或采用 100℃、30 min 进行连续 3 天的间歇灭菌，然后迅速冷却至 25～30℃，将充分活化的菌种接种于盛有灭菌脱脂乳的锥形瓶中，混匀后，放入恒温箱中进行培养。凝固后再移入灭菌脱脂乳中，如此反复 2～3 次，使乳酸菌保持一定活力，然后再制备生产发酵剂。纯菌种活化或母发酵剂的制备工艺流程见图 6-2。

图 6-2　母发酵剂的制备工艺流程

3. 工作发酵剂的制备　工作发酵剂室最好与生产车间隔离，要求有良好的卫生状况，最好有换气设备。每天要用 200 mg/L 的次氯酸钠溶液喷雾，在操作前操作人员也要用 100～150 mg/L 的次氯酸钠溶液洗手消毒。氯水由专人配制并每天更换。当调制生产发酵剂时，为使菌种环境不发生急剧改变，生产发酵剂的培养基最好与成品的原料相同。

工作发酵剂的制备可在小型发酵罐中进行，整个过程可全部自动化，并采用原位清洗（cleaning in place，CIP）。工作发酵剂的制备工艺流程如图 6-3 所示。为了不影响生产，发酵剂要提前制备，可在低温条件下短时间贮藏。发酵剂常用乳酸菌的形态、特性及培养条件等见表 6-1。

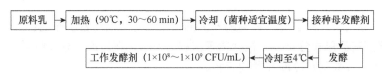

图 6-3　工作发酵剂的制备工艺流程

表 6-1　常用乳酸菌的形态、特性及培养条件（周光宏，2011）

细菌名称	细菌形状	菌落形状	发育最适温度/℃	最适温度下凝乳时间/h	极限酸度/°T	凝块性质	滋味	组织形态	适用的乳制品
乳酸链球菌	双球状	光滑，微白，菌落有光泽	30～35	12	120	均匀、稠密	微酸	针刺状	酸乳、酸稀奶油、牛乳酒、酸油、干酪
乳油链球菌	链状	光滑，微白，菌落有光泽	30	12～24	110～115	均匀、稠密	微酸	稀奶油状	酸乳、酸稀奶油、牛乳酒、酸油、干酪

续表

细菌名称	细菌形状	菌落形状	发育最适温度/℃	最适温度下凝乳时间/h	极限酸度/°T	凝块性质	滋味	组织形态	适用的乳制品
柠檬明串珠菌、戊糖明串珠菌、丁二酮乳酸链球菌	单球状、双球状、长短不同的细长链状	光滑,微白,菌落有光泽	30	不凝结 48~72 18~48	70~80 100~105	均匀	微酸	针刺状	酸乳、酸稀奶油、牛乳酒、酸油、干酪
嗜热链球菌	链状	光滑,微白,菌落有光泽	37~42	12~24	110~115	均匀	微酸	稀奶油状	酸乳、干酪
嗜热性乳酸杆菌、保加利亚乳杆菌、干酪杆菌、嗜酸杆菌	长杆状,有时呈颗粒状	无色的小菌落,如絮状	42~45	12	300~400	均匀、稠密	酸	针刺状	酸牛乳、马乳油、干酪、乳酸菌制剂
双歧杆菌、两歧双歧杆菌、长双歧杆菌、婴儿双歧杆菌、短双歧杆菌	多形性杆菌,呈Y形或V形弯曲状、勺状、棒状等	中心部稍突起,表面灰褐色或乳白色,稍粗糙	37	17~24	均匀	微酸,有乙酸味	稀奶油状	酸乳、乳酸菌制剂

第三节 酸乳的加工

一、酸乳的概念和种类

联合国粮食和农业组织（FAO）、世界卫生组织（WHO）与国际乳品联合会（IDF）对酸乳做出如下定义：酸乳，即在添加（或不添加）乳粉（或脱脂乳粉）的乳（杀菌乳或浓缩乳）中，由保加利亚乳杆菌和嗜热链球菌进行酸乳发酵制成的凝乳状产品，成品中必须含有大量的、相应的活性微生物。

通常根据成品的组织状态、口味、原料中的脂肪含量、生产工艺和菌种的组成将酸乳分为不同类型。目前我国各大城市生产最多的是凝固型酸乳和搅拌型酸乳，此外还有部分的饮用型酸乳等。

（一）凝固型酸乳

1. 凝固型酸乳的工艺流程　凝固型酸乳的工艺流程如图 6-4 所示。

图 6-4　凝固型酸乳的工艺流程

凝固型酸乳的生产线如图 6-5 所示。

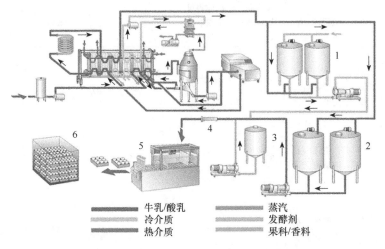

图 6-5　凝固型酸乳生产线（李晓东，2011）
1.发酵剂罐；2.缓冲罐；3.果料/香料；4.果料混合器；5.包装；6.培养

2. 凝固型酸乳工艺操作要点

（1）原料乳验收　　用于制作发酵剂的乳和生产酸乳的原料必须是高质量的。经过验收合格的原料乳应经过过滤、净乳、预杀菌、冷却和贮藏，并进行标准化，使得干物质含量一般要达到 15.5%～16.6%。不同干物质含量下乳的状态如图 6-6 所示。干物质量过低会影响凝乳效果，而过高会产生固体残渣。

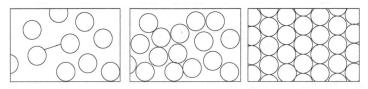

图 6-6　不同干物质含量下乳的状态
左：干物质量过低；中：干物质量在标准范围内；右：干物质量过高

（2）均质　　是酸乳生产中的重要部分，在加热处理前进行。均质可使原料充分混匀，有利于提高酸乳的稳定性和稠度，并使酸乳质地细腻，口感良好。乳通过窄缝时，湍流和气穴作用造成脂肪球破裂，粒径减小（图 6-7）。

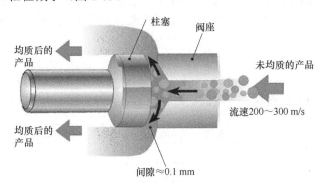

图 6-7　均质的过程（蒋爱民，2008）

（3）杀菌　　用于杀灭原料乳中的杂菌，确保乳酸的正常生长和繁殖；钝化原料乳中对发酵菌有抑制作用的天然抑制物；使牛乳中的乳清蛋白变性，以达到改善组织状态、提高黏稠度和防止成品乳清析出的目的。杀菌条件为：90～95℃，5 min。

（4）接种　　杀菌后的乳应立即降温至45℃左右，以便接种发酵剂。接种量按菌种活力、发酵方法、生产时间安排和混合菌种配比不同而定。一般生产发酵剂，产酸活力在0.7%～1.0%，此时接种量应为2%～4%。此时不应加入粗大的凝块，以免影响成品质量，可在无菌操作条件下搅拌成均匀细腻的状态。

（5）灌装　　凝固型酸乳灌装时，可据市场需要选择瓶的大小和形状。但是在装瓶前需对玻璃瓶进行蒸汽灭菌，一次性塑料杯可直接使用。搅拌型酸乳灌装时，注意对果料的杀菌，杀菌温度应控制在能抑制一切细菌的生长能力，而又不影响果料的风味和质地的范围内。

（6）发酵　　发酵的时间随菌种而异，用保加利亚乳杆菌与嗜热链球菌的混合发酵剂时（图6-8），温度保持在41～42℃，培养时间为2.5～4.0 h（2%～4%的接种量）。达到凝固状态时即可终止发酵。发酵终点可依据如下条件来判断：①滴定酸度达到80°T以上；②pH低于4.6；③表面有少量水痕；④乳变黏稠。发酵应注意避免振动，否则会影响组织状态；发酵温度应恒定，避免忽高忽低；掌握好发酵时间，防止酸度不够或过度以及乳清析出。

图6-8　嗜热链球菌（左）和保加利亚乳杆菌（右）（Sieuwerts，2016）

（7）冷却　　在发酵达到一定酸度后，发酵乳需终止发酵并应立即移入0～4℃的冷库中，降低发酵菌种的代谢活动，以免继续发酵造成酸度过高。在冷藏期间，酸度仍会有上升，同时风味物质双乙酰含量也会增加。试验表明冷却24 h，双乙酰含量达到最高，超过24 h又会减少。因此，发酵凝固后需在0～4℃贮藏24 h再出售，该过程也称为后成熟。一般最长冷藏期为7～14 d。

（8）包装　　酸乳在出售前，其包装物上应有清晰的商标、标识、保质期限、产品名称、主要成分的含量、食用方法、贮藏条件及生产商和生产日期。

为给消费者提供更丰富的选择，以满足不同层次消费者的需求和繁荣酸乳市场，酸乳会采用不同的包装形式和包装材料。目前，酸乳的包装呈砖形、杯状、圆形、袋状、盒状和家庭经济装等多种形状；其包装材质也种类繁多，复合纸、PVC材质、瓷罐、玻璃等均有应用。但不论哪种形式和材质的包装物都必须无毒、无害、安全卫生，以保证消费者的健康。

（二）搅拌型酸乳

1. 生产线　　图6-9所示为搅拌型酸乳典型的连续性生产线。

2. 搅拌型酸乳工艺操作要点

1）原料乳验收、预处理、标准化、均质、杀菌、接种。该部分工艺同凝固型酸乳。

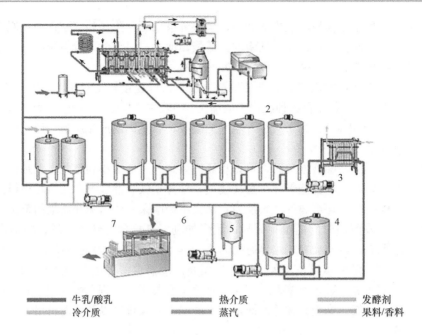

	牛乳/酸乳		热介质		发酵剂
	冷介质		蒸汽		果料/香料

图 6-9　搅拌型酸乳的生产线（李晓东，2011）

1. 生产发酵剂罐；2. 发酵罐；3. 热交换器；4. 缓冲罐；5. 果料/香料；6. 果料混合器；7. 包装

2）发酵。搅拌型酸乳的发酵是在发酵罐中进行的，应维持恒定的温度。发酵罐上部和下部温差不要超过 1.5℃。

3）搅拌。在制作搅拌型酸乳时，要对酸乳施行机械处理，这是该品种酸乳生产中的一道重要工序。搅拌时应注意凝胶体的温度、pH 及固体含量等。通常搅拌开始时用低速，然后用较快的速度。

4）冷却。发酵达到所需酸度时（pH 4.2～4.5），酸乳必须迅速降温至 15～22℃。冷却的目的除防止产酸过度外，还防止搅拌时脱水。冷却过程应稳定进行，过快将造成凝块收缩迅速，导致乳清分离；过慢则会造成产品过酸和添加果料的脱色。

（三）饮用型酸乳

饮用型酸乳是一种低黏度的酸乳，在许多国家很流行，正常情况下脂肪含量低。搅拌型酸乳和饮用型酸乳的生产工艺流程对比见图 6-10。

饮用型酸乳生产中，酸乳用普通方法制作，然后进行搅拌，冷却至 18～20℃之后，再送到缓冲罐，在罐里加入稳定剂和香精，并与酸乳混合。酸乳混合可用不同的方法，取决于产品需要的货架期。

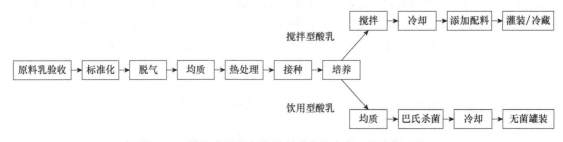

图 6-10　搅拌型酸乳和饮用型酸乳的生产工艺流程对比

（四）冷冻酸乳

冷冻酸乳有两种生产方法：一是酸乳与冰淇淋混合物混合；二是基料混合后再发酵加工冷冻酸乳。可分成软、硬两种类型。

当达到所需酸度时，酸乳混料在热交换器中冷却以阻止进一步发酵。在酸乳被送到中间贮存罐以前，把所有的香料和糖通过计量泵加到混料装置里。

从中间贮存罐出来，产品可以沿几种不同途径进行加工。①酸乳混料直接送到冰淇淋凝冻机，冻成冰棒或灌杯/散装，连续硬化成硬冷冻酸乳；②生产冷冻酸乳的混料直接灌装于任何包装物内，如传统的牛乳包装或盒装，然后直接送到销售点做软冰淇淋；③为了延长货架期，可以把生产软冻酸乳的冰淇淋料在无菌包装前进行 UHTS 处理。

与传统冰淇淋制作一样，酸乳在连续冰淇淋机中被预冻和搅打。为避免随后贮存期间的氧化问题，应在搅打过程中充满含氮的气体，凝冻的酸乳通常在－8℃时离开凝冻机。液体果料香味料和糖可以在凝冻机里添加。同一种酸乳基料，在同一台凝冻机可以生产出不同香型的冷冻酸乳。凝冻以后，冷冻酸乳用同传统冰淇淋一样的方式进行包装（蛋卷、杯或散装），然后把产品送入硬化隧道，温度降至－25℃。冷冻酸乳棒可以在一个规则的冰淇淋机中冷冻。因为酸乳直接在－25℃冷冻，搅有氮气的硬冻酸乳在冷藏情况下保持2～3个月，其风味和质地没有任何变化。在运送到消费者手中以前，产品一直要冷冻保藏。做软冻酸乳的基料（不经 UHTS 处理）最高贮存温度为6℃，保持期为2周，这种产品是凝冻后立刻消费。

（五）浓缩酸乳

乳发酵后，乳清从凝块中排出，产品的总干物质量提高而形成浓缩酸乳。生产原理与夸克干酪生产一致，唯一的不同是使用的发酵剂类型不同。浓缩酸乳又称脱乳清酸乳、莱勃尼等。

二、酸乳质量控制

（一）原辅料的质量控制

原辅料的质量控制主要是指对原辅料微生物学方面和物理化学方面的质量控制。微生物学检验主要是要求总菌数、大肠杆菌在规定范围内，不得检出致病菌。物理化学检验主要包括：原辅料中不能含有抗生素，不得有异味、异物，并检测原料中脂肪、蛋白质、总乳固体、固形物含量，原料乳的酸度、热稳定性，重金属含量及辅料特征指标（溶解度、杂质度等）。

1. 加工过程中关键点控制　首先必须保证生产设备已经过 CIP 清洗和灭菌。浓缩型酸乳的工艺流程见图 6-11。现以搅拌型酸乳生产为例简述如下。

（1）标准化和混料　需要检验总菌数、大肠菌群总数、致病菌数，原料乳中蛋白质、脂肪和总乳固体含量，以及原料乳的酸度变化。同时需加强对搅拌时间、温度、水合时间的控制。

（2）热处理杀菌　热处理过程中应严格控制最高温度、达到最高温度的时间和保持时间、供热液体与待杀菌乳之间温和热交换系数（设备一定时，其主要与流量有关）。一般要求热处理设备中应具备杀菌温度时间自动记录仪，以严格控制上述诸因素。操作人员在实际生产过程中必须严密监

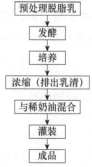

图 6-11　浓缩型酸乳的工艺流程

视上述温度、时间及流量变化是否合理，同时在杀菌前后分别取样检验杀菌效率（注意无菌操作）。此外，操作人员还必须注意热处理设备本身的清洗、杀菌等方面的问题。

（3）均质　　均质过程必须控制的指标主要是均质压力和温度。

（4）接种、发酵　　应选用适宜长短的发酵时间，此过程须严格控制的因素有：①接种时乳的温度；②接种、发酵时间；③恒定的发酵温度；④发酵过程中 pH（或酸度）的变化；⑤发酵环境。该过程在杀菌之后，因此必须严防再污染。此外，在控制发酵温度时应考虑发酵过程中产生热量，使整个发酵乳温度有所升高的现象。

（5）冷却　　需控制的因素有：①设备在冷却前的卫生指标；②产品在冷却前后的 pH、酸度及质地变化；③冷却所用时间；④冷却后产品的温度；⑤冷却效率；⑥冷却前后产品的物化指标和微生物指标。该过程同样需要严防再污染。

（6）灌装　　灌装过程要严格防止二次污染，主要控制指标有：①灌装车间及设备的卫生指标；②包装材料质量；③灌装时产品温度、酸度、口感与风味；④灌装质量；⑤灌装前后产品的微生物指标。

（7）贮藏、运输　　此过程需控制的指标有：①冷库温度及卫生状况；②产品温度降至10℃时所需时间；③产品在保质期内的质量变化情况；④产品微生物、物理化学及感官指标。保证进入市场的产品的各项指标均符合国家标准及本企业对该产品的有关要求，不合格产品应坚决不予出厂。此外，成品运输条件必须符合保鲜制品的运输条件（食品卫生及温度等）要求。

2. 酸乳生产过程中容易出现的问题　　在酸乳生产过程中易产生以下一些质量缺陷，需根据质量控制措施从原料和工艺条件等方面加以注意。

1）产品质地不均，凝固不良或不凝固。凝固不良、发软可能由以下因素引起：①发酵温度与时间低于乳酸菌发酵的最适温度与时间；②发酵剂活力衰退或接种量不足；③产酸低，引起了凝固不良；④乳中固体物不足，发酵停止；⑤在搬运过程中的剧烈振动等。

2）产品缺乏发酵乳的芳香味，这与菌种选择和操作工艺不当有关。酸度过高或过低，口感、滋味及气味不良可能由以下因素引起：①原料乳品质不佳；②发酵剂污染；③生产环境不卫生等。这些因素均会使酸乳凝固时出现海绵状气孔、乳清分离、口感不良和有异味等现象。

3）乳清分离，上部分是乳清，下部分是凝胶体。乳清析出与原料乳热处理不当、发酵时间过长或过短有关，此外，原料乳总干物质量、接种量过大、机械振动也会造成凝乳疏松而碎裂，使乳清析出。

4）发酵时间长。这可能是使用的发酵剂不良，产酸弱，乳中酸度不足，发酵温度过低或发酵剂用量过少等方面因素引起的。

5）微生物污染，有非乳酸菌生长或胀包。这是生产环境污染或生产时灭菌不彻底，未按工艺参数进行操作等原因造成。

（二）酸乳的凝乳控制

1. 加酸聚集酪蛋白胶束　　加酸时 pH 逐渐降低，当 pH 降低至酪蛋白等电点时，所带静电荷为 0，酪蛋白胶粒中磷酸盐由可溶性变成不溶性，酪蛋白与胶束磷酸盐以非共价键结合形成的酪蛋白胶束的蛋白质聚合体体系的稳定性降低，减少了酪蛋白所带静电荷，从而出现凝聚沉淀。即破坏酪蛋白胶束的稳定性使它们聚集在一起形成网络结构（图 6-12）。

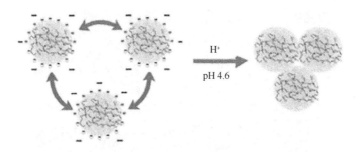

图 6-12　加酸使酪蛋白胶束聚集

2. 热处理对乳清蛋白的影响　　乳清蛋白在 70℃以上开始变性，β-乳球蛋白与 κ-酪蛋白相结合。牛乳中约 90% 的巯基位于 β-乳球蛋白上，每个 β-乳球蛋白单体均含有 1 个游离巯基及 2 个二硫键，β-乳球蛋白随着热处理温度的升高及加热时间的增加发生热变性，从而使其分子链展开，将其巯基暴露出来，表面巯基的含量逐渐增加（图 6-13）。

3. 热处理提高酸乳的黏度　　在热处理过程中，通常采用 90～95℃、5 min 的加热条件，70%～80% 的乳清蛋白会发生变性，与 κ-酪蛋白相互作用，增强酪蛋白网络之间的结合强度；在该过程中，酪蛋白的体积分数增加，酸乳的黏度增大（图 6-14）。未进行热处理和进行热处理的脱脂乳制备酸乳的组织结构如图 6-15 所示。

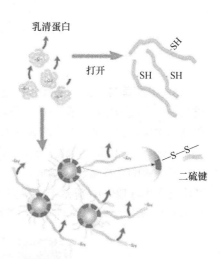

图 6-13　热处理对乳清蛋白的影响
（Li，2021）

4. 提高干物质含量增加黏度　　增加的干物质含量主要是乳蛋白的含量，黏度变化的公式如下。此外，酪蛋白胶束具有很强的持水能力，其体积占比最大，对乳黏度的影响也很大。

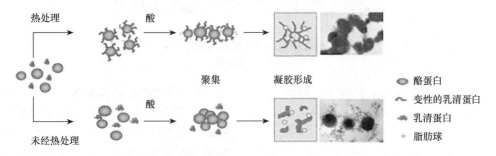

图 6-14　热处理形成凝胶机理

$$\eta = \eta_s \left(1 - \frac{\varphi}{\varphi_{max}}\right)^{-2.5\varphi_{max}}$$

式中，η 为乳的黏度；φ 为溶剂中所有溶质粒子的体积占比之和；φ_{max} 为溶剂对于溶质粒子的最大装载体积；η_s 为水的黏度。

图 6-15 未进行热处理（左）和进行热处理（右）的脱脂乳制备酸乳的组织结构（张和平，2007）

5．发酵菌株分泌多糖增加黏度 发酵过程中发酵剂产生胞外多糖类黏性物质，胞外多糖是牛乳中乳酸菌在发酵中后期分泌到细胞壁周围，与酪蛋白聚合形成的一种网络结构，是乳酸菌的次级代谢产物，在乳酸菌生长的稳定期开始产生，有助于改善酸乳的组织状态和黏稠度。常见的乳品工业生产菌如德氏乳杆菌保加利亚亚种、瑞士乳杆菌、干酪乳杆菌干酪亚种、酒样乳杆菌、嗜酸乳杆菌、嗜热链球菌、乳酸乳球菌乳脂亚种、乳酸乳球菌、肠膜明串珠菌等均能产胞外多糖（EPS）。筛选产胞外多糖的菌株，分泌多糖进入酸乳体系，多糖辅助酪蛋白聚集。如图 6-16 所示，左图为不含多糖的酸乳结构，右图为含有胞外多糖的酸乳结构。

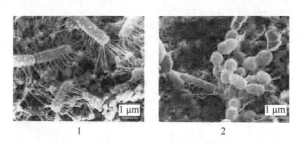

图 6-16 酸乳中的黏性乳酸菌（张和平，2007）
1.杆菌；2.球菌

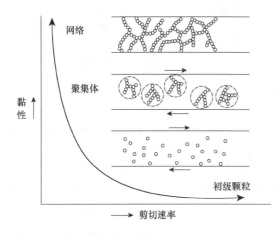

图 6-17 剪切降低酸乳黏度（Marle et al.，1999）

6．均质增加酸乳黏度 酸乳的微观结构主要是酪蛋白聚集形成的三维网状结构。均质增加了酪蛋白的体积分数，均质后脂肪球表面附有酪蛋白，使得脂肪球也参与了酪蛋白酸化凝胶网络的形成，脂肪与酪蛋白直接的结合增强，酪蛋白颗粒聚集形成彼此间有空隙的结构，进而最终形成以酪蛋白胶粒为基础的凝胶结构。

7．剪切降低酸乳的黏度 酸乳黏度随着剪切速率的增大而逐渐降低，表现为典型的剪切变稀特性（图 6-17）。搅拌型酸乳黏度降低的原因在于：酸乳是假塑性流体，在剪切作用下，高分子在流动时各液层之间存在一定的速度梯度，每个长链分子总是力图使自己全部进入同一流速的流层。

（三）酸乳卫生标准

酸乳应符合《食品安全国家标准　发酵乳》（GB 19302—2010），该标准适用于全脂、脱脂和部分脱脂发酵乳。

发酵乳：以生牛（羊）乳或乳粉为原料，经杀菌、发酵后制成的 pH 降低的产品。

风味发酵乳：以 80% 以上生牛（羊）乳或乳粉为原料，添加其他原料，经杀菌、接种嗜热链球菌和保加利亚乳杆菌（德氏乳杆菌保加利亚亚种）发酵前或后添加或不添加食品添加剂、营养强化剂、果蔬、谷物等制成的产品。

1. 感官指标　　酸乳的感官指标见表 6-2。

表 6-2　感官指标（GB 19302—2010）

项目	发酵乳	风味发酵乳
色泽	色泽均匀一致，呈乳白色或微黄色	具有与添加成分相符的色泽
滋味、气味	具有发酵乳特有的滋味、气味	具有与添加成分相符的滋味和气味
组织状态	组织细腻、均匀，允许有少量乳清析出；风味发酵乳具有添加成分特有的组织状态	

2. 理化指标　　酸乳的理化指标见表 6-3。

表 6-3　理化指标（GB 19302—2010）

项目	指标	
	发酵乳	风味发酵乳
脂肪 [a]/（g/100g）	≥3.1	≥2.5
非脂乳固体/（g/100g）	≥9.1	—
蛋白质/（g/100g）	≥2.9	≥2.3
酸度/°T	≥70.0	

a 仅适用于全脂产品

3. 微生物指标　　酸乳的微生物指标见表 6-4。

表 6-4　微生物指标（GB 19302—2010）

项目	限量			
	n	c	m	M
大肠菌群	5	2	1	5
金黄色葡萄球菌	5	0	0/25 g（mL）	—
沙门氏菌	5	0	0/25 g（mL）	—
酵母	≤100			
霉菌	≤30			

4. 乳酸菌数　　酸乳的乳酸菌指标≥$1×10^6$ CFU/mL。

第四节 酸 乳 饮 料

酸乳饮料又称发酵乳饮料，是指以鲜乳或乳粉为主要原料，经乳酸菌发酵后，根据不同风味要求添加一定比例的蔗糖、稳定剂、有机酸或果汁、香精和无菌水等，按一定的生产工艺制得的发酵型酸性乳饮料。根据国家标准，酸乳饮料中的蛋白质及脂肪含量均应大于1%。

一、乳酸菌饮料

乳酸菌饮料是一种发酵型的酸性含乳饮料。其通常以牛乳或乳粉、植物蛋白乳（粉）、果蔬菜汁或糖类为原料，添加或不添加食品添加剂与辅料，经杀菌、冷却、接种乳酸菌发酵剂培养发酵，再经稀释而制成。根据加工处理的方法不同，乳酸菌饮料可分为酸乳型和果蔬型两大类。另外，乳酸菌饮料也可分为活性乳酸菌饮料（未经杀菌）和非活性乳酸菌饮料（经后杀菌）。活性乳酸菌饮料要求含活性乳酸菌100万CFU/mL以上。在加工过程中对工艺控制要求较高，且需无菌灌装，发酵剂应选择耐酸性强的乳酸菌种（嗜酸乳杆菌、干酪乳杆菌等）。

（一）乳酸菌饮料的工艺流程

活性乳酸菌饮料与非活性乳酸菌饮料在加工过程中的区别主要是配料后是否杀菌。其工艺流程如图6-18所示。

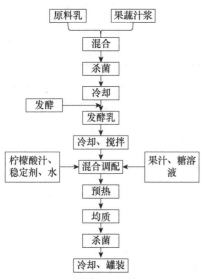

图6-18 乳酸菌饮料的工艺流程图

（二）加工要点

1. 配方及混合调配 乳酸菌饮料典型的成品标准如下：蛋白质1.0%～1.5%，脂肪1.0%～1.5%，糖10%，稳定剂0.4%～0.6%，总固体15%～16%，pH 3.8～4.2。

先将白砂糖、稳定剂、乳化剂与螯合剂等一起搅拌均匀，加入70～80℃的热水中充分溶解，经杀菌、冷却后，同果汁、酸味剂一起与发酵乳混合并搅拌，最后加入香精等。纯果胶或与其他稳定剂的混合物是乳酸菌饮料中最常使用的稳定剂。果胶是一种聚半乳糖醛酸，在pH为中性和酸性时带负电荷，将果胶加入酸乳中时，它会附着于酪蛋白颗粒的表面，使酪蛋白颗粒带负电荷。由于同性电荷互相排斥，可避免酪蛋白颗粒间相互聚合成大颗粒而产生沉淀，因此能对酪蛋白颗粒有最佳的稳定性。考虑到果胶分子在使用过程中的降解趋势及它在pH＝4时稳定性最佳的特点，杀菌前一般将乳酸菌饮料的pH调整为3.8～4.2。

2. 均质 均质使其液滴微细化，提高料液黏度，抑制粒子的沉淀，并增强稳定剂的稳定效果。乳酸菌饮料较适宜的均质压力为20～25 MPa，温度为53℃左右。

3. 杀菌 发酵调配后杀菌可以延长饮料的货架期，符合杀菌流程的饮料可保存3～6个月。乳酸菌饮料属于高酸食品，因此，采用高温短时巴氏杀菌即可得到商业无菌。也可采用超高温条件如95～105℃、30 s或110℃、4 s。生产厂家可根据自己的实际情况，对以上杀菌制度作相应的调整。对塑料瓶包装的产品来说，一般灌装后采用95～98℃、20～30 min的杀菌条件，然后进行冷却。

4. 果蔬预处理 在制作果蔬乳酸菌饮料时，首先要对果蔬进行加热处理，以起到灭酶作用。通常在沸水中放置 6～8 min，经灭酶后打浆或取汁，再与杀菌后的原料乳混合。

二、中性调和乳饮料

中性调和乳饮料主要为风味乳饮料。市场上常见的风味乳饮料有草莓乳、香蕉乳、巧克力乳、咖啡乳等产品，所采用的包装形式主要有无菌包装和塑料瓶包装。

1. 工艺流程 风味乳饮料一般以原料乳或乳粉为主要原料，然后加入水、糖、稳定剂、香精、色素等，经热处理而制得。风味乳饮料中原料乳的含量从 50%～95% 不等。

风味乳饮料的工艺流程如图 6-19 所示。

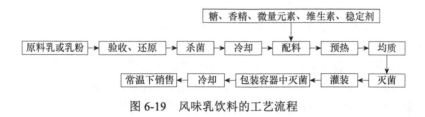

图 6-19 风味乳饮料的工艺流程

2. 加工要点

（1）验收 原料乳的酸度应小于 18°T，细菌指数最好应控制在 $2×10^5$ CFU/mL 以下。若原料为乳粉，则乳粉也必须经检验，符合标准后方可使用。

（2）还原 首先将软化的水加热到 45～50℃，然后通过乳粉还原设备进行乳粉的还原，待乳粉完全溶解后，停止罐内的搅拌器，在此温度下水合 20～30 min。

（3）杀菌 待原料乳检验完毕或乳粉还原后，先进行巴氏杀菌，同时将乳液冷却至 4℃。

（4）配料 根据配方，准确称取各种原辅料。糖的处理一般有两种方法，可以用乳溶糖进行净乳，也可以将糖溶解于热水中并在 95℃ 下保持 15～20 min，冷却再经过滤后泵入乳中。如果原料为乳粉，则须使用稳定剂，使用优质鲜乳为原料时，可不加稳定剂。最后加入香精并混合均匀。

（5）均质 各种原料在调和罐内进行调和，用过滤器除去杂质后进行高压均质，均质压力为 10～15 MPa。

（6）超高温灭菌 条件通常采用 137℃，4 s。超高温灭菌设备内应包括脱气和均质处理装置。通常先进行脱气，脱气后温度一般为 70～75℃，然后再均质。

三、乳饮料的品质控制

下面以乳酸菌饮料为例，阐述乳饮料的品质控制影响因素，成品稳定性的检查方法，以及生产中常见的质量问题。

1. 影响乳酸菌饮料的质量因素

（1）原料乳及乳粉质量 乳酸菌饮料生产的原料要求与酸乳的原料要求相同，须使用高质量的原料乳或乳粉，严格控制细菌总数，且不含抗生素。

（2）稳定剂的种类及质量 通常使用果胶或与其他胶类的混合物作为乳酸菌饮料的稳定剂，且效果良好。

1）果胶的性质。使用果胶作为稳定剂，须保证果胶溶解完全且均匀分散于溶液中，不结块。因为结块状态下，胶类物质非常难溶于水。通常果胶在 pH 为 4 时稳定性最佳。糖的存在对果胶能起到一定的保护作用。

2）果胶的种类。果胶分为低酯果胶和高酯果胶两种，对酸性含乳饮料来说，最常使用的是高酯果胶，因为它能与酪蛋白反应，并附着于酪蛋白颗粒的表面，从而避免在调酸过程中，当 pH<4.6 时，酪蛋白颗粒因失去电荷而相互聚合、产生沉淀。

3）果胶的用量由下列因素决定。

A．蛋白质含量。一般来说，果胶用量应随蛋白质含量的提高而提高，当蛋白质较低时，果胶用量可以减少，但不能成比例地减少。

B．酪蛋白颗粒的大小。加工工艺的不同使酪蛋白形成颗粒的体积有差异。若颗粒过大，则需要使用更多的果胶去悬浮。若颗粒过小，由于小颗粒具有相对大的表面积，故需要更多的果胶去覆盖其表面积，果胶用量应增加。

C．产品热处理。强度越高，果胶含量也应相应提高。

D．产品的保质期。产品所需的保质期越长，果胶用量也越多。

E．果胶的溶解。果胶发挥稳定作用的前提条件是，果胶须完全溶解并均匀分散于溶液中。

（3）发酵过程　　由于酪蛋白颗粒的大小是由发酵过程及发酵以后加热处理情况所决定，因此，发酵过程控制的好坏直接影响产品的风味、黏度和稳定性。

（4）均质效果　　为保证稳定剂起到应有的稳定作用，必须使它均匀地附着在酪蛋白颗粒的表面。要达到此效果，必须保证均质机工作正常并采用正确的均质温度与压力。

2. 乳酸菌饮料成品稳定性的检查方法

1）在玻璃杯的内壁上倒少量饮料成品，若形成了像牛乳似的、细的、均匀的薄膜，则证明产品质量是稳定的。

2）取少量产品放在载玻片上，用显微镜观察。若颗粒细小且分布均匀，则产品呈稳定状态；若视野中存在大颗粒，则表明产品已不稳定。

3）取 10 mL 的成品放入带刻度的离心管内，经 2800 r/min 离心 10 min 后，观察离心管底部的沉淀量。若沉淀量低于 1%，证明该产品是稳定的；若超过这一界限，则产品已不稳定。

3. 乳酸菌饮料生产中常见的质量问题

（1）沉淀及分层

1）稳定剂选择或剂量不适宜。一般乳酸菌饮料主要用果胶为稳定剂，并复配少量其他胶类。

2）稳定剂未溶解完全，在乳酸菌饮料中未呈现完全均匀的分散状态。

3）发酵过程控制不佳，所产生的酪蛋白颗粒大小和分布不均匀。

4）均质效果不良。通过仔细检查均质机及均质温度压力来解决此问题。

（2）产品口感过于稀薄

1）所用原料组成不稳定，使得成品发生变化。

2）发酵过程中使用的发酵剂不适宜。

3）配料计量过程不准确。

为了解决以上问题，生产中要确认是否采用了合适的原料，发酵过程中是否使用了正确的菌种，在杀菌前检测产品的固形物含量是否符合标准。

第七章

干酪的加工与控制

本章彩图

第一节 概 述

一、干酪的概念及种类

（一）干酪的概念

干酪（cheese）是一种在乳（也可用脱脂乳、稀奶油或酪乳等）中加入适量乳酸菌发酵剂、凝乳酶（rennin）或其他凝乳剂，使乳蛋白（主要是酪蛋白）凝固，并排出乳清后制得的新鲜或发酵成熟的乳制品。

干酪不仅是一种高营养价值的乳制品，还可作为糕点、糖果及香肠等食品生产的重要原料，在世界乳品工业中占有重要的地位。目前在发达国家近半数生乳是以干酪形式消费，并在世界范围内的产量稳中有升。发达乳制品国家干酪产量基本持平，消费热点已在后期形成干酪消费习惯的国家和地区中形成，中国也形成了较大的潜在干酪市场。

（二）干酪的种类

干酪是所有乳制品中种类最多的，世界上干酪的品牌有 800 多种，著名的有 20 多种，且随着新产品的开发，干酪的种类仍不断增加。干酪主要依据水分含量、凝乳特征、是否成熟等进行命名和分类。

1. 根据水分含量分类 国际乳品联合会（IDF）曾提出根据水分含量，将干酪分为硬质、半硬质、软质三大类。目前主要基于干酪的硬度及成熟特征进行分类，见表 7-1。

2. 根据凝乳特征分类 根据凝乳特征可将干酪分为酶凝干酪和酸凝干酪两种。在世界干酪总产中，75%属于凝乳酶凝乳的干酪品种。酸凝干酪占干酪总产的 25%左右，主要品种有农家干酪、夸克干酪和稀奶油干酪等。但是不同品种之间仍存在很大差异，可以根据其成熟特性（如内部细菌和霉菌、表面细菌和霉菌等）和加工工艺进一步分类。

3. 根据是否成熟分类 根据是否成熟可以将干酪分为新鲜干酪和成熟干酪。制成后未发酵成熟的产品称为新鲜干酪，酸凝干酪多属于此类；长时间发酵成熟制成的产品称为成熟干酪。国际上将这两种干酪统称为天然干酪（natural cheese）。

表 7-1 干酪的品种分类（周光宏，2011）

种类		与成熟有关的微生物	水分含量	主要品种
软质干酪	新鲜	不成熟	40%～60%	农家干酪（cottage cheese） 稀奶油干酪（cream cheese） 里科塔干酪（Ricotta cheese）

续表

种类		与成熟有关的微生物	水分含量	主要品种
软质干酪	成熟	细菌 霉菌	40%~60%	比利时干酪（Belgium cheese） 手工干酪（hand cheese） 法国浓味干酪（Camembert cheese） 布里干酪（Brie cheese）
半硬质干酪		细菌 霉菌	38%~45%	砖状干酪（brick cheese） 修道院干酪（Trappist cheese） 法国羊乳干酪（French Roquefort cheese） 青纹干酪（blue cheese）
硬质干酪	实心 有气孔	细菌 细菌（丙酸菌）	30%~40%	荷兰高达干酪（Gouda cheese） 荷兰圆形干酪（Edam cheese） 埃门塔尔干酪（Emmentaler cheese） 瑞士干酪（Swiss cheese）
特硬质干酪		细菌	30%~35%	帕尔梅桑干酪（Parmesan cheese） 罗马诺干酪（Romano cheese）
融化干酪			40%以下	融化干酪（processed cheese）

二、干酪的组成

干酪含有丰富的蛋白质、脂肪、钙，还含有维生素和矿物质元素等多种营养成分。干酪的组成见表 7-2。

表 7-2　干酪的组成（每 100g）（骆承庠，1999）

品名	热量/%	水分/g	蛋白质/g	脂肪/g	碳水化合物/g		矿物质/g
					乳糖	纤维	
契达干酪	400	35.3	27.9	31.5	0.9	0	4.4
荷兰高达干酪	390	35.8	28.3	30.6	0.6	0	4.7
荷兰圆形干酪	389	33.8	31.7	28.4	1.0	0	5.1
青纹干酪	396	38.0	22.6	34.1	0	0	5.3

1. 水分　在干酪加工过程中，干酪水分含量与干酪组织状态和发酵速度密切相关，受到原料乳加热条件、非脂乳固体含量、凝乳方式的影响而有较大差别。例如，特硬质干酪水分含量为 30%~35%，硬质干酪为 30%~40%，半硬质干酪为 38%~45%，软质干酪为 40%~60%。因此在干酪加工过程中控制水分含量十分重要，水分含量低时，发酵时间长，使得产品具有酯味；水分含量高时，酶的作用迅速，发酵快，产品易形成刺激性风味。

2. 蛋白质　在干酪加工过程中，原料乳中的酪蛋白在酸或凝乳酶的作用下凝固，在微生物的作用下酪蛋白分解产生肽、氨基酸等水溶性含氮化合物，从而形成特有的干酪组织状态和风味。与酪蛋白不同的是，乳清蛋白，特别是乳白蛋白和乳球蛋白不被酸或凝乳酶凝固。

3. 乳糖　在干酪加工过程中，原料乳中的大部分乳糖随乳清排出。因此，干酪中的乳糖含量很少。残留在干酪中的乳糖可以促进乳酸菌发酵产生乳酸，从而抑制杂菌繁殖，使得乳酸菌能发挥优势菌群的作用，不断繁殖并产生蛋白酶，从而促进干酪成熟。

4. 脂肪　干酪的产率、组织状态和质量等与原料乳的含脂率密切相关。干酪脂肪含量一般占干酪总固形物的 45%以上。干酪的脂肪不仅能保持干酪特有的组织状态，其分解产物也是构成干酪风味的重要成分。

5．矿物质　　干酪中富含矿物质，但含量因干酪品种和生产工艺不同而异。干酪中主要的矿物质元素有钙、镁等，而铜、锌、锰、硒的含量相对较少。

三、干酪的营养价值

干酪有较原料乳更丰富的营养成分，因其等同于是将原料乳中的蛋白质和脂肪浓缩 10 倍。此外，干酪所含的钙、磷等无机成分既能满足人体的营养需要，还具有重要的生理功能。干酪中的维生素类主要是维生素 A，其次是胡萝卜素、B 族维生素和烟酸等。

在干酪的发酵成熟过程中，乳蛋白在凝乳酶和乳酸菌发酵剂产生的蛋白酶的作用下分解，形成易被人体消化吸收的胨、肽和氨基酸等小分子物质，干酪蛋白质的消化率高达 96%～98%。

干酪中所含的乳酸菌为革兰氏阴性菌、过氧化氢阴性菌，对人体健康大有裨益。乳酸菌在发酵过程中可分泌有机酸、细菌素、短链脂肪酸等抑菌物质，并与病原菌竞争定植位点，进而抑制病原菌生长。此外，干酪也缓解乳糖不耐症、改善和平衡肠道菌群，降低胆固醇和血氨，还具有护肝、抗衰、抗肿瘤作用。因此，干酪成为了一种兼具营养与保健功能的食品。

近年来，随着世界各国对功能食品研制开发的重视。功能性干酪产品已经开始生产并正在进一步开发之中。如低脂肪型、低盐型、钙强化型等干酪，添加膳食纤维、低聚糖、*N*-乙酰基葡萄糖胺、酪蛋白磷酸肽（CPP）等具有良好保健功能成分的干酪，不仅能促进肠道内优良菌群的生长繁殖，增强对钙、磷等矿物质的吸收，并且具有降低血液胆固醇及防癌、抗癌等效果。这些功能性成分的添加，给高营养价值的干酪增添了新的魅力。

第二节　干酪的发酵剂

一、干酪发酵剂的种类

干酪发酵剂（cheese starter）是指在制造干酪的过程中使干酪发酵、成熟的特定微生物培养物。根据微生物的种类分为细菌发酵剂和霉菌发酵剂两大类，详见表 7-3。细菌发酵剂以乳酸菌为主，主要用于产生风味物质和酸。霉菌发酵剂主要是指对脂肪分解能力强的卡门培尔干酪青霉、娄地青霉等。

表 7-3　干酪发酵剂种类及应用（张兰威，2016）

发酵剂种类		使用范围、作用
一般名	菌种名	
乳酸球菌	嗜热链球菌（*Streptococcus thermophilus*）	各种干酪，产酸及风味
	乳酸链球菌（*Str. lactis*）	各种干酪，产酸
	乳脂链球菌（*Str. cremoris*）	各种干酪，产酸
	粪链球菌（*Str. faecalis*）	契达干酪
乳酸杆菌	乳酸杆菌（*Lactobacillus lactis*）	瑞士干酪
	干酪乳杆菌（*L. casei*）	各种干酪，产酸、风味
	嗜热乳杆菌（*L. thremophilus*）	干酪，产酸、风味
	胚芽乳杆菌（*L. plantarum*）	契达干酪

发酵剂种类		使用范围、作用
一般名	菌种名	
丙酸菌	薛氏丙酸菌（*Propionibacterium shermanii*）	瑞士干酪
短密青霉菌	短密青霉菌（*Penicillium brevicompactum*）	砖状干酪、林堡干酪
曲霉菌	米曲霉（*Aspergillus Oryzae*）	曼彻格干酪、丹博干酪
	娄地青霉（*Pen. roqueforti*）	法国绵羊乳干酪
	卡门培尔干酪青霉（*Pen. camembert*）	法国卡门培尔干酪
酵母菌	解脂假丝酵母（*Candida lipolytica*）	青纹干酪、瑞士干酪

二、发酵剂的功能

（一）乳酸的产生

在干酪生产中，发酵剂最主要的作用是以连续的、可控制的速率将乳糖转化成乳酸，从而降低体系的 pH。因此，发酵剂的添加能影响干酪的生产过程和成品的组成和品质。

（二）pH 对干酪风味和质地的影响

在干酪生产的干酪槽阶段，pH 降低会提高乳清从凝乳中排出的速率，从而直接影响成品干酪的水分含量，最终影响干酪的质地及风味化合物形成过程中所涉及的各类生物化学反应速率。酪蛋白胶束中胶体磷酸钙的解离水平，也会影响干酪的质地。随着 pH 的降低，胶体磷酸钙以该方式溶解：钙进入乳清的速率远大于磷酸根，因此，当干酪中总矿物质含量减少时，钙与磷酸根离子的比率也随之减小。这种矿物质的溶解性随 pH 的变化而改变，以及乳清排出的最终 pH，决定了干酪的基本结构和质地。

小牛皱胃酶最佳作用的 pH 为 2～4，这与凝乳酶在凝块中的高水平保留是一致的。然而，干酪乳的 pH 通常固定为 6.5～6.7；在乳清排出的 pH 下，导致凝块中残留大量的凝乳酶。结果，有高酸水平的干酪，尤其是那些没被充分加热过的，会由于凝结剂活性从酪蛋白产生特殊的肽而形成苦味。内源性乳蛋白酶——血纤维蛋白溶酶（或血浆酶）的最适 pH 偏碱性，在干酪成熟过程中也起着显著的作用，但在低 pH 干酪中没有活性。一般来说，在契达干酪的生产过程中，低 pH 的凝乳易碎，而较高 pH 的凝乳却更有弹性。

（三）对外来生物生长的控制

pH 作为阻止病菌生长的障碍系统，在干酪中协同温度、水分活度、盐浓度、有机酸及可利用氧等因素共同起作用。pH 的降低及未离解的乳酸分子，可以在一定程度上抑制干酪中许多对酸敏感的致病菌的生长。但仍有许多致病菌仍然能够在干酪 pH 条件下生长。

（四）乳酸代谢

契达干酪在细菌发酵剂的作用下，乳糖主要转换成 L-乳酸，但干酪中外来的非乳酸菌发酵剂则会使 L-乳酸外消旋成 D-乳酸。消旋 D-乳酸钙比 L-乳酸钙难溶并且在干酪中沉淀，产生不需要的白色斑点。

L-乳酸可被非乳酸菌发酵剂氧化成有利于干酪风味的乙酸，但这取决于获得氧的可利用性的多少。乳酸的氧化作用也有助于氧化还原电势的减少，它反过来影响一些潜在的致病菌的生长及非酶途径产生的各种风味化合物的合成速率。在瑞士干酪中，丙酸杆菌使乳酸代谢成为有利于风味形成的丙酸和乙酸，以及与干酪孔眼形成有关的 CO_2。

（五）水活度

生成的乳酸也会显著影响水活度，造成干酪中水活度降低，通过直接形成溶质（如乳酸）或随着 pH 降低间接地增加胶体磷酸钙的解离。在契达干酪的生产过程中，由于水活度的减小而阻止了乳酸的形成及细胞的生长，但风味化合物丁二酮生成量增加。

（六）氧化还原电势

在干酪成熟中，氧化还原电势（E_h）对各种化学反应和酶反应影响的相关信息很少。然而，较低的 E_h 更有利于契达干酪的良好形成。E_h 最初的减少是由于细菌发酵在乳酸代谢期间消耗氧气，但是一旦细菌发酵剂的 E_h 细胞数量有限，E_h 再次增加，慢慢回到一个低的水平，大概是由于非细菌发酵剂数量增加的原因。

（七）香味物质的产生

发酵剂能够通过乳糖、柠檬酸盐形成各种香味化合物，进而影响干酪风味，同时当发酵剂蛋白酶降解蛋白质导致干酪的质地变化时，香味化合物也来自蛋白质（EC1.1.1.27）转化成乳酸的过程。然而，当细菌发酵剂以生长受限速率发酵半乳糖或乳糖时，丙酮酸便能生成其他产物而不是乳酸。一些细菌发酵剂的菌种也能够代谢柠檬酸形成丙酮酸和乙酸，柠檬酸在乳和契达干酪中的浓度很低。进而，丙酮酸能够被转化成各种风味化合物。

干酪中风味的产生，很大程度上取决于蛋白质水解酶的水解活性总和，包括天然乳蛋白酶、凝结剂、细菌发酵剂、外来的非细菌发酵剂及一些辅助生物。发酵剂拥有一大批以胞内酶为主的肽酶，它们可以把其他蛋白质水解酶形成的肽降解为氨基酸，再通过对侧链的脱羧、脱氨、转氨、脱硫和裂解将氨基酸转化为醛、醇和酸，这些与通过其他途径（如脂肪酸的脂解和分解代谢）衍生的其他化合物一起，从而构成了干酪的挥发性风味特征。然而，细菌发酵剂将氨基酸转换成风味化合物的许多途径，目前仍不明确。当干酪中发酵剂的细胞裂解时，胞内肽酶也能够作用于干酪基质本身的肽。

三、干酪发酵剂的制备

在干酪生产中多采用混合菌种发酵剂，以便于达到产酸、产芳香物质和形成干酪特殊组织状态的目的。在实际生产过程中，发酵剂的添加量根据干酪品种、加工工艺、原料乳的质量和组成及发酵剂菌株本身的酸化活力等因素确定，一般应该保证每升原料乳中含有 $10^8 \sim 10^9$ 个的活菌数量。干酪生产中既可以使用厂内原有的生产发酵剂，也可以采用冷冻干燥的直投式发酵剂。

（一）乳酸菌发酵剂的制备方法

干酪乳酸菌发酵剂的制备与发酵乳发酵剂的制备方法相似，当生产发酵剂的酸度达 0.75%～0.80%时冷却备用。

（二）霉菌发酵剂的制备

这种发酵剂的调制除使用的菌种及培养温度有差异外，基本方法与乳酸菌发酵剂的制备方法相似。将除去表皮后的面包切成小立方体，盛于锥形瓶中，加适量蒸馏水并进行高压灭菌处理，添加少量乳酸效果更好。将霉菌悬浮于无菌水中，再喷洒于灭菌面包上。置于21～25℃的恒温箱中经8～12 d培养，使霉菌孢子布满面包表面。从恒温箱中取出，在约30℃条件下干燥10 d，或在室温下进行真空干燥。最后研成粉末，经筛选后，盛于容器中保存。

第三节 凝 乳 酶

在干酪生产中，除农家干酪、夸克干酪等新鲜干酪是通过乳酸凝固外，其他品种干酪的生产都是在凝乳酶的作用下形成凝块。凝乳酶的主要作用是促进乳的凝结和利于乳清排出。凝乳酶的相对分子质量约为35 622，等电点为4.5。皱胃酶是最常用的凝乳酶，它是一种从犊牛胃中提取的酶，含有凝乳酶和胃蛋白酶，两者比例约为4：1。

一、凝乳酶的凝乳原理

在干酪加工过程中，凝乳酶凝乳可以分初始阶段（酶水解阶段）和继发阶段（集聚阶段）（图7-1），但二者之间通常有一定程度的交叉。在初始阶段，凝乳酶将酪蛋白肽链的Phe105-Met106键裂解（形成副酪蛋白和巨肽），降低了净负电荷的排斥作用和立体排斥作用，凝乳酶改变的胶束更容易集聚，经过一段滞后期，形成三维凝胶网络（称为凝乳）。这个过程作为干酪生产的第一步，具有商业重要性。

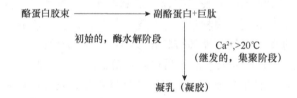

图7-1　凝乳酶凝乳所涉及的两个阶段（罗金斯基等，2009）

二、影响凝乳酶凝乳的因素

影响凝乳酶凝乳的因素可分为对凝乳酶的影响及对乳凝固的影响两个方面。

（一）温度的影响

小牛凝乳酶凝固牛乳的最适温度会受pH和凝乳酶类型的影响而变化，在pH约为6.6时为45℃。在酶反应阶段，温度系数（Q_{10}）约为2，在0℃时，反应也能发生。Q_{10}在第二反应阶段为11～16，在低于15℃时，反应非常缓慢。凝乳酶改变酪蛋白胶束的聚集速度，随温度大幅度提高。30～35℃是凝乳酶凝乳硬度的最适宜温度。在干酪生产中典型的凝乳温度为31℃。如果乳在凝乳前进行长时间冷藏，凝乳时间会延长、凝乳结构弱，其原因是β-酪蛋白从酪蛋白胶束上解离。在干酪生产前进行巴氏杀菌，可以在一定程度上恢复冷藏造成的影响。

（二）pH的影响

在乳中，凝乳酶作用的最适pH为6.0，但是对于纯化的酪蛋白和合成肽其最适pH更低，牛乳的低pH会因静电斥力的减少而缩短凝乳酶凝固时间，并使凝乳硬化的速度加快。这个现象中涉及几个因素：胶束间的静电斥力减少、部分胶体磷酸钙溶解增加了Ca^{2+}含量、在较低的酪蛋白水解条件下即可发生絮凝及凝乳酶活性的增加。酸化乳pH达到6.0～6.3，能增加凝乳凝胶的强度。在更低 pH 下（<6.0），凝胶强度减少，同时损耗因数增加，其原因可能是胶体磷酸钙过度溶解，从而作为酪蛋白胶束和蛋白质分子间的交联剂。

（三）钙离子的影响

氯化钙的加入会降低乳的 pH、加速水解反应。即使在乳恒定的 pH 条件下加入钙（一般 <50 mmol/L），也会减少凝乳酶凝固时间，并且较少的 κ-酪蛋白水解即可絮凝。此外，钙含量的不同能对凝乳的硬化速度产生不同的影响。加入较低浓度的钙时，凝乳的硬化速度会增大，这主要是由于形成了钙桥和中和胶束表面的负电荷。而加入高浓度的钙时（如<0.1 mol/L），凝乳的硬化速度会减少，这可能是由于增加了胶束表面的正电荷。加入达到 10 mmol/L 的钙可增加凝胶的强度。酪蛋白胶束的胶体磷酸钙减少 30%，会阻止凝乳形成，除非钙离子浓度增加。这是由于胶体磷酸钙脱离酪蛋白胶束，破坏了胶束的结构，使其不能参与凝胶形成过程。但总的来说，钙并不能直接影响酶促反应。

（四）牛乳加热的影响

乳的强热处理（如>70℃）会影响凝乳酶的凝乳特性。当乳被加热时，β-乳球蛋白和 κ-酪蛋白通过疏基-双硫键交换和疏水相互作用形成复合物。经强烈热处理的乳中接近 Phe105-Met106 处的肽键的数量更少，同时，部分 κ-蛋白不再被凝乳水解，故 κ-酪蛋白的酶解率会降低，凝乳酶凝固时间增加。加热后，变性的乳清蛋白在酪蛋白胶束的表面空间妨碍了凝乳酶处理酪蛋白胶束聚集，因此，极大地减少了凝乳酶处理胶束的聚集速度。热处理乳储存后，凝乳酶会发生滞后现象，即凝乳性质变得更坏，这可能是由于 β-乳球蛋白和 κ-蛋白复合体结构发生一些后续变化。如果热处理条件不是特别剧烈的话，加热对凝乳作用的一些影响，在一定程度上是可以通过加入钙、降低 pH 或进行 pH 循环（乳的酸化、中和）来恢复。经高温处理的乳制得的干酪中含有变性的乳清蛋白，可以增加干酪的产率。乳清已经成为干酪生产中重要的副产品。

三、主要的代用凝乳酶

因为皱胃酶来源于犊牛的第四胃，靠宰杀小牛而得，成本很高，所以开发、研制皱胃酶的代用酶受到普遍重视，并且很多蛋白质分解酶已作为代用酶应用到干酪的生产中。代用酶按其来源可分为动物性凝乳酶、植物性凝乳酶、微生物凝乳酶及遗传工程凝乳酶等。

（一）动物性凝乳酶

动物性凝乳酶主要是胃蛋白酶，已经作为皱胃酶的代用品用于干酪生产，其很多性质与皱胃酶相似，如凝乳张力、非蛋白氮的生成、酪蛋白的电泳变化等。但是胃蛋白酶分解蛋白质的能力强，这使得制成的干酪成品略带苦味。因此，为避免产品的缺陷，一般不将其单独使用。

（二）植物性凝乳酶

植物性凝乳酶中最常用的是无花果蛋白酶、木瓜蛋白酶、凤梨蛋白酶等，其具有良好的凝乳能力。但同时也具有较强的分解乳蛋白的能力，使得制成的干酪带有一定的苦味，其应用受到一定限制。

（三）微生物凝乳酶

微生物凝乳酶可分为霉菌性、细菌性、担子菌三种。在生产中使用的主要是霉菌性凝乳酶，如从微小毛霉菌（mucor pusillus）中分离出的凝乳酶，其相对分子质量为 29 800，凝乳的最适温度为 56℃。现在日本和美国等国将其制成粉末凝乳酶制剂而应用到干酪生产中。用微生物凝乳酶生产干酪的主要缺陷是：蛋白质分解力比皱胃酶高，干酪的得率较皱胃酶生产的干酪低，成熟后产生苦味；另外，微生物凝乳酶的耐热性高，不利于乳清的利用。

（四）遗传工程凝乳酶

遗传工程凝乳酶是指通过 DNA 重组的微生物生产凝乳酶。美国和日本等国利用遗传工程技术，将控制犊牛皱胃酶合成的 DNA 分离出来，导入微生物细胞内，成功利用微生物合成了皱胃酶，并得到美国食品药品监督管理局（FDA）的认定和批准。

第四节 天 然 干 酪

一、天然干酪的工艺流程

天然干酪的结构见图 7-2。各种天然干酪的生产工艺基本相同，只是在个别工艺环节上有所差异，如图 7-3 所示。

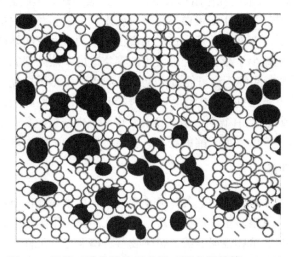

图 7-2　天然干酪的结构示意图（罗金斯基等，2009）

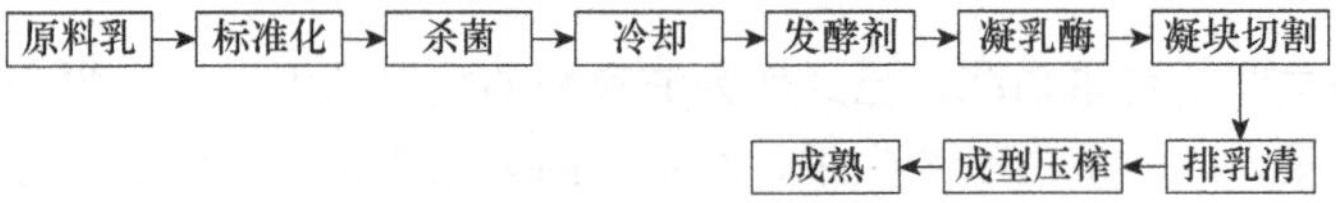

原料乳 → 标准化 → 杀菌 → 冷却 → 发酵剂 → 凝乳酶 → 凝块切割

成熟 ← 成型压榨 ← 排乳清 ←

图 7-3　天然干酪的工艺流程图

二、天然干酪的加工技术

（一）净乳

形成芽孢的细菌对干酪的生产和成熟具有很大危害，如丁酸梭状芽孢杆菌在干酪的成熟过程中产生大量气体，破坏干酪的组织形态，且产生不良风味。而巴氏杀菌不能杀灭形成芽孢的细菌。用离心除菌机进行净乳处理，不仅可以除去乳中的大量杂质，而且可以将乳中 90% 的细菌除去，尤其对相对密度较大的芽孢杆菌特别有效。

（二）标准化

为了保证每批干酪的质量均一，组成一致，在加工之前通常需要对牛乳的成分进行调整。干酪产品的成分标准主要是由其中的水分及脂肪含量决定的，生产中主要调整脂肪与蛋白质的比例。对干酪生产用原料乳的标准化包括脂肪标准化、酪蛋白/脂肪比例（C/F）标准化两个方面，一般要求 C/F＝0.7。脂肪的标准化通过离心分离成脱脂乳和奶油或加入额外的奶油实现。蛋白质的调整通常是通过超滤技术来实现。

例 7-1　今有原料乳 1000 kg，含脂率为 4%，用含酪蛋白 2.6%、脂肪 0.01% 的脱脂乳进行标准化，使 C/F＝0.7，试计算所需脱脂乳量。

解　①全乳中的脂肪量为 1000×0.04＝40 kg

②原料乳中酪蛋白比例为 $0.4F$＋0.9%＝（0.4×4%）＋0.9%＝2.5%

③全乳中酪蛋白量为 1000×0.025＝25 kg

④原料乳中 C/F＝25/40＝0.625

⑤由于希望标准化后 C/F＝0.7，则标准化后乳中的酪蛋白应该为 40×0.7＝28 kg

⑥应补充的酪蛋白量为 28－25＝3 kg

⑦所需脱脂乳量为 3/0.026≈115.4 kg

（三）原料乳的杀菌

用于干酪生产用的原料乳通常采用巴氏杀菌，主要目的是：①杀灭原料乳中的致病菌和有害菌，使酶类失活，增加干酪产品的稳定性；②使部分白蛋白凝固，留存于干酪中，增加干酪的产量。防止冷养生物的生长及其相关的脂肪酶和蛋白酶的生长。但杀菌温度的高低，直接影响干酪的质量。如果温度过高，时间过长，则受热变性的蛋白质增多，破坏乳中盐类离子的平衡，进而影响皱胃酶的凝乳效果，使凝块松软，收缩作用变弱，易形成水分含量过高的干酪。因此，在实际生产中多采用 63～65℃、30 min 的低温长时杀菌或 75℃、15 s 的高温短时杀菌。常采用的杀菌设备为保温杀菌缸或片式热交换杀菌机。

（四）添加发酵剂和预酸化

原料乳经杀菌以后，除芽孢杆菌外，无论是有害或有益的微生物（如乳酸菌）全部被消灭。但乳中如缺乏乳酸菌就无法使干酪正常成熟。因此，凡经过杀菌处理的原料乳，均需加入发酵剂来促进干酪的正常发酵。同时，乳酸的生成使一部分钙盐变成可溶性，可以促进皱胃酶对乳的凝固作用。

发酵剂分为主发酵剂和附属发酵剂。原料乳经杀菌后，直接打入干酪槽中。干酪槽为水平卧式长椭圆形不锈钢槽，且有保温（加热或冷却）夹层及搅拌器（手工操作时为干酪铲和干酪耙）。将干酪槽中的牛乳冷却到 30～32℃，取原料乳量的 1%～2% 制好工作发酵剂，边搅拌边加入，并在 30～32℃ 充分搅拌 3～5 min。为了促进凝固和正常成熟，应进行预酸化，即加入发酵剂后应进行短时间发酵，经 20～30 min 后取样测定酸度，可保证乳酸菌的数量充足。

（五）酸度调整与添加剂的加入

为了使加工过程中凝块硬度适宜、色泽一致，防止产气菌的污染，保证成品质量一致，要在调整酸度之后，加入相应的添加剂。

1．调整酸度　　添加发酵剂并经 20～30 min 发酵后，酸度应为 0.20%～0.22%，但该发酵酸度很难控制。可用 1 mol/L 的盐酸调整酸度，一般调整酸度到 0.21%左右。具体的酸度值应根据干酪的品种而定。

2．加入添加剂　　为了改善凝乳性能，提高干酪质量，可在 100 kg 原料乳中添加 5～20 g $CaCl_2$（预先配成 10%的溶液），以调节盐类平衡，促进凝块的形成。

3．加入色素　　干酪的颜色取决于原料乳中脂肪的色泽。因此，为获得色泽一致的产品，需在原料乳中加胡萝卜素等色素物质，现多使用胭脂树橙的碳酸钠抽提液。通常每吨原料乳中加 30～60 g 色素，以水稀释约 6 倍，充分混匀后加入。

（六）添加凝乳酶和凝乳的形成

干酪的制作过程中最基本的一步是将液态牛乳转化为半固态凝胶。随后的脱水作用，或凝胶中乳清的收缩和损失，导致干酪凝乳的形成。通常按凝乳酶效价和原料乳的量计算凝乳酶的用量。使用前用 1%的食盐水将凝乳酶配成 2%的溶液，并在 28～32℃下保温 30 min，然后加入原料乳中，充分搅拌均匀（2～3 min）后加盖。在 32℃条件下静置 40 min 左右，即可使乳凝固，达到凝乳的要求。

（七）凝块切割

凝块切割的主要目的是使大凝块转化为小凝块，排出乳清，还可以增大凝块的表面积，改善凝块的脱水收缩特性。正确判断恰当的切割时机非常重要，有经验的操作员可以通过观察凝乳或使用诸如 Stoelting Optiset® 探针等仪器来确定下一阶段的适当凝乳强度。如果凝乳在尚未充分凝固时进行切割，凝块颗粒太弱，搅拌和堆积时易碎，酪蛋白或脂肪损失大，且生成柔软的干酪；反之，切割时间延迟，则凝块变硬，对凝块切割和乳清排出不利。一旦形成令人满意的凝结物，通常在大约 40 min 后，切割成 6～10 mm 大小的立方体，以促进水分排出（脱水）。切块越小，最终干酪中的水分含量越低。传统干酪的切割装置如图 7-4 所示，大型机械化生产中是用兼有锐切边和钝搅拌边的切割搅拌工具进行操作的（图 7-5）。

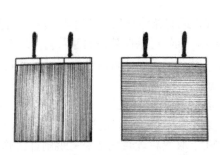

图 7-4　干酪手工切割工具（张兰威，2016）

搅拌模式

切割模式

图 7-5　兼有锐切边和钝搅拌边的
切割搅拌工具（张和平，2007）

（八）凝块的搅拌及加温

凝块的搅拌及加温是干酪制作工艺中的重要过程，它关系到生产的成败和成品质量的好坏，因此，必须按工艺要求严格控制和操作。凝块切割后用干酪耙或干酪搅拌器轻轻搅拌，应注意的是此时凝块较脆弱，搅拌必须很缓和而且必须足够慢，以确保颗粒能悬浮在乳清中。经过 15 min 后，搅拌速度可稍微加快。与此同时，在干酪槽的夹层中通入热水，便温度逐渐升高。升温的速度应严格控制，初始时每 3～5 min 升高 1℃，当温度升高至 35℃时，每隔 3 min 升高 1℃。当温度达到 38～42℃（应根据干酪的品种具体确定终止温度）时，停止加热并维持此时的温度。为促进凝块的收缩和乳清的渗出，并防止凝块沉淀和相互粘连，应在整个升温过程中保持搅拌。此外，升温的速度不宜过快，否则干酪凝块收缩过快，表面形成硬膜，影响干酪粒内部乳清的渗出，使成品水分含量过高。升温和凝块的搅拌及加温终止时期可依下列标准来判断：①乳清酸度达到 0.17%～0.18%时；②凝乳粒收缩为切割时的一半时；③凝乳粒内外硬度均一时。

（九）排出乳清

二次加热后，当乳清酸度达到 0.12%且干酪粒已达到适当硬度时，即可将乳清排除。试验干酪粒硬度的方法为：用手握一把干酪粒于手掌中，尽力压出水分后放松手掌，如干酪粒富有弹性，搓开仍能重新分散时，即说明干酪粒已达适当的硬度。凝乳粒和乳清达到要求时即可将乳清通过干酪槽底部的金属网排出（图 7-6）。若酸度不足就排出乳清，会对干酪的成熟产生影响。反之，则会使成品的酸味太强，且会干燥过度。此外，排出乳清时可通过将干酪粒堆积在干酪槽的两侧以促进乳清的进一步排出。

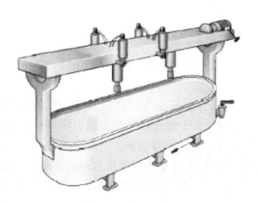

图 7-6　干酪槽（罗金斯基等，2009）

（十）堆积

堆积是指在乳清排出后，将干酪粒堆积在干酪槽的一端或专用的堆积槽中，上面用带孔木板或不锈钢板压 5～10 min，压出乳清使其成块。堆积过程中应防止空气进入干酪凝块中，以使凝乳粒融合在一起，形成均一致密的块状。除此之外，部分干酪品种还应在该过程中保温，调整排出乳清的酸度，进一步使乳酸菌达到一定的活力，以保证成熟过程对乳酸菌的需要。有少数干酪需将凝乳块再进行剪切、重叠以充分排除乳清（如契达干酪）或将凝乳粒用布包裹后提起以排除残余乳清（如瑞士干酪）。

（十一）成型压榨

将堆积后的干酪块切成方砖形或小立方体，装入成型器中进行定型压榨。使用干酪成型器能赋予干酪一定的形状，成型器周围设有小孔，在一定的压力下可使其中的干酪排出乳清。干酪成型器依据干酪的品种不同，其形状和大小也不同。

在干酪成型器内装满干酪块后，放入压榨机进行压榨定型。压榨的压力与时间依干酪的品种各异。先进行预压榨，一般压力为 0.2～0.3 MPa，时间为 20～30 min。预压榨后取下进行调整，视情况可以再进行一次预压榨或直接正式压榨。将干酪反转后装入成型器内以 0.4～0.5 MPa 的压力在 15～20℃（有的品种要求在 30℃左右）条件下再压榨 12～24 h。压榨结束后，从成型器中取出的干酪称为生干酪（green cheese 或 unripened cheese）。图 7-7 所示为带有气动操作压榨平台的垂直压榨器。如果制作软质干酪，则凝乳不需压榨。

图 7-7　带有气动操作压榨平台
的垂直压榨器（李晓东，2011）

（十二）加盐

盐（NaCl）是所有品种干酪的必需成分。它可以添加到切分的干酪凝乳中，如契达干酪和相关类型；或者将形成的干酪在盐水中浸泡，如高达干酪、瑞士干酪、羊奶干酪及相关类型的产品。对于某些干酪，在模压制完成之后才将盐擦涂在其表面上；而对于其他一些类型的产品（如多明亚提干酪），部分或者全部的盐在凝乳生产开始之前就被加到干酪乳中。干酪中盐的存在及它的加入方式，在干酪发酵的过程、干酪的最终消费特性方面，都有显著影响。

1. 干酪中的盐的作用

1）抑制病原菌等不必要微生物的增殖。

2）调节所需生物体的生长，包括乳酸菌（酸度、氧含量和温度同样调节这些生物体的生长）。

3）在干酪成熟过程中促进物理和化学改变。

4）直接调整滋味。

干酪中的盐分保留在水相的溶液中，而且溶液中盐的浓度会对干酪成熟过程中的生物学和生物化学变化有强烈的影响。干酪中确切的盐含量随产品类型而改变，范围一般是 0.5%～3%（m/m），但由于不同干酪产品的含水量有很大差异，因此该范围也随之被扩大，以至于水相中的 NaCl 浓度可以从不到 1%到大约 8%。干酪中盐的含量添加方式，以及这些因素对水相中盐浓度达到平衡所需时间的共同影响，都是干酪特性变化的关键决定因素。

2. 加盐方式　依据干酪品种的不同，加盐方式也不同。加盐的方法有以下三种。

（1）干法加盐　指在定型压榨前，将所需的食盐撒布在干酪粒（块）或者将食盐涂布于生干酪表面（如法国浓味干酪）。在干盐腌制干酪中，乳清排出后的凝乳粒，在盐渍之前融合黏着成块并保温一段时间，使 pH 到达干酪品种所需的最终值。然后干酪块被机械切分或碾磨成约人手指大小的小块。然后，按质量百分比加入干的盐粒，并通常通过翻转或搅拌，使其混合均匀。在盐吸收一段时间后，盐腌凝乳块在有或无真空条件下通过压制形成最终的干酪形状。

当干盐分布在破碎凝乳的表面时，一些盐在表面水中溶解，并短距离扩散进入凝乳中，使凝乳产生了一种水（乳清）的逆流，凝乳中的水相和表面形成的盐水层之间的渗透压不同，驱使这种逆流的产生。这些分离的乳清溶解了剩余的盐固体，一些形成的盐溶液又被凝乳吸收，剩余的盐溶液排出或保留在凝块表面，直到压制过程中被物理排出。

（2）湿法加盐　指将压榨后的生干酪浸于盐水池中腌制，盐水浓度在第 1～2 天为 17%～18%，以后保持 20%～23%的浓度。为了防止干酪内部产生气体，盐水浓度应控制在 15%～25%，浸盐时间为 4～6 d（如荷兰圆形干酪、荷兰高达干酪）。图 7-8 是带有容器和盐水循环设备的盐渍系统；图 7-9 为表面浅浸盐化系统；图 7-10 为深浸盐化系统。

（3）混合法　是指在定型压榨后先涂布食盐，过一段时间后再浸入食盐水中的方法（如瑞士干酪、砖状干酪）。

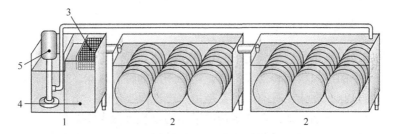

图 7-8　带有容器和盐水循环设备的盐渍系统（Gösta，1995）

1. 盐溶解容器；2. 盐水容器；3. 过滤器；4. 盐溶解；5. 盐水循环系统

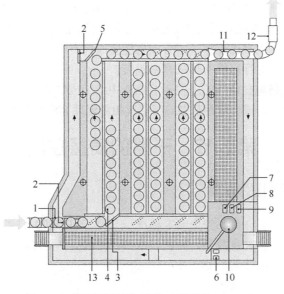

图 7-9　表面浅浸盐化系统（李晓东，2011）

1. 带有可调板的入口传送装置；2. 可调隔板；3. 带调节隔板和引导门的入口；4. 表面盐化部分；5. 出口门；
6. 带滤网的两个搅拌器；7. 用泵控制盐液位；8. 泵；9. 板式热交换器；10. 自动计量盐装置；
11. 带有沟槽的出料输送带；12. 盐液抽真空装置；13. 操作区

图 7-10　深浸盐化系统（Gösta，1995）

（十三）干酪的成熟

干酪成熟是指将新鲜干酪置于一定的温度和湿度下，经一定时间（一般3～6个月）存放，其目的在于改善干酪的组织状态和营养价值，增加干酪的特有风味。成熟干酪在成熟期发生的变化，形成的独特风味、香味、质地，主要是由生产过程决定的，尤其是水分、Na含量、pH、残余的凝结剂活性、发酵剂类型，在许多情况下是通过次级微生物菌群（加入的或外来的）来实现的。干酪成熟的过程主要包括前期成熟、上色挂蜡、后期成熟和贮藏。

前期成熟是指将待成熟的新鲜干酪放入温度、湿度适宜的成熟库中，每天用洁净的棉布擦拭其表面以防止霉菌的繁殖。擦拭后要翻转放置以使表面的水分蒸发均匀。

上色挂蜡是指将前期成熟后的干酪清洗干净后，用食用色素染成红色（也可不染色）。待色素完全干燥后，在160℃的石蜡中进行挂蜡。且所选石蜡的熔点最好为54～56℃，因熔点高者挂蜡后易硬化脱落，近年来已逐渐采用合成树脂膜取代石蜡。为了食用方便和防止形成干酪皮，现多采用食用塑料膜进行热缩密封或真空包装。

后期成熟和贮藏是指将挂蜡后的干酪于成熟库中继续成熟2～6个月，以使干酪完全成熟，并形成良好的口感、风味。成品干酪应放在5℃及相对湿度80%～90%条件下贮藏。

第五节　干酪的质量控制

一、我国硬质干酪的卫生标准

干酪的质量标准应符合《食品安全国家标准 干酪》（GB 5420—2021）。本标准适用于以牛乳为原料，经巴氏杀菌、添加发酵剂、凝乳、成型、发酵成熟等过程而制得的产品。

（一）感官指标

干酪的感官指标如表7-4所示。

表7-4　感官指标（GB 5420—2021）

项目	要求
色泽	具有该类产品正常的色泽
滋味、气味	具有该类产品特有的滋味和气味
状态	具有该类产品应有的组织状态

（二）理化指标

水分≤42%；脂肪≥25%；食盐（以NaCl计）为1.5%～3.5%；汞（$\times 10^{-6}$mg/kg，以汞计）按鲜牛乳折算≤0.01。

（三）微生物指标

干酪的微生物指标如表7-5所示。

表 7-5　微生物指标（GB 5420—2021）

项目	限量			
	n	c	m	M
大肠杆菌	5	2	10^2	10^3

二、干酪的缺陷及其防止方法

干酪生产的质量问题主要是由于原料乳不合格、杂菌发酵或者操作不当等引起的。主要包括外观、色泽、滋气味、组织状态等方面的缺陷。

（一）外观缺陷原因及防止办法

外观缺陷包括变形、松散、外皮开裂等，由于在干酪发酵贮藏时翻转不够或压榨不均匀所致。干酪酸化不足、水分含量过高或发酵贮藏湿度过高均会引起干酪松散，可以通过控制酸化程度、干酪水分含量和贮藏湿度防止松散现象的发生。压榨时凝乳温度低、凝乳水分含量高或过酸和巴氏杀菌温度过高均会导致干酪外皮开裂。

（二）色泽缺陷原因及防止办法

色泽缺陷指干酪呈白色、红色等异常色。干酪外皮呈现白色是由于干酪被装入模具或压榨时冷却过度，使得外层提早停止乳清排出，酸化作用增加引起的，可以通过控制生产工艺防止此缺陷的发生。硝酸盐添加过量则会引起干酪呈红色，可以通过控制硝酸盐含量加以防止。

（三）滋气味缺陷原因及防止办法

干酪的滋气味缺陷主要表现为苦味、酸败等。干酪苦味产生的原因较多，如添加凝乳酶过多使得乳蛋白过度水解而产生苦味肽，微生物如丁酸菌等污染引起的异常发酵，原料乳酸度偏低等。可以通过适当调整凝乳酶添加量，防止微生物污染，选用新鲜优质的原料乳等措施防止干酪产生苦味。干酪酸味过强或产生酸败味是由于发酵剂乳酸菌过度繁殖，污染的微生物导致乳脂肪酸败引起的，可以通过控制发酵剂产酸和防止生产过程中微生物污染防范。

（四）干酪组织状态缺陷及防止办法

干酪组织状态缺陷主要表现为组织疏松或过于致密、多孔状凝块、脂肪渗出等。其组织疏松，并存在裂缝是由于酸化程度欠佳、乳清排出不充分，可通过控制酸度、充分加压或低温成熟等加以防止。若表现为气孔少，甚至无气孔的紧密组织状态，是由于原料乳中硝酸盐含量过高、发酵剂中产气菌太少等造成的。干酪的多孔状结构主要是由于发酵剂中产气菌过多，或者成熟期间大肠杆菌、梭状芽孢杆菌、丙酸菌等繁殖产气造成的，可以通过原料乳离心除菌、严格控制操作条件防止杂菌污染等措施改善干酪的结构。

因此，在干酪生产过程中，为了得到优质安全的干酪，应该严格检查验收原料乳，以保证原料乳的各种成分组成和微生物指标符合生产要求；严格按生产工艺要求进行操作，实施 HACCP 管理，加强对各工艺指标的控制和管理，保证产品正常的成分组成、外观和组织状态，防止产生不良的组织和风味；干酪生产所用的设备、器具等应及时进行清洗和消毒防止微生物和噬菌体等的污染。

第八章

◆

奶油的加工与控制

本章彩图

第一节 概 述

一、奶油的种类及特性

（一）奶油概念及组成

稀奶油是牛乳的脂肪部分，是将脱脂乳从牛乳中分离出来后，添加或不添加其他原料、食品添加剂和营养强化剂，经加工制成的脂肪含量为 10.0%～80.0%的产品，是一种 O/W 型乳状液。稀奶油可以赋予食品良好的口感，如甜点、蛋糕和一些巧克力糖果；也可以制作各种饮料，如咖啡和奶油利口酒；还可作为工业原料。

奶油是以水滴、脂肪结晶及气泡分散于脂肪连续相中所组成的具有可塑性的 W/O 型乳化分散系。奶油的加工原料是牛乳或稀奶油，牛乳和稀奶油是一种 O/W 型乳状液，故所有奶油在加工过程中都会发生 O/W 型乳状液转化为 W/O 型乳状液的相转化过程。

一般奶油的主要成分为脂肪（80%～82%）、水分（15.6%～17.6%）、蛋白质、钙和磷（约1.2%），以及脂溶性的维生素 A、维生素 D 和维生素 E，加盐奶油还含有食盐（约 2.5%）。奶油应呈均匀一致的颜色、稠密而味纯；水分应分散成细滴，从而使奶油外观干燥；硬度应均匀，易于涂抹，入口即化。

（二）奶油种类

奶油由于分类的方法不同有许多种类，大致有以下几种。

1）按加工原料分类：鲜制奶油，主要是用未经发酵的奶油即甜性稀奶油制成的奶油；酸性奶油（发酵奶油），主要是用经乳酸发酵的稀奶油制成。

2）按加盐量分类：加盐奶油、无盐奶油和特殊加盐奶油。

3）按制造方法分类：甜性奶油、酸性奶油、重制奶油、脱水奶油、边疆式机制奶油。

4）奶油除以上主要种类外还有各种花色奶油，如巧克力奶油、含糖奶油、含蜜奶油、果汁奶油等，以及含乳脂肪 30%～50%的发泡奶油、掼奶油、加糖和加色的各种稠液状稀奶油，此外还有我国少数民族地区特制的"奶皮子""乳扇子""奶油奶卷"等独特品种。

（三）奶油的特性

奶油的特性主要取决于乳脂肪的特性，奶油的主要物理指标是组织状态、硬度、色泽和风味。奶油和人造奶油总的结构特征与多数高脂肪涂抹品一致，均呈在连续的油相中分散着脂肪结晶、水和空气的状态。二者的显著区别在于，奶油中存在损坏程度不一的脂肪球（球状微观结构）。它们来自稀奶油，并以脂肪结晶周围弯曲堆积的层状物为特征。这些结晶壳主要由高熔点的甘油三酯（TAG）构成，它们赋予脂肪球硬度，使脂肪在搅拌和压炼时可一定程度地抵抗强剪切力。结果，在搅乳过程中存在大量的破坏或没破坏的稀奶油脂肪球。它们的数量取决于加工条件，连续搅乳工艺的脂肪球要比批量搅乳的更小。而在人造奶油中不存在脂肪球结构，并且微观结构更均一。这两种产品中均能发现另一种球形结构元素群体。它们是小水滴，被水油界面上浓密分布的脂肪结晶薄层包裹着。通常，人造奶油中的小水滴比奶油中的更小。奶油中的非球状结晶脂肪相，主要由片状聚集物组成。它们的大小（0.1~5 μm）比人造奶油中的脂肪结晶（0.1~20 μm）小。奶油中常发现空气泡，其数量和大小因生产方法而异（如真空处理）。在气-油界面上也排列着脂肪结晶（图 8-1）。

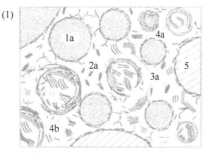

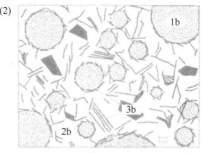

图 8-1　室温下奶油（1）和人造奶油（2）的两个微观结构示意图（罗金斯基等，2009）

1a、1b. 水相；2a、2b. 液态脂肪；3a、3b. 结晶脂肪；4a、4b. 球形脂肪；5. 空气

　　奶油的组织状态决定了奶油的属性，并直接影响奶油的外观、口感、滋味及其对其他用途的适应性。奶油须具有足够的稠度，既不太硬也不太软；且不应是黏的、油腻的、片片剥落或易碎的，是不可延伸拉长的；但必须具有弹性，以防止外观死硬，摸上去像风干了一样。

　　奶油的硬度取决于乳脂肪的凝固点和熔点，脂肪酸的组成决定了脂肪熔点的高低，当脂肪含有的不饱和脂肪酸多时，脂肪的熔点就低，硬度也随之降低，而奶油中的不饱和脂肪酸主要是油酸，其含量受乳牛品种、产乳季节等因素影响。脂肪是以液态脂肪和脂肪结晶复合基质形式存在的，它们易于彼此粘连而形成网状结构。在冷藏温度下，奶油是相当坚硬的，但 35%~50% 的脂肪仍是液态。在室温下，仅有 10%~20% 的固体脂肪，它提供奶油足够的质地以防止走油（oiling-off）。改善冬季/圈养期间奶油延展性的最有效方法是改善脂肪的组成，一般可在冬季稀奶油中混合冷冻的夏季稀奶油，或在乳牛日粮中添加适量的油籽（约相当于 500 g 油）。

　　奶油本身应是淡黄色，但其颜色会受到产乳季节的影响，在夏季时奶油颜色较深，呈黄色；而到冬季奶油颜色较浅，略发白。可通过在秋冬季生产的奶油中添加胡萝卜素以获取一致的颜色。

　　奶油还具有特殊的香味，尤其是酸性奶油，其风味则更佳。这主要是由于乳酸菌发酵产生丁二酮从而使酸性奶油风味更好。下面介绍几种奶油的品种特征（表 8-1）。

表 8-1　奶油的品种特征（张兰威，2016）

品种	特征
甜性奶油	稀奶油高温灭菌、老化、搅拌压炼制成；有特殊的乳香味；含乳脂肪 80%~85%
酸性奶油	方法同上，但在老化前加入纯乳酸菌发酵剂，具有微酸和很浓的乳香味，含乳脂肪 80%~85%
重制奶油	用稀奶油、甜性或酸性奶油，经过熔融，除去蛋白质和水分而制成。具有特殊的脂香味，含乳脂肪 98% 以上
脱水奶油	杀菌的稀奶油制成奶油粒后经融化，用分离机脱水或脱蛋白质，经过真空浓缩而制成，含乳脂肪高达 99.9%

（四）奶油的质量标准

1. 感官指标　奶油的感官指标应符合《食品安全国家标准 稀奶油、奶油和无水奶油》（GB 19646—2010），见表 8-2。

表 8-2　奶油的感官指标（GB 19646—2010）

项目	感官指标
色泽	呈均匀一致的乳白色、乳黄色或相应辅料应有的色泽
滋味、气味	具有稀奶油、奶油、无水奶油或相应辅料应有的滋味和气味，无异味
组织状态	均匀一致，允许有相应辅料的沉淀物，无正常视力可见异物

2. 理化指标　奶油的理化指标应符合 GB 19646—2010，见表 8-3。

表 8-3　奶油的理化指标（GB 19646—2010）

项目	指标		
	稀奶油	奶油	无水奶油
水分/%	—	≤16.0	≤0.1
脂肪/%	≥10.0	≥80.0	≥99.8
酸度 [a]/°T	≤30.0	≤20.0	
非脂乳固体 [b]/%	—	≤2.0	—

a. 不适用于以发酵稀奶油为原料的产品；b. 非脂乳固体（%）＝100%－脂肪（%）－水分（%）（含盐奶油还应减去食盐含量）

3. 卫生指标　奶油的卫生指标见表 8-4。

表 8-4　奶油的卫生指标（GB 19646—2010）

项目	采样方案及限量（若非指定，均以 CFU/g 或 CFU/mL 表示）			
	n	c	m	M
菌落总数 [a]	5	2	10 000	100 000
大肠菌群	5	2	10	100
金黄色葡萄球菌	5	1	10	100
沙门氏菌	5	0	0/25 g（mL）	—
霉菌	≤90			

a. 不适用于以发酵稀奶油为原料的产品

二、奶油的分离

生产奶油时，必须将牛乳中的稀奶油分离出来，工业化生产采用离心法通过牛乳分离来实现，该过程取决于脂肪球和分散水相的密度差异。破坏脂肪球能导致脂肪损失、感官缺陷、脂肪絮凝或类似凝胶的稀奶油团块。

（一）乳分离的方法及原理

除脂肪外乳成分的密度约为 1.034 g/cm³，而乳脂肪密度为 0.93 g/cm³。由于密度上存在差异，含脂肪高的部分在牛乳静置时会上浮，于是乳就可被分为含脂肪高的稀奶油和含脂肪极少的脱脂乳。将乳分成稀奶油和脱脂乳的过程称为乳分离。

（二）分离设备

现在分离机可融分离、净乳、标准化三功能于一体，且生产能力可达每小时几十吨。现代的分离机可按外形分为开放式、半密闭式和密闭式分离机；按照用途可分为牛乳分离机、净乳机、净化均质机和三用分离机。图8-2所示为稀奶油分离机。

（三）影响乳分离的因素

乳分离过程受诸多因素的影响，其中主要有分离钵的转速、原料乳的温度、乳中所含杂质及乳的流量等。

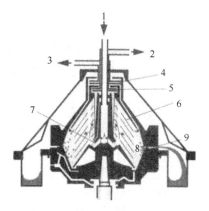

图 8-2　稀奶油的分离机横截面
（张和平，2007）

1. 物料；2. 稀奶油排出；3. 脱脂乳排出；
4. 脱脂乳泵；5. 稀奶油泵；6. 碟片；
7. 缓流入口；8. 沉降滞留区域；9. 沉降排出口

1．分离钵的转速　　一般来说，分离钵转速越高，牛乳分离效果会越好，但最大不能超过其规定转数的10%～20%，过多的超量负荷，会使其寿命缩短，甚至损坏。现代的奶油分离机，在转数低于额定值时，自动停止进奶，从而有效地保证乳的分离效果。

2．原料乳的温度　　从理论上讲，随着乳液温度升高，两相的密度升高幅度不同。乳的温度低时，其密度会变大，黏度高，脂肪上浮的阻力变大，这样脂肪分离会不完全。因此，在分离稀奶油时，牛乳应该首先预热，而预热温度取决于分离机的类型，对于普通密闭式分离机，应预热到32～35℃，若预热温度过高，会有大量泡沫产生，影响分离效果。

3．乳中所含杂质　　若乳中杂质过多，分离钵的内层很容易被污物堵塞，有效分离的半径就会变小，分离能力自然下降，严重时分离盘间也会存有污物，使进料困难。若没有自动排渣装置的分离机，应隔2～3 h停机清洗一次；有自动排渣装置的分离机，则应定期打开清洗水阀，自动排渣。如果牛乳在进入分离机前，首先进行过滤，可除掉一些坚硬的大块杂质，这样可延长分离机的使用寿命。

4．乳的流量　　牛乳进入分离机的速度越慢，乳在分离盘内停留的时间就越长，脂肪的分离就越彻底，但分离机的生产能力也随之降低。

第二节　奶油的加工

一、奶油的工艺流程

奶油生产工艺流程如图 8-3 所示，生产酸性奶油较生产甜性奶油多一道加发酵剂发酵的工序。

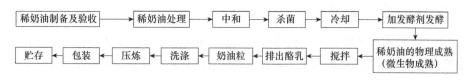

图 8-3　奶油生产工艺流程图

批量和连续生产发酵奶油的生产线见图 8-4。

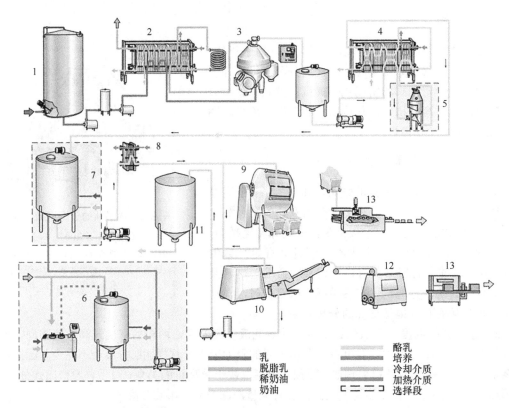

乳	酪乳
脱脂乳	培养
稀奶油	冷却介质
奶油	加热介质
	选择段

图 8-4　批量和连续生产发酵奶油的生产线（李建江，2017）

1. 原料贮藏罐；2. 板式热交换器（预热）；3. 奶油分离机；4. 板式热交换器（巴氏杀菌）；5. 真空脱气；
6. 发酵剂制备系统；7. 稀奶油的成熟和发酵；8. 板式热交换器（温度处理）；9. 批量奶油压炼机；10. 连续压炼机；
11. 酪乳暂存罐；12. 带传送的奶油仓；13. 包装机

二、奶油的加工技术

（一）原料乳及稀奶油的验收及质量要求

1）供生产奶油的牛乳，其酸度应低于 22°T，其他指标应符合《食品安全国家标准 生乳》（GB 19301—2010）的要求。生产酸性奶油的原料中不得有抗生素。

2）制造奶油的稀奶油，应符合《食品安全国家标准 稀奶油、奶油和无水奶油》（GB 19646—2010）的要求。

3）盐应符合《食用盐》（GB/T 5461—2016）中精制盐优级品的规定。

4）色素应符合《食品安全国家标准 食品添加剂使用标准》（GB 2760—2014）中的规定。

（二）原料乳的初步处理

1. 冷藏　有些嗜冷菌产生脂肪分解酶，能分解脂肪，并能经受 100℃ 以上的温度，所以，防止嗜冷菌的生长是极其重要的。原料乳到达乳品厂后，立即冷却到 2～4℃，并在此温度下贮存。

2. 稀奶油的标准化　稀奶油含脂肪过低，会延长搅拌时间；含脂肪过高，则脂肪容易随酪乳损失掉。但牛乳经过离心机分离后稀奶油含脂率高低不一，因此要按照产品要求，调整稀奶油的脂肪含量，可用脱脂乳或稀奶油进行调整。在生产奶油时，稀奶油的脂肪含量一般要控制在 30%～35%。稀奶油标准化步骤如下所述。

1）被抽取样品须有代表性。

2）检验样品的脂肪含量。

3）抽取脱脂乳，进行含脂率化验。

4）按稀奶油质量与稀奶油所需含脂率，用下列公式进行计算。

$$M=\frac{R(F_1-F_2)}{F_2}$$

式中，M 为标准化后需加入脱脂乳的质量（kg）；R 为稀奶油的质量（kg）；F_1 为已知稀奶油的含脂率（%）；F_2 为标准化需要稀奶油的含脂率（%）。

（三）稀奶油的中和

稀奶油的中和直接影响奶油的保存性和成品的质量。制造甜性奶油时，奶油的 pH（奶油中水相的 pH）应保持在中性附近（6.4～6.8）。

1. 中和的目的 稀奶油中和的目的是防止酸度高的稀奶油在加热杀菌时，其中酪蛋白受热凝固而导致乳脂肪损失，而且凝固物进入奶油使其保存性降低；改善奶油的香味；防止奶油在贮藏期间发生水解和氧化。一般中和到酸度 20～22°T，不应该加碱过多，否则产生不良气味。

2. 中和所用的碱 中和所用的碱有碳酸钠、碳酸氢钠等。使用时应注意中和时产生的二氧化碳能使奶油溢出，可将其配制为 10%的溶液，再慢慢加入。

（四）稀奶油的杀菌和冷却

1. 杀菌目的

1）杀死稀奶油中的病原菌及其他有害菌，保证食用奶油的安全。

2）破坏稀奶油中脂肪酶，以防止脂肪分解产生酸败，提高奶油的保藏性。

2. 杀菌及冷却 稀奶油的杀菌方法一般分为间歇式和连续式两种。小型工厂多采用间歇式杀菌法，是将盛有稀奶油的桶放至热水槽中，并用蒸汽等加热水槽，使稀奶油温度达到 85～90℃并保持 10 s，加热过程中要进行搅拌。大型工厂则多采用板式高温或超高温瞬时杀菌器连续杀菌，高压的蒸汽直接接触稀奶油，瞬间加热至 88～116℃后，再进入减压室冷却。此法能使稀奶油脱臭，有助于风味的改善。

如果生产甜性奶油，则将经杀菌后的稀奶油冷却至 10℃以下，然后进行物理成熟。如果是生产酸性奶油，则须经发酵过程。

（五）稀奶油的发酵

1. 发酵的目的

1）在发酵过程中产生乳酸，抑制酸败细菌的繁殖，因而可提高奶油的稳定性，也提高了脂肪的得率。

2）发酵后的奶油因发酵剂中含有乳香味的嗜柠檬酸链球菌和丁二酮乳链球菌，故有更爽口和独特的芳香风味。

3）乳酸菌的存在有利于人体健康。

2. 发酵用菌种 生产酸性奶油用的纯发酵剂是产生乳酸的菌类和产生芳香风味的菌类的混合菌种。一般选用的菌种有以下几种：①乳链球菌（*Sreptococcus lactis*）；②乳脂链球菌（*Str. cremoris*）；③嗜柠檬酸链球菌（*Str.citrateophilus*）；④副嗜柠檬酸链球菌（*Str. paracitlororus*）；⑤丁二酮乳链球菌（*Str. diacetilactis*）（弱还原剂）；⑥柠檬明串珠菌（*Leuconostoc citreum*）。

3. 稀奶油的发酵 经杀菌、冷却的稀奶油泵入发酵熟槽内，温度调至 18～20℃后添加相当于稀奶油 1%～5% 的工作发酵剂。添加时要搅拌，慢慢加入，使其混合均匀。发酵温度保持在 18～20℃，每隔 1 h 搅拌 5 min，控制稀奶油酸度最后达到表 8-5 中规定的程度，停止发酵。

表 8-5 稀奶油发酵最后达到的酸度控制表（张兰威，2016）

稀奶油中脂肪含量/%	要求稀奶油最后达到的酸度/°T		稀奶油中脂肪含量/%	要求稀奶油最后达到的酸度/°T	
	不加盐奶油	加盐奶油		不加盐奶油	加盐奶油
24	38.0	30.0	34	33.0	26.0
26	37.0	29.0	36	32.0	25.0
28	36.0	28.0	38	31.0	25.0
30	35.0	28.0	40	30.1	24.0
32	34.0	27.0			

（六）物理成熟

稀奶油经加热杀菌熔化后，要冷却至奶油脂肪的凝固点，其目的是使乳脂肪中的大部分甘油酯由乳浊液状态转变为固体结晶状态，结晶成固体相越多，在搅拌和压炼过程中乳脂肪损失就少。

脂肪变硬的程度取决于物理成熟的温度和时间，随着成熟的温度降低和保持时间的延长，大量脂肪变为结晶状态（固化）。成熟温度应与脂肪的最大可能变成固体状态的成熟相适应。夏季 3℃时脂肪最大可能的硬化程度为 60%～70%；而 6℃时为 45%～55%。在某种温度下脂肪组织的硬化程度达到最大可能时称为平衡状态。

实践证明，在低温下成熟时发生的平衡状态较高温下的成熟早。例如，在 3℃时经过 3～4 h 即可达到平衡状态；6℃时要经过 6～8 h；而在 8℃时要经过 8～12 h。如果在规定温度及时间内达到平衡状态是因为部分脂肪处于过冷状态，在稀奶油搅拌时会发生变硬情况。实践证明，在 13～16℃时，即使保持很长时间也不会使脂肪发生明显变硬现象，这个温度称为临界温度。

稀奶油在低温下进行成熟，也会造成不良结果。会延长稀奶油的搅拌时间，从而使得组织状态不良，获得的奶油团粒过硬，有油污，而且水容量很低。这样的稀奶油必须在较高的温度下进行搅拌。稀奶油的成熟条件对以后的全部工艺过程有很大影响，如果成熟的程度不足时，就会缩短稀奶油的搅拌时间，获得的奶油团粒松软，油脂损失于酪乳中的数量显著增加，并在奶油压炼时会使水的分散造成很大的困难。

所以，一般要求将杀菌后的稀奶油迅速冷却至 10℃左右，以利于以后的处理。物理成熟的方法各地区应根据稀奶油中的脂肪组成来确定。一般根据乳脂肪中碘值的变化来确定不同的物理成熟条件，如表 8-6 所示。

表 8-6　各种不同碘值的稀奶油成熟温度与搅拌温度（周光宏，2011）

碘值	稀奶油成熟温度/℃	搅拌温度/℃	碘值	稀奶油成熟温度/℃	搅拌温度/℃
<28	8-21-21	12	35～37	6-17-11	12
28～29	8-20-16	12	38～40	6-15-10	11
30～31	8-20-13	14	>40	20-8-11	10
32～34	6-19-12	13			

注：三个温度依次为奶油杀菌后的冷却温度、加热酸化温度和成熟温度

（七）稀奶油的搅拌

将稀奶油置于搅拌器中，利用机械的冲击力使脂肪球膜破坏而形成奶油团粒，这一过程称为搅拌，搅拌时分离出来的液体称为酪乳。

1．搅拌的目的　稀奶油的搅拌是奶油制造的最重要的操作。其目的是使脂肪球相聚结而形成奶油粒，同时分离酪乳。此过程要求在较短时间内形成奶油粒，且酪乳中脂肪含量越少越好。

2．奶油粒的形成　奶油粒的形成也是脂肪球凝聚的过程，其实质是一个相转化过程，即将稀奶油的 O/W 型乳状液转化为 W/O 型乳状液。在搅拌器内，稀奶油受到强烈的机械力作用：一部分脂肪因剪切作用受到破坏，而且脂肪晶体也能刺破脂肪球膜。同时，脂肪球紧密堆积、相互挤压。液体脂肪不断由脂肪球内压出，脂肪球发生凝聚作用。这样，同时出现了固态脂肪、未破坏脂肪球及酪乳液滴，如图 8-5 所示。物料的翻滚运动，最后形成了颗粒状奶油粒，使剩余在液体酪乳中的脂肪含量减少。

这样，稀奶油被分成奶油粒和酪乳两部分。在传统的搅拌中，当奶油粒达到一定大小时，搅拌机停止并排走酪乳。在连续式奶油制造机中，酪乳的排出也是连续的。

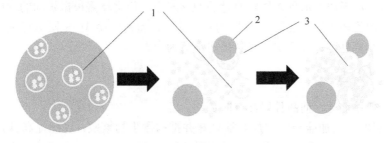

图 8-5　奶油粒的形成
1．未破坏脂肪球；2．酪乳液滴；3．固态脂肪

3．影响搅拌的因素

（1）稀奶油的脂肪含量　稀奶油的含脂率能决定脂肪球间距离的大小。例如，稀奶油含脂率为 3.4% 时，脂肪球间的距离为 71 μm；含脂率为 20% 时，脂肪球间的距离为 2.2 μm；含脂率为 30% 时，脂肪球间的距离为 1.4 μm；含脂率为 40% 时，脂肪球间的距离为 0.56 μm。因此稀奶油含脂率越高，搅拌也越快，但奶油粒形成过快时，小的脂肪球就来不及变成奶油粒，脂肪的损失比较大。此外，含脂率过高时黏度增加，易随搅拌器同转，不能充分形成泡沫，反而影响奶油粒的形成。所以稀奶油的含脂率以 32%～40% 为最适宜。

（2）物理成熟的程度　　物理成熟是生产奶油的重要条件，成熟度好的稀奶油在搅拌时形成泡沫数量多，有利于奶油粒的形成，并大大减少酪乳中的脂肪含量。

（3）搅拌时的最初温度　　物理成熟的温度要根据乳脂肪中的碘值确定。实践证明，稀奶油搅拌时适宜的最初温度是：夏季 8～10℃，冬季 11～14℃。温度过高或过低时，均会延长搅拌时间，并造成脂肪的损失量增大。而且当稀奶油搅拌时温度在 30℃ 以上或 5℃ 以下，则不能形成奶油粒。

（4）搅拌机中稀奶油的装满程度　　搅拌时，搅拌机中装的量过多过少，均会延长搅拌时间，一般小型手摇搅拌机要装入其体积的 30%～50%，大型电动搅拌机装入 50% 为宜。若稀奶油装得过多，则形成泡沫困难而延长搅拌时间，但最少不得低于 20%。

（5）搅拌的转速　　搅拌机的转速一般为 40 r/min，若转速过快，会因离心力增大而使稀奶油与搅拌桶一起旋转；若转速太慢，则稀奶油沿内壁下滑。这两种情况均不能起到搅拌作用，且要延长搅拌时间。

（八）奶油的颜色

一般消费者都喜欢带均匀柔和的淡乳黄色的奶油。但奶油的颜色随多种因素而变化。夏季颜色一般发黄，冬季则变成淡白色。所以为使奶油颜色常年一样，需要加入色素。使用的色素必须符合《食品安全国家标准　食品添加剂使用标准》（GB 2760—2014），最常用的一种称为胭脂树红。色素的添加通常是在杀菌后直接加入搅拌器中。

（九）奶油粒的洗涤

1. 洗涤的目的　　因为酪乳中含有蛋白质及糖，利于微生物的生长，所以奶油粒洗涤是为了除去残余的酪乳，提高奶油的保藏性，同时调整硬度。

2. 洗涤的方法　　稀奶油经搅拌形成奶油粒后，排出酪乳，奶油粒用杀菌冷却后的清水在搅拌机中洗涤。洗涤加入水量为稀奶油量的 50% 左右，但水量需根据奶油的软硬程度而定。奶油粒软时应使用比稀奶油温度低 1～3℃ 的水。注水后慢慢转动 3～5 圈进行洗涤，再停止转动，将水放出。必要时可进行几次，直到排出水清为止。

（十）奶油的加盐

酸性奶油一般不加盐，而甜性奶油有时加盐。

1. 加盐的目的　　加盐能够增加奶油风味并抑制微生物繁殖，以此提高其保藏。食盐含量应超过奶油总量的 2%。所用盐应符合《食用盐》（GB/T 5461—2016）中精制盐优级品的规定。

2. 加盐方法　　加盐时，先将其在 120～130℃ 下烘焙 3～5 min。然后通过 30 目的筛。待奶油搅拌机内洗涤水排出后，在奶油表面均匀加上烘烤过筛的盐，加入后静置 10 min 左右，然后进行压炼。

（十一）奶油的压炼

1. 奶油压炼的目的

1）调节水分含量，并使水分分布均匀。

2）压炼脂肪使其成为连续相，使奶油粒变成组织致密的奶油层，使食盐完全溶解并均匀分散在奶油中。

2．奶油压炼的方法　　奶油压炼方法有搅拌机内压炼和搅拌机外专用压炼机压炼两种，现在大多采用搅拌机内压炼，即在搅拌机内通过轧辊或不通过轧辊对奶油粒进行挤压。此外，还可以在真空条件下压炼，使奶油中空气量减少。不论哪种方法，最后压炼完成后，奶油的含水量要在16%以下，水滴呈极微小的分散状态，奶油切面上不允许有流出的水滴。

（十二）奶油的包装

奶油根据其用途可分为餐桌用奶油、烹调用奶油和食品工业用奶油等。餐桌用奶油是直接食用，故必须是优质的，都需小包装，一般用硫酸纸、塑料加层纸、复合薄膜等包装材料包装，也有用马口铁罐进行包装的。食品工业用奶油由于用量大，因此常用大包装。

第九章

◆

冰淇淋的加工与控制

本章彩图

第一节　冰淇淋的定义和原料

一、冰淇淋的定义和分类

我国国家标准《冷冻饮品 冰淇淋》（GB/T 31114—2014）中将冰淇淋的定义如下：以饮用水、乳和（或）乳制品、蛋制品、水果制品、豆制品、食糖、食用植物油等的一种或多种为原辅料，添加或不添加食品添加剂和（或）食品营养强化剂，经混合、灭菌、均质、冷却、老化、冻结、硬化等工艺制成的体积膨胀的冷冻饮品。

冰淇淋的种类很多，根据冰淇淋加工工艺不同，可分为清型冰淇淋、混合型冰淇淋、夹心型冰淇淋、拼色型冰淇淋、涂布型冰淇淋等；根据冰淇淋中的脂肪含量，可分为高脂型冰淇淋、中脂型冰淇淋、低脂型冰淇淋；根据硬度，可分为硬质冰淇淋和软质冰淇淋。

二、冰淇淋的原料及其作用

冰淇淋的原料主要有饮用水、甜味料、乳制品、食用油脂、蛋与蛋制品、稳定剂、乳化剂、酸味料、香精及着色剂等，并直接与产品的质量相关联。

（一）饮用水

冰淇淋一般含有 60%～90% 的水，主要是饮用水。

（二）甜味料

糖类具有提高甜味、充当固形物、降低冰点和防止冰的再结晶等作用，可增加总固形物含量，使冰淇淋口感圆润及组织状态良好。冰淇淋一般含有 8%～20% 的糖分，除白砂糖外也可由果葡糖浆、葡萄糖、果糖、麦芽糖醇、甜蜜素、阿斯巴甜等提供。

（三）乳制品

配制冰淇淋用的乳制品，包括鲜牛乳、脱脂乳、稀奶油、奶油、甜炼乳、全脂乳粉等，此类制品主要提供冰淇淋脂肪和非脂乳固体。

冰淇淋用脂肪最好是鲜脂肪。若乳脂缺乏则可用奶油或人造奶油代替。乳脂肪在冰淇淋中，一般用量为 6%～12%，最高可达 16% 左右。脂肪可赋予冰淇淋细腻润滑的组织和良好的质构，同时可以增进风味。脂肪球经过均质处理后，比较大的脂肪球被破碎成许多细小的颗粒。这一作用可使冰淇淋混合料的黏度增加，在凝冻搅拌时增加膨胀率。

冰淇淋中的非脂乳固体，可以从鲜牛乳、全脂淡乳粉、全脂甜乳粉、脱脂乳粉、炼乳或浓缩乳等中获得。非脂乳固体在组织状态上可防止冰淇淋水分的冰晶粗大化；同时，蛋白质的保水效果使组织状态圆润，增加稠度，提高膨胀率，改进形体及保形性。非脂乳固体一般在冰淇淋中的用量为 8%～10%。

（四）食用油脂

在冰淇淋生产中，可使用植物油脂以取代部分乳脂肪。在冰淇淋老化时，脂肪的种类决定了脂肪的结晶凝固点及结晶时间，如乳脂肪的最少结晶时间需 3～5 h，而椰子油或棕榈油只需 90 min。

（五）蛋与蛋制品

蛋与蛋制品能提高冰淇淋的营养价值，主要因为这些原料含有卵磷脂，又可形成永久性乳化。在冰淇淋中，蛋黄也适合作为稳定剂。近年来，新型稳定剂、乳化剂的出现，可替代蛋及蛋制品。但使用蛋制品（特别是鲜蛋）的冰淇淋可产生一种特殊的清香味，而且膨胀率较高。鲜鸡蛋常用量为 1%～2%，蛋黄粉常用量为 0.1%～0.5%。在冰淇淋中，使用鸡蛋能产生好的风味，但若用量过多，会有蛋腥味产生。

（六）稳定剂

（1）特性与作用　　稳定剂具有较强的吸水性，能与冰淇淋中的自由水结合成为结合水，从而减少混合料中自由水的数量。加入稳定剂的目的可概括为：提高混合料的黏度和冰淇淋的膨胀率；防止或抑制冰晶的生成，提高冰淇淋抗融化性和保藏稳定性；改善冰淇淋的形体和组织结构。

（2）稳定剂的选用　　稳定剂的种类很多，选用稳定剂的时候应考虑以下几点：应溶于水或混合料；能赋予混合料良好的黏性及起泡性；能赋予冰淇淋良好的组织和结构；能改善冰淇淋的保形性；具有防止冰晶扩大的效果。

（3）稳定剂的添加量　　稳定剂的添加量依原料的成分组成而变化，尤其是总固形物含量。稳定剂的添加量一般依据 4 个方面：配料的总固形物含量、配料的脂肪含量、凝冻机的种类和稳定剂的用量范围。

各类稳定剂在各方面的性能归纳如下：①抗酸性，耐酸羧甲基纤维素（CMC）＞果胶＞黄原胶＞海藻酸钠＞卡拉胶；②黏度，瓜尔胶＞黄原胶＞果胶＞卡拉胶＞明胶；③吸水性，瓜尔胶＞黄原胶。

具体来讲，明胶口感比较好但黏度比较低，且需老化时间较长。海藻酸钠风味比较好，温度变化对形体影响小，外观圆滑、柔软，但抗融性差、带糊状感。瓜尔胶黏度比较高，口感细腻但抗融性较差。CMC 能改良冰淇淋的组织状态和口感，并增加混合料的起泡能力。卡拉胶能提高冰淇淋的保形性，并能防止混合料中乳清析出，此点可弥补瓜尔胶与 CMC 的不足。黄原胶具有各方面的良好性能，且口感、风味好，但价格高。

（七）乳化剂

（1）特性与作用　　乳化剂是一种分子中具有亲水基和亲油基的物质，它可介于油和水的中间，使一方很好地分散于另一方的中间而形成稳定的乳化液。冰淇淋的成分复杂，其混合料中加入乳化剂的作用可归纳为：①乳化，使脂肪球呈微细乳浊状态，并使其稳定化；②分散，分散脂肪球以外的粒子，并使其稳定化；③起泡，在凝冻过程中能提高混合料的起泡力，并细化气泡使其稳定化；④改善保形性，增加室温下冰淇淋的耐热性；⑤改善贮藏性，减少贮藏中制品的变化；⑥防止或控制粗大冰晶形成，使冰淇淋组织细腻。

（2）种类与添加量　冰淇淋中常用的乳化剂有甘油单酯、蔗糖脂肪酸酯（蔗糖酯）、聚山梨酸酯（Tween，吐温）、山梨糖醇脂肪酸酯（Span，斯潘）、丙二醇脂肪酸酯（PG酯）、卵磷脂等，其添加量一般随混合料中脂肪含量的增加而增加。

（3）复合乳化稳定性　生产中采用的复合乳化稳定剂具有以下优点：通过高温处理，确保了该产品有良好的卫生指标；整体具有协同效应，避免了每个单体稳定剂、乳化剂的缺陷；充分发挥每种亲水胶体的有效作用；使冰淇淋的膨胀率、抗乳化性能、组织结构及口感良好。

复合乳化稳定剂的配合类型有：CMC＋明胶＋甘油单酯、CMC＋卡拉胶＋甘油单酯＋蔗糖酯、CMC＋明胶＋卡拉胶＋甘油单酯、CMC＋角豆胶＋卡拉胶＋甘油单酯、海藻酸钠＋明胶＋甘油单酯、CMC＋明胶＋魔芋胶＋甘油单酯等。

（八）酸味料

常用的酸味剂有柠檬酸、苹果酸、酒石酸、乳酸。柠檬酸以其酸味柔和、爽口，入口后即达最高酸感，后味延续时间短而被广泛应用于各种冷饮；苹果酸酸味柔和，一般用于果味冷饮及低热值冷饮；酒石酸的酸味稍涩的收敛味，后味长，在冷饮中很少单独使用，常和柠檬酸一起使用增加冷却后味；乳酸有微弱酸味和涩味，用于乳酸饮品。

（九）香精

香精在冷饮食品中是不可缺少的调香剂，几乎所有冷饮中均添加了香精，以使产品带有醇和的香味并保存该品种应有的天然风味，增进冷饮食品的食用价值。

为使冷饮食品得到清雅醇和的香味，除注意香精本身的品质优劣外，香精的用量及调配也极其重要。香精用量过多，消费者饮用时有触鼻的刺激感，而失去清雅醇和近似天然香味的感觉；用量过少，形成的香味不足以达到应有的增香效果。香精都有一定的挥发性，通常在老化后的物料中添加可以减少挥发损失。一般食用香精的使用量在饮品中为0.025%～0.15%，但实际用量尚需根据食用香精的品质及工艺条件而定。

（十）着色剂

冷饮品一般需要配合其品种和香气口味进行着色。

（1）食用天然色素　食用天然色素有植物色素，如胡萝卜素、叶绿素、姜黄素；有微生物色素，如核黄素、红曲色素；有动物色素，如幼虫胶色素。

（2）食用合成色素　食用合成色素有：天然苋菜红、胭脂红、柠檬黄、靛蓝等，为了满足冰淇淋加工生产着色的需要，可将不同的色素按不同的比例混合拼配。

（3）其他着色剂　在冰淇淋生产中，还使用其他着色剂，如熟化红豆、熟化绿豆、可可粉、速溶咖啡等，不但体现天然植物的自然色泽，而且其制品独具风味。

第二节　冰淇淋的加工

一、冰淇淋的工艺流程

冰淇淋的生产工艺流程如图9-1所示。

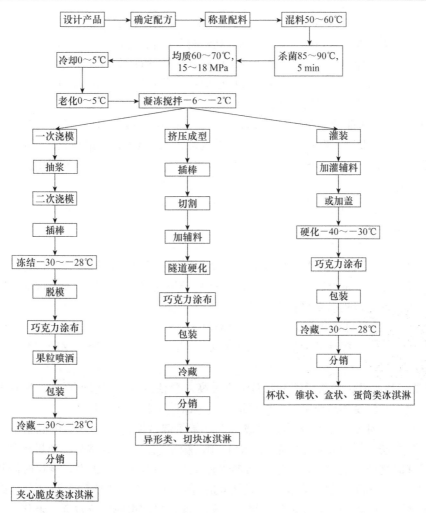

图 9-1　冰淇淋的生产工艺流程图（蒋爱民，2008）

二、冰淇淋的加工技术

1. 设计产品　对产品进行设计可使冰淇淋企业保持旺盛的活力，包括以下几个步骤：①进行详细的市场调研，根据市场细分，了解不同地域的经济、文化、消费习惯心理、销售渠道、经销商利益、产品定价、宣传策略等因素，提出整体产品的方案。②并据此进行小样试制，对不同初步设计产品的小样进行评价，再调整配方。③进一步小样试制，经目标市场经销商和经营者品评确认开发潜力，确定产品配方。④经过中试，产品在局部区域投放，根据反馈信息适当调整。

2. 配方计算　根据所设计的产品，制定冰淇淋的质量标准，根据标准要求用数学方法来计算其中各种原料的需用量，从而保证所制成的产品质量符合技术标准。计算前，首先必须知道各种原料和冰淇淋的组成，作为配方计算的依据。

3. 配置混合原料　在配制冰淇淋混合原料时，首先应根据配方比例将各种原料称量好，然后在配料缸内进行配制。

（1）配料的准备　常采用将稳定剂或复合乳化稳定剂与其 5 倍以上的砂糖干混，在带有高速搅拌器的打浆机中加水分散溶解的方法，避免稳定剂在配料过程中产生结团不溶问题。

（2）配料顺序　　加入浓度低的牛乳或部分水；加入与稳定剂干混以外剩余的砂糖，搅拌溶解；加入液体糖浆等液态物料；加入乳粉、糊精粉等粉状物料，搅拌溶解；加温至 50～60℃；加入已配制溶解的稳定剂浆液；加入奶油、棕榈油脂类物质；最后以饮用水作容量调整。

4. 杀菌　　杀菌可在配料缸内通过直接或间接加热蒸汽，使物料温度达到 80℃、20 min 或 85～90℃、5 min 进行；若用板式热交换器，杀菌条件为 90～95℃、20 s。

5. 均质　　均质能使脂肪球直径变小，一般可达到 1～2 μm，同时使混合原料的黏度增加、冰淇淋的组织细腻，一般采用二级高压均质机进行。均质处理时最适宜的温度为 65～75℃。均质压力第一段为 15～20 MPa，第二段为 2～5 MPa。均质压力随混合原料中固形物和脂肪含量的增加而降低。

6. 冷却与老化　　混合原料经过均质处理后温度在 60℃以上，应将其迅速冷却下来，以适应老化的需要。

（1）冷却的目的及要求

1）防止脂肪球上浮。混合料经均质后，大脂肪球变成了小脂肪微粒，但这时的形态并不稳定，加上温度较高，混合料黏度较低，脂肪球易于相互聚集、上浮；而温度的迅速降低，使黏度增大，脂肪球也就难以聚集和上浮了。

2）适应老化操作的需要。混合料的老化温度为 2～4℃，使温度在 60℃以上的混合料得以尽快进入老化操作，必须使其中的温差迅速缩小，而冷却正是为了适应这种需要，从而缩短了工艺操作时间。

3）提高产品质量。均质后的混合料温度过高，会使混合料的酸度增加、风味降低，并使香味逸散加快，而温度的迅速降低，则可避免这些缺陷，稳定产品质量。

（2）老化　　冰淇淋老化又称为"成熟"，是将混合原料在 2～4℃的低温下冷藏一定时间。其实质是脂肪、蛋白质和稳定剂的水合作用，稳定剂充分吸收水分，使料液黏度增加，有利于凝冻搅拌时膨胀率的提高，一般制品老化时间为 2～24 h。一方面，老化时间长短与温度有关。例如，在 2～4℃时进行老化需要延续 4 h；而在 0～1℃，则约 2 h 即可；而高于 6℃时，即使延长了老化时间也得不到良好的效果。此外，混合料的组成成分也会受老化持续时间的影响，干物质越多，黏度越高，老化所需要的时间越短。现由于制造设备的改进和乳化剂、稳定剂性能的提高，老化时间可缩短。老化有时可以分两个阶段进行：先将混合原料在冷却缸中冷却至 15～18℃，并在此温度下保持 2～3 h，此时混合原料中明胶溶胀比在低温下更充分；然后将混合原料冷却至 2～3℃并保持 3～4 h，这样混合原料的黏度可以大大提高，并能缩短老化时间，还能使明胶的耗用量减少 20%～30%。

（3）老化过程中的主要变化

1）干物料的完全水合作用。尽管干物料在物料混合时已完全溶解，但仍然需要一定的时间才能完全水合。冰淇淋完全水合能够提高混合物料的黏度，并改善成品的形态、奶油感、抗融性和成品贮藏稳定性。

2）脂肪的结晶。在老化的最初几个小时，会出现大量脂肪结晶。甘油三酯熔点最高，结晶最早，离脂肪球表面也最近，这个过程重复地持续着，因而形成了以液状脂肪为核心的多壳层脂肪球。乳化剂的使用会导致更多的脂肪结晶，保持液体状态脂肪的总量取决于所含的脂肪种类。此外，液态和结晶的脂肪之间保持一定的平衡是很重要的。如果使用不饱和油脂作为脂肪来源，结晶的脂肪就会较少。这种情况下所制得的冰淇淋，其食用质量和贮藏稳定性都会较差。

　　3）脂肪球表面蛋白质的解吸。老化期间冰淇淋混合物料中脂肪球表面的蛋白质总量减少，含有饱和的单甘油酸酯的混合物料中蛋白质解吸速度加快。电子显微照片研究发现脂肪球表面乳化剂的最初解吸是黏附的蛋白质层的移动，而不是单个酪蛋白粒子的移动。在最后的搅打和凝冻过程中，由于剪切力相当大，界面结合的蛋白质可能会更完全地释放出来。

　　7. 凝冻　　凝冻是冰淇淋的质量、可口性、产率的决定因素，因此是冰淇淋生产中最重要的工序之一。它是将混合原料在强制搅拌下进行冷冻，达到使空气呈极微小的气泡状态均匀分布于混合原料中的目的。而使水分中有一部分（20%~40%）呈微细的冰结晶，凝冻工序对冰淇淋的质量和产率有很大影响，其作用在于冰淇淋混合原料受制冷剂的作用而降低了温度，逐渐变厚而成为半固体状态，即凝冻状态。搅拌器的搅动可防止冰淇淋混合原料因凝冻而结成冰屑，尤其是在冰淇淋凝冻机筒壁部分。在凝冻时，空气逐渐混入而使料液脂肪晶体体积膨胀，结构见图9-2。

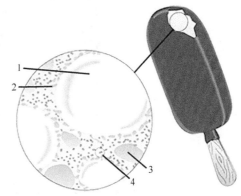

图9-2　冰淇淋的结构（周光宏，2011）
1. 气泡；2. 脂肪晶体；3. 冰晶；4. 酪蛋白

　　（1）凝冻的目的

　　1）使混合料更加均匀。经均质后的混合料还需添加香精、色素、冰晶等，在凝冻时由于搅拌器的不断搅拌，混合料中的各组分进一步混合均匀。

　　2）使冰淇淋组织更加细腻。凝冻是在-6~-2℃的低温下进行的，此时料液中的水分会结冰，但由于搅拌作用，水分只能形成4~10 μm的均匀小结晶，故冰淇淋组织细腻、形体优良、口感滑润。

　　3）使冰淇淋得到合适的膨胀率。在凝冻时，由于不断搅拌及空气的逐渐混入，冰淇淋体积发生膨胀并获得优良的组织和形体，同时成品的口感优良，具有柔润和松软的特点。

　　4）使冰淇淋稳定性提高。凝冻后，空气气泡均匀地分布于冰淇淋组织中，这能阻止热传导的作用，可使产品的抗融化作用增强。

　　5）可加速硬化成型进程。搅拌凝冻在低温下操作，因此能使冰淇淋料液冻结成为具有一定硬度的凝结体，即凝冻状态，经包装后可较快硬化成形。

　　（2）冰淇淋凝冻　　混合原料在强制搅拌下进行冷冻。冰淇淋混合原料的凝冻温度主要与含糖量有关。混合原料在凝冻过程中的水分冻结是逐渐形成的。若凝冻温度过高，则易使组织粗糙并有脂肪粒存在，或使冰淇淋组织发生收缩现象。在降低冰淇淋温度时，每降低1℃，其硬化所需的持续时间就可缩短10%~20%。但当温度过低时，则空气不易混入，导致膨胀率降低，或者气泡混合不均匀，组织不细腻，进而会造成冰淇淋不易从凝冻机内排出，因此凝冻温度不得低于-6℃。

　　在连续式凝冻机中，凝冻过程所获得的搅拌效果显示了乳化剂添加量的多少、均质是否适当、老化是否发生及所使用的出料温度是否适当。凝冻机中搅拌器的机械作用，破坏了稳定的乳化效果，使一些脂肪球被打破，释放出液态脂肪。对于被打破或未被打破的脂肪球，这些液态脂肪起到了成团结块的作用，使脂肪球聚集起来。冰淇淋凝冻机如图9-3所示。

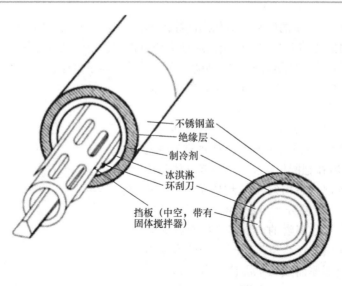

不锈钢盖
绝缘层
制冷剂
冰淇淋
环刮刀
挡板（中空，带有
固体搅拌器）

图 9-3　冰淇淋凝冻机示意图（罗金斯基等，2009）

搅拌效果应是部分的，脂肪变成游离脂肪的最合适比例应为 15%，脂肪球的聚集将对冰淇淋的成品品质有很大的影响，聚集的脂肪位于冰淇淋所结合的空气和乳浆相的界面间，因而包裹并稳定了结合的空气。食用冰淇淋时，稳定的空气泡感觉像脂肪球，从而可以增加奶油感，聚集空气的稳定效果也使混入的空气分布得更好，从而产生了更光滑的质感，提高了抗融性和贮藏稳定性。凝冻机中的出料温度越低，搅拌效果越明显，这也是温度应当尽可能低的另一个原因。

（3）冰淇淋在凝冻过程中发生的变化

1）空气混入。就在混合物料进入凝冻机前，空气同时混入其中。冰淇淋一般含有 50%体积的空气，由于转动的搅拌器的机械作用，空气被分散成小的空气泡，其典型的直径为 50 μm。空气在冰淇淋内的分布状况对成品质量最为重要，空气分布均匀形成的奶油具有质构光滑、口感温和的食用特性，并具有优良的抗融性和贮藏稳定性。

2）水冻结成冰。由于冰淇淋混合物料中的热量被迅速转移走，水冻结成许多小的冰晶，混合物料中大约 50%的水冻结成冰晶，这取决于产品的类型。灌装设备温度的设置常常比出料温度略低。这样就能保证产品不至于太硬。但是值得强调的是，若出料温度较低，冰淇淋质量就提高了，这是因为冰晶只有在热量快速移走时才能形成。在随后的冻结（硬化）过程中，水分仅仅凝结在产品中的冰晶表面上。因而，如果在连续式凝冻机中形成的冰晶多，最终产品中的冰晶就会少些，质构就会光滑，贮藏中形成冰屑的趋势就会大大减小。

（4）膨胀率　　冰淇淋的膨胀是指混合原料在凝冻操作时，空气被混入冰淇淋中，成为极小的气泡，而使冰淇淋的容积增加的现象，又称为增容。此外，因凝冻的关系，大部分水分的体积也稍有膨胀。

冰淇淋的膨胀率是指冰淇淋容积增加的百分率。冰淇淋的容积膨胀，可使混合原料凝冻与硬化后得到优良的组织与形体，其品质比不膨胀或膨胀不够的冰淇淋适口，且更为柔润松散；又因空气中的微泡均匀地分布于冰淇淋组织中，有稳定和阻止热传导的作用，可使冰淇淋成型硬化后较持久不融化。如果冰淇淋的膨胀率控制不当，则得不到优良的品质。冰淇淋最适当的膨胀率为 80%～100%，当膨胀率过高时，冰淇淋呈海绵状态组织，气泡大并容易溶解；当膨胀率过低时，则组织坚实，风味和溶解性不良。

在实际生产中，冰淇淋的膨胀率用质量计算较为方便，计算公式如下。

$$膨胀率＝\frac{混合料的质量}{同体积冰淇淋的质量}×100\%$$

$$＝\frac{制出冰淇淋的容量－混合料容量}{混合料容量}×100\%$$

8. 成型与硬化　　凝冻后的冰淇淋必须立即进行低温冷冻，以保证冰淇淋的质量及便于销售与贮藏运输。该过程固定冰淇淋的组织状态，并完成在冰淇淋中形成极细小的冰结晶的过程，使其组织保持一定的松软度，这称为冰淇淋的硬化，经凝冻的冰淇淋必须及时进行快速分装，并送至冰淇淋硬化室或连续硬化装置中进行硬化。冰淇淋硬化的情况与产品品质有着密切的关系，硬化迅速，则冰淇淋融化少，组织中冰结晶细，成品细腻润滑；若硬化迟缓，则表面部分易受热而融化，如再经低温冷冻，则形成粗大的冰结晶、降低产品品质。如果在硬化室（速冻室）进行硬化，一般温度保持在−25～−23℃，需12～24 h。冰淇淋的成型有冰砖、纸杯、蛋筒、浇模成型，也有巧克力涂层冰淇淋、异形冰淇淋切割线等多种成型灌装机。其质量有320 g、160 g、80 g、50 g等，还有供家庭用的1 kg、2 kg等。

三、冰淇淋的质量标准及质量缺陷

（一）冰淇淋的质量标准

1. 感官要求　　冰淇淋的感官要求应符合《冷冻饮品　冰淇淋》（GB/T 31114—2014），如表9-1所示。

表9-1　感官要求（GB/T 31114—2014）

项目	要求					
	全乳脂		半乳脂		植脂	
	清型	组合型	清型	组合型	清型	组合型
色泽	主体色泽均匀，具有品种应有的色泽					
形态	形态完整，大小一致，不变形，不软塌，不收缩					
组织	细腻滑润，无气孔，具有该品种应有的组织特征					
滋味、气味	柔和乳脂香味，无异味		柔和淡乳香味，无异味		柔和植脂香味，无异味	
杂质	无正常视力可见外来杂质					

2. 理化指标　　理化指标如表9-2所示。

表9-2　理化指标（GB/T 31114—2014）

项目	指标					
	全乳脂		半乳脂		植脂	
	清型	组合型	清型	组合型	清型	组合型
非脂乳固体/（g/100 g）	6.0					
总固形物/（g/100 g）	30.0					
脂肪/（g/100 g）		8.0	6.0	5.0	6.0	5.0
蛋白质/（g/100 g）	2.5	2.2	2.5	2.2	2.5	2.2

3. 卫生指标   如表 9-3 所示，卫生指标应符合《食品安全国家标准 冷冻饮品和制作料》（GB 2759—2015）的规定。

表 9-3 卫生指标（GB 2759—2015）

项目	限量			
	n	c	m	M
菌落总数/（CFU/g 或 CFU/mL）	5	2（0）	2.5×10^4（10^2）	10^5（—）
大肠菌群/（CFU/g 或 CFU/mL）	5	2（0）	10（10）	10^2（—）

（二）冰淇淋的质量缺陷

1. 风味缺陷   冰淇淋的风味缺陷大多是由下列几种因素造成的。

（1）甜味不足   配制时加水量超过标准，配料时发生差错或不等值地用其他糖代替砂糖等不合理的配方设计会造成冰淇淋的甜味不足。

（2）香味不正   若加入过量香料，或加入香精本身的品质较差、香味不正，则冰淇淋产生苦味或异味。

（3）酸败味   一般是以下因素所致：使用酸度较高的奶油、鲜乳、炼乳；混合料采用不适当的杀菌方法；搅拌凝冻前混合原料搁置过久或老化温度回升，细菌繁殖。

（4）煮熟味   在冰淇淋中，加入经高温处理的含有较高非脂乳固体量的乳制品，或者混合原料经过长时间的热处理，均会产生煮熟味。

（5）咸味   冰淇淋含有过多的非脂乳固体或者被中和过度，能产生咸味。在冰淇淋混合原料中采用含盐分较高的乳精粉或奶油，以及冻结硬化时漏入盐水，均会产生咸味或苦味。

（6）金属味   在制造时采用铜制设备，如间歇式冰淇淋凝冻机内凝冻搅拌所用铜制刮刀等，能促使产生金属味。

（7）油腻及油哈味   一般是由于使用过多的脂肪或带油腻味、油哈味的脂肪及填充材料而产生的一种味道。

（8）臭败味   这种气味的产生，主要是乳脂肪中丁酸水解，混合原料杀菌不彻底，细菌产生脂酶所致。

（9）烧焦味   一般是冷冻饮品混合原料加热处理时，加热方式不当或违反工艺规程所造成；另外，使用酸度过高的牛乳时也会发生这种现象。

（10）氧化味   在冰淇淋中，氧化味极易产生，这说明产品所采用的原料不够新鲜。这种气味也可能在一部分或大部分乳制品或蛋制品中早已存在，其原因是脂肪的氧化。

2. 组织缺陷

（1）组织粗糙   在制造冰淇淋时，以下因素均能造成冰淇淋组织中产生冰结晶体而使组织粗糙：冰淇淋组织的总干物质量不足，砂糖与非脂乳固体量配合不当，所用稳定剂的品质较差或用量不足，混合原料所用乳制品溶解度差，均质压力不当，凝冻时混合原料进入凝冻机温度过高，机内刮刀的刀刃太钝，空气循环不良，硬化时间过长，冷藏温度不正常而使冰淇淋融化后再冻结等。

（2）组织松软   使用干物质量不足的混合原料，或者使用未经均质的混合原料及膨胀率控制不良会在冰淇淋内形成大量的空气泡，使得组织松软。

（3）面团状的组织   在制造冰淇淋时，稳定剂用量过多，硬化过程掌握不好，均能产生这种缺陷。

（4）组织坚实　含总干物质量过高及膨胀率较低的混合原料，所制成的冰淇淋会具有这种组织状态。

3. 形体缺陷

（1）形体太黏　形体过黏的原因与稳定剂使用过多、总干物质量过高、均质时温度过低及膨胀率过低有关。

（2）有奶油粗粒　这是混合原料中脂肪含量过高、混合原料均质不良、凝冻时温度过低及混合原料酸度较高所造成的。

（3）融化缓慢　这是稳定剂用量过多、混合原料过于稳定、混合原料中含脂量过高及使用较低的均质压力等所造成的。

（4）融化后成细小凝块　原因一般是混合原料高压均质时，酸度较高或钙盐含量过高，而使冰淇淋中的蛋白质凝成小块。

（5）融化后成泡沫状　制造冰淇淋时稳定剂用量不足或稳定剂选用不当会产生较低黏度的混合原料或其分散有较大的空气泡，因而当冰淇淋融化时，会产生泡沫现象。

（6）冰的分离　冰淇淋的酸度增高，会造成冰分离的增加；稳定剂采用不当或用量不足，混合原料中总干物质量不足及混合料杀菌温度低，均能增加冰的分离。

（7）冰砾现象　冰砾通过显微镜的观察为一种小结晶物质，这种物质实际上是乳糖结晶体，因为乳糖在冰淇淋中较其他糖类难于溶解。通常发生在冰淇淋的贮藏过程中，冰淇淋长期贮藏在冷库中，在其混合原料中存在晶核、黏度适宜及有适当的乳糖浓度与结晶温度时，乳糖便在冰淇淋中形成晶体。

冰淇淋贮藏在温度不稳定的冷库中，也容易产生冰砾现象。当冰淇淋的温度上升时，一部分冰淇淋融化，增加了不凝冻液体的量和降低了物体的黏度。在这种条件下，适宜于分子的渗透，而水分聚集后再冻结使组织粗糙。

4. 冰淇淋的收缩　冰淇淋的收缩现象是冰淇淋生产中重要的工艺问题之一。冰淇淋收缩的主要原因是冰淇淋硬化或贮藏温度变异，黏度降低和组织内部分子移动，从而引起空气泡的破坏，空气从冰淇淋组织内溢出时，冰淇淋发生收缩。

（1）造成冰淇淋收缩的主要因素

1）膨胀率过高。冰淇淋膨胀率过高，则相对减少了固体的数量及流体的成分，因此，在适宜的条件下，容易发生收缩。

2）蛋白质不稳定。蛋白质的不稳定，容易形成冰淇淋的收缩。因为不稳定的蛋白质其所构成的组织一般缺乏弹性，容易泄出水分。在水分泄出之后，其组织因收缩而变坚硬。

乳固体的脱水若采用高温处理，或牛乳及乳脂的酸度过高等是导致蛋白质不稳定的主要因素。故原料应在使用前就先检验并加以适当的控制。若采用新鲜、质量好的牛乳和乳脂，以及混合原料在低温时老化，能增加蛋白质的水解量，以此在一定程度上提高冰淇淋的质量。

3）糖含量过高。冰淇淋中糖分含量过高，相对降低了混合料的凝固点。在冰淇淋中，砂糖含量每增加 2%，则凝固点一般相对降低约 0.22℃。如果使用淀粉糖浆或蜂蜜等，则将延长混合原料在冰淇淋凝冻机中、搅拌机中搅拌凝冻的时间，因为相对分子质量低的糖类的凝固点较相对分子质量高者为低。

4）有细小的冰结晶体。在冰淇淋中，由于存在细小的冰结晶体，因而产生细腻的组织，这对冰淇淋的形体和组织来讲，是很适宜的。然而针状冰结晶体使冰淇淋组织冻的较为坚硬，它可抑制空气气泡的溢出。

　　5）空气气泡。当冰淇淋混合原料在冰淇淋凝冻机中进行搅拌凝冻时，凝冻机的搅拌器快速搅拌，使空气在一定压力下被搅成许多很细小的空气气泡。由于空气气泡压力与本身的直径成反比，因此气泡小，其压力反而大，同时空气气泡周围压力较小，故在冰淇淋中，细小空气气泡更容易从冰淇淋组织中溢出，从而扩大了冰淇淋的体积。

　　（2）控制冰淇淋收缩的措施　　综上所述，可通过在工艺操作方面严格采用如下措施，改善冰淇淋的收缩：①采用品质较好、酸度低的鲜乳或乳制品为原料，并在配制冰淇淋时用低温老化，避免蛋白质含量的不稳定；②在冰淇淋混合原料中，糖分含量不宜过高，并不宜采用淀粉糖浆，以防凝固点降低；③严格控制冰淇淋凝冻搅拌操作，防止膨胀率过高；④严格控制硬化室和冷藏库内的温度，防止温度升降，尤其当冰淇淋膨胀率较高时更需注意，以免使冰淇淋受热变软或融化等。

第十章

◆

其他乳制品的加工与控制

第一节 干 酪 素

本章彩图

一、概述

干酪素是以脱脂乳为原料，在皱胃酶或酸的作用下形成酪蛋白凝聚物，经洗涤、脱水、粉碎、干燥而成，其主要成分是乳中酪蛋白。呈白色或微黄色，为无臭味的粉状或颗粒状物料，相对密度为 1.25～1.31。为非吸湿性物质，在水中几乎不溶，但易融于碱性溶液、碳酸盐水溶液和 10%的四硼酸钠溶液。

在工业上，干酪素主要用于制造纸面涂布、塑胶、黏着剂和酪蛋白纤维。因胶着能力强并有耐水性，其常以黏着剂的形式广泛应用在家具和乐器的黏合，通常以硼砂、氨水和碳酸氢钠为溶剂。在乳胶工业中，干酪素可用于乳胶管、乳胶手套、气象气球的制造。在造纸工业中，干酪素常以胶着剂作为纸张涂料，并广泛应用于高级涂布纸的制造。此外，随着各种分离技术的提高，各种新性能、新品种的干酪素产品一定会应运而生，以满足工业的需要。

按提取方法不同，干酪素分为酸法生产干酪素和酶法生产干酪素。酸法生产干酪素又可分为加酸法和乳酸发酵法。加酸法生产干酪素时，由于使用酸的种类不同，又可分为盐酸干酪素、乳酸干酪素、硫酸干酪素和乙酸干酪素等。酶法干酪素是用凝乳酶凝固的干酪素，虽和牛乳的酪蛋白复合物有大致相同的相对分子质量及元素组成，但部分性质不同。

二、干酪素的加工技术

（一）加酸法生产干酪素

按所使用酸的种类不同，干酪素可分为有机酸干酪素和无机酸干酪素，其共同点是将牛乳酸化至干酪素蛋白质的等电点，一般为 4.6。此时，一定浓度的氢离子中和了带负电荷的酪蛋白胶束，导致干酪素混合物的沉淀。

"颗粒制造法"是工业生产中最常用的方法。该方法的特点是：当用酸或酸乳清沉淀酪蛋白时，形成小而均匀的颗粒，不致使酪蛋白形成大而致密的凝块，因此被颗粒所包埋的脂肪球比较少，成品中脂肪含量要比乳酸发酵法制成的少一些。此外，粒状干酪素便于洗涤、压榨和干燥。

1. 乳酸干酪素 牛乳经巴氏杀菌后冷却至 23～27℃，添加 2%～4%的乳酸菌发酵剂，在 33～34℃下发酵至 pH 4.6 时，将牛乳搅拌并在板式热交换器中在 50～55℃下加热，保持一会儿，排除乳清。加冷水充分洗涤凝块。凝块经压榨、粉碎、干燥，将最后分离出来的乳清的一部分，在 32～40℃温度下保温发酵 24 h，供下次发酵使用（添加 5%～10%）。

发酵过程中，如果酸化过程太快，会造成质量不均一，并且降低干酪素的产率。发酵不充分则乳清不透明、凝块大、过滤不良，这也会使产率下降。如果使用罐装，则排空需较长时间，以致在此期间酸度会发生变化。

2. 盐酸、硫酸干酪素　将脱脂乳加热至 32℃，边搅拌边徐徐加酸（工业用 30%～38% 浓盐酸用 8～10 倍水稀释），当酪蛋白开始产生凝块时，测量酸度，当 pH 降至 4.3～4.6 时停止加酸，搅拌 10～15 min，使乳清完全分离，排除乳清，水洗 2～3 次，然后脱水、干燥、粉碎、分级装袋。

法国的 PILLET 公司发明了一种新的生产酸干酪素的技术，是将脱脂乳加热到 32℃后加酸，并将其引入一个共沉装置中，直接向其中注入蒸汽，使温度升到大约 45℃，完成共沉，用卧式螺旋离心机排乳清，然后在一个或两个专门设计的塔中用逆流法去清洗，最后脱水、干燥。

（二）皱胃酶干酪素

脱脂乳经 72℃巴氏杀菌 15～20 s，然后冷却至 30～35℃，添加适量的凝乳酶，15～20 min 后凝固，将凝块用刀切碎，加热到 55～60℃使酶失活，然后排除乳清，剩下的干酪素用水清洗 2～3 次，以除去乳清蛋白、乳糖和盐类。清洗用温水，可分批清洗，也可连续清洗。分批清洗就是排除乳清后的干酪素在一系列的分离机中进行脱水，用热空气干燥至水分含量 12%，最后磨成粉。连续清洗过程中，凝块排乳清在卧式螺旋离心机中进行脱水。离开清洗段后，水和干酪素的混合物通过另一个卧式螺旋离心机，以便在干燥前尽可能多地脱除水分。

（三）共沉物

向脱脂乳中加酸或氯化钙，在 85～95℃下加热并保温 1～20 min，使酪蛋白和乳清蛋白沉淀，凝块随后被清洗并干燥，用于生产颗粒状不溶性共沉物，或溶于碱中用于生产可溶性或"可分散性"共沉物，此共沉物中包含了牛乳中绝大部分蛋白质成分。

生产过程中可通过选择加酸还是加氯化钙及其添加量，来控制共沉物的含钙量高低（或称灰分的高低）。例如，完全使用氯化钙（约 0.2%），生产的为高钙共沉物；减少氯化钙添加量至 0.06%，但添加酸来调节 pH 为 5.2～5.3，生产的为中钙共沉物；添加约 0.03%的氯化钙，加酸调至 pH 为 4.5，生产的为低钙共沉物。

第二节　乳清粉和乳清蛋白制品

一、概述

乳清是生产干酪或干酪素时的副产品，其固形物占原料乳总干物质的一半，乳清蛋白占总乳蛋白的 20%，牛乳中维生素和矿物质也都存在于乳清中。从生产硬质干酪、半硬质干酪、软干酪和凝乳酶干酪素获得的副产品乳清称为甜乳清，其 pH 为 5.9～6.6，盐酸法沉淀制造干酪素而得到的乳清称为酸乳清，其 pH 为 4.3～4.6。

二、乳清粉和乳清蛋白制品的种类

（一）乳清粉的种类

乳清粉是以乳清为原料，采用真空浓缩和喷雾干燥工艺制成的一种全乳清产品。乳清粉根据来源不同，分为甜乳清粉和酸乳清粉；根据脱盐与否，分为含盐乳清粉和脱盐乳清粉。根据脱盐率的不同，脱盐乳清粉又有系列产品，一般为 50%、75% 或者脱盐率更高的产品。广泛应用于婴儿配方乳粉的是 75% 脱盐率的乳清粉。

脱盐乳清粉是采用离子交换树脂法和离子交换膜法（电渗析法）来达到脱盐的目的。因此，它克服了普通乳清粉中无机盐和灰分较高、制品有涩味的缺点，拓宽了乳清粉的应用。此外，乳清粉的乳糖含量高、极易吸潮，可通过去除部分乳糖制得低乳糖乳清粉加以改善。事实上，随着乳糖的降低，该产品逐渐转到乳清浓缩蛋白方面。

（二）乳清蛋白制品的种类

膜分离技术广泛应用于乳品加工厂中，其应用范围不断增加，如预浓缩、部分脱矿物质、蛋白质分离、除菌、盐水澄清和废水回收利用等。这些操作单元应用于传统乳品加工过程，推动了新材料的发展，提高了产量、效果和品质。应用于乳加工的膜分离工艺过程如图 10-1 所示。

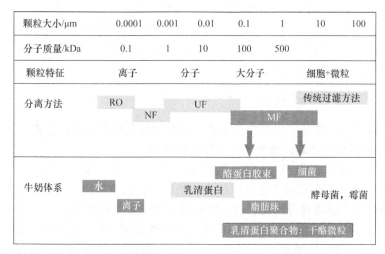

图 10-1 应用于乳加工的膜分离工艺过程概述（罗金斯基等，2009）
RO. 反渗透；NF. 纳滤；UF. 超滤；MF. 微滤

1. 乳清浓缩蛋白制品系列 在乳清中，通过超滤作用分离出的选择性浓缩蛋白被用来生产乳清浓缩蛋白（WPC）。它的蛋白质含量一般在 20%～80%，其上限受原料乳清残留脂肪含量的限制。它也同蛋白质一起被浓缩。通常商业上的 WPC 含 35% 的蛋白质（WPC-35），其含量经常作为脱脂乳粉的标准。因此，这种低蛋白质含量（低于 0.7%）的乳清最初被超滤浓缩成含 3%～4% 蛋白质和大约 9% 干物质的渗余物。渗余物在喷雾干燥前，被进一步蒸发浓缩。

蛋白质含量较高（如 50%、80%）的 WPC 只在透析与超滤结合的操作中产生。例如，在超滤过程中，可添加水来促进乳糖和离子成分的移动，使渗余物被浓缩，渗透流体流出。

2. 乳清分离蛋白 要在 WPC 的基础上更充分地去除非蛋白质组分，通常需要离子交换技术与超滤技术相结合或超滤与微滤相结合。蛋白质含量大约 90% 的乳清分离蛋白（WPI）通常采用了离子交换技术和超滤技术。经超滤处理产生的 WPI 的蛋白质含量高达 90% 以上。

三、普通乳清粉和脱盐乳清粉的加工技术

（一）普通乳清粉的加工技术

1. 乳清的预处理 生产干酪或干酪素排出的新鲜乳清首先要除去其中的酪蛋白微粒，

然后分离除去脂肪和乳清中的残渣，如不能及时进行浓缩加工，则要迅速冷却至 10℃以下，以抑制微生物的生长。

2. 杀菌　浓缩前先进行杀菌处理，杀菌条件为 85℃、15 s。

3. 浓缩　将乳清浓缩至干物质为 30%左右的浓度，排出的浓缩液再与新鲜乳清混合成浓度为 10%～15%的中间乳清，再经另一套蒸发器浓缩至最终所需浓度。乳清的浓缩也可利用反渗透设备进行。

4. 乳糖的预结晶　乳清浓缩至干物质浓度的 60%左右，然后放入贮罐中。如果立即喷雾干燥，乳清粉中乳糖含量高，生产的乳清粉有很强的吸湿性，容易结块。若要制得无结块乳清粉，浓缩之后要使浓缩乳清通过冷却结晶获得最多最细的乳糖结晶，并使乳糖以硬乳糖结晶状态析出。

首先将从蒸发器排出的温度约为 40℃的浓乳清迅速冷却至 28～30℃，然后将此浓缩液冷却至 16～20℃，泵入结晶缸进行乳糖的预结晶。在结晶缸中，在 20℃左右温度下保温 3～4 h，搅拌速度控制在 10 r/min 左右。浓缩乳清中含有 85%的乳糖结晶时，停止结晶。

5. 喷雾干燥　乳清粉的喷雾干燥工艺基本上与乳粉相同，但采用浓缩乳清中乳糖预结晶的工艺后，要求选用离心雾化喷雾器。

（二）脱盐乳清粉的加工技术

1. 脱盐乳清粉　脱盐乳清粉生产工艺基本与普通乳清粉相同。区别在于，脱盐乳清生产所用的原料乳清经脱盐处理，改变乳清中的离子平衡。

用经脱盐处理后的乳清生产的脱盐乳清粉味道良好，且蛋白质具有优良的质量、组织、稳定性、营养价值，可用于制造婴儿食品或母乳化奶粉，更适合婴儿生理要求与生长需要。

2. 乳清脱盐　脱盐通过纳滤、离子交换或电渗析除去矿物质和一些有机酸。最彻底的脱盐通过离子交换实现。如图 10-2 所示，乳清（或脱糖乳清）首先进入强阳离子交换器中，载入充满 H^+的树脂中，置换出乳清中的阳离子。得到的酸性乳清继续进入碱性离子交换器，阴离子被 OH^-置换。

电渗析法是有很高选择性的脱盐方法，以直流电作为推动力，使单价离子优先穿过半透膜。直流电极装置在底部，乳清的盐通过 5%的盐溶液除去。

四、乳清蛋白制品的加工技术

（一）WPC 制品的加工技术

1. 乳清预处理　在超滤前先将乳清进行预处理，包括：调整 pH、温度、添加钙或钙螯合剂并静置离心，或微滤以溶解胶体磷酸钙和/或去除不溶性的干酪凝块或细小粒子、乳脂肪和磷脂蛋白钙复合物。

2. 乳清超滤　超滤的适宜温度是 50℃（最高为 55℃）。对蛋白质含量超过 60%～65%的产品，有必要采用重过滤。

3. 干燥　超滤后的截留液需在冷藏条件下贮存（4℃），可采用 66～72℃、15 s 热处理截留液，可降低细菌总数。干燥前需将截留液浓缩以降低水分。采用特定设计的真空度高、蒸发温度低的降膜蒸发器能使蛋白质浓缩。最后采用离心雾化喷雾器，喷雾干燥使用的进、出口温度分别为 160～180℃和高于 80℃，视产品需要可采用流化床干燥。

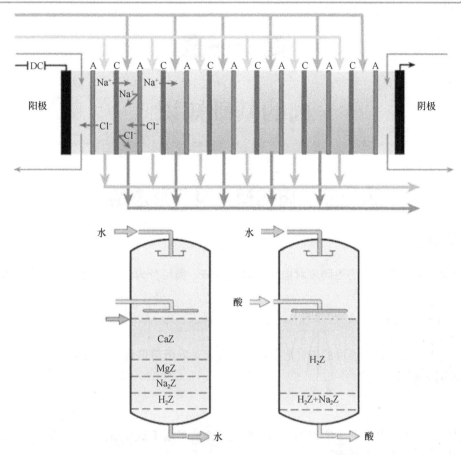

图 10-2 电渗析法离子交换技术（Gösta，1995）

（二）WPI 制品的加工技术

WPI 特指蛋白质含量不低于 90% 的乳清蛋白制品，通常需要离子交换技术与超滤技术相结合或超滤与微滤相结合。膜处理常依照分子质量来分离不同大小的乳清成分。微滤可以通过使用相当范围孔径的膜（＞0.1μm）除去细菌和脂肪球。超滤可用于分离（乳清）蛋白质，这些膜的特征是按分子质量的性质进行分离的。纳滤用于脱盐及反渗透分离除水。

第十一章

肉的基础知识

本章彩图

第一节　肉的概念及其形态结构

一、肉的概念

根据研究的对象和目的不同可对肉作不同的解释，肉可分为广义的肉、狭义的肉和其他概念等。

（一）广义的肉

广义的肉即人们通常所讲的肉，是指各种动物宰杀后所得可食部分的总称。包括肉尸、头、血、蹄和内脏部分。

（二）狭义的肉

狭义的肉即在肉品工业中所讲的胴体。它是指畜禽经屠宰放血后除毛（皮）、头、蹄、尾、内脏后的肉尸，俗称"白条肉"。

（三）其他概念

胴体以外的部分统称为副产品，如胃、肠、心、肝等称作脏器，俗称下水。"瘦肉"或"精肉"是指肌肉组织中的骨骼肌。而脂肪中的皮下脂肪称为肥肉或肥膘。

二、肉的形态结构

肉是由肌肉组织、脂肪组织、结缔组织和骨组织4部分组织构成的综合物。肉的形态结构能够影响肉的质量、营养价值和肉的性质。所以，了解肉的形态结构对原料肉的要求和利用、质量评定、加工工艺的改进等具有重要的意义。

（一）肌肉组织

1. 类型　肌肉组织是肉的主要组成部分，可分为骨骼肌、心肌、平滑肌三种，如图11-1所示。从食用和肉制品加工方面而言，肌肉组织具有较高的食用价值和商品价值。心肌仅存在于心脏；骨骼肌附着于骨骼上，又称横纹肌，占胴体的50%～60%，是食用最多的肉；平滑肌存在于内脏器官，诸如肾脏、胃、肝等。

2. 宏观构造　家畜体上有300块以上形状、大小各异的肌肉，但是基本结构是一样的，如图11-2所示为肌肉的宏观构造。肌肉是由许多肌纤维和少量结缔组织、脂肪组织、腱、血管、神经和淋巴等组成。从组织学看，肌肉组织是由丝状的肌纤维集合而成。肌纤维与肌纤维之间被一层很薄的结缔组织围绕隔开，此膜称为肌内膜；每50～150条肌纤维聚集成束，称为初级肌束；初级肌束被一层结缔组织膜包裹，此膜称为肌束膜；再由数十条初级肌束集结并被稍厚的膜包围，形成次级肌束；由十几条次级肌束集结在一起形成肌肉块，其外面包有一层较厚的肌外膜。此外，还有脂肪沉积其中，使肌肉断面呈现大理石样纹理。结缔组织膜在肌肉组织中起到支架和保护作用，血管、神经通过三层膜穿行其中，伸入到肌纤维的表面，以提供营养和传导神经冲动。但是，结缔组织膜的存在会使得肉制品难以咬动。因此，进行高档肉制品制作的时候需要去掉结缔组织膜。

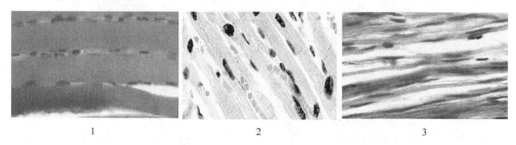

图 11-1　肌肉组织的三种类型（Ovalle and Nahirney，2013）
1. 骨骼肌组织；2. 心肌组织；3. 平滑肌组织

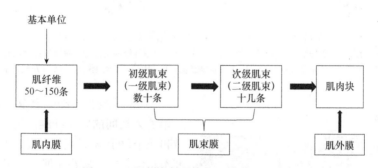

图 11-2　肌肉的宏观构造（袁仲，2012）

3. 显微构造

构成肌肉的基本单位是肌纤维（muscle fiber），又称肌纤维细胞，是一种高度特殊化的细胞，两端逐渐尖细。肌纤维是由肌原纤维、肌质和细胞核组成的呈细长多核的纤维细胞，长度由数毫米到 10 cm，直径只有 10～100 μm，如图 11-3 所示。

1）肌原纤维。肌原纤维是肌细胞独特的细胞器，是肌纤维的主要成分，肌肉的收缩和伸长就是由肌原纤维的收缩和伸长所致，可分为粗丝和细丝。由于粗丝和细丝的排列在某一区域形成重叠，从而形成了在显微镜下观察时可以看到肌纤维沿纵轴平

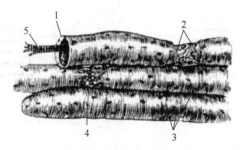

图 11-3　肌纤维的显微构造（尹靖东，2011）
1. 肌纤维膜；2. 肌纤维锥形末端；
3. 细胞核；4. 结缔组织；5. 肌原纤维

行、有规则排列的明暗条纹（图 11-4），即横纹，这也是"横纹肌"名称的来源。如图 11-4所示，肌原纤维占肌纤维固形成分的 60%～70%，在电镜下呈细长的圆筒状结构，其长轴与肌纤维的长轴平行。一个肌纤维含有 1000～2000 根肌原纤维，粗丝和细丝均平行的排列在整个肌原纤维中。

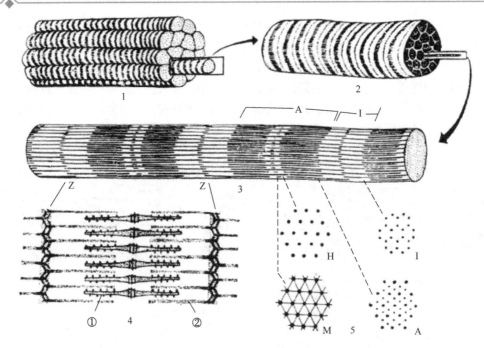

图 11-4　骨骼肌纤维的结构模式图（南庆贤，2003）

1. 肌纤维束；2. 肌纤维；3. 肌原纤维；4. 肌节；5. 肌原纤维横切；①. 肌球蛋白微丝与横突；
②. 肌动蛋白微丝；A. A 带及横切面；I. I 带及横切面；H. H 带及横切面；M. M 带及横切面；Z. Z 线

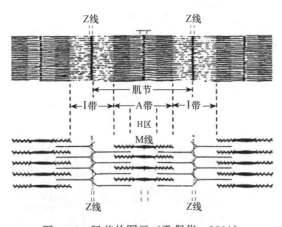

图 11-5　肌节的图示（孔保华，2011）

2）肌节是肌原纤维重复构造单位，指两个相邻 Z 线间的肌原纤维，包括一个完整的 A 带和两个位于 A 带两侧的 1/2 I 带。肌节的长度不是恒定的，取决于肌肉所处的状态，因此肌节也是肌肉收缩的基本机能单位（图 11-5）。肌肉收缩，肌节变短；肌肉松弛，肌节变长，而肌肉收缩状态与肉品的嫩度、保水性、产生的经济效益有很大关系。

3）肌质。肌质是肌纤维的细胞质，填充于肌原纤维间和核的周围，是细胞内的胶体物质，含水分 75%～80%。肌质内富含肌红蛋白、酶、肌糖原及其代谢产物和无机盐类等。如图 11-6 所示，在肌质内有肌质网，相当于普通细胞中的滑面内质网，呈管状或囊状，交织于肌原纤维之间。

4）溶酶体是肌质中的一种重要的细胞器，内含有多种能消化细胞和细胞内容物的酶，其显微结构见图 11-7。其中，能分解蛋白质的酶称为组织蛋白酶，有几种组织蛋白酶对某些肌肉蛋白质有分解作用，对肉的成熟有重要意义。

5）肌细胞核。骨骼肌纤维为多核细胞，如图 11-8 所示。核呈椭圆形，有规则的分布且紧贴在肌纤维膜下，核长约 5 μm，但因其长度变化大，所以每条肌纤维所含核的数目不定，一条几厘米的肌纤维可能有数百个核。

根据外观和代谢特点的不同，肌纤维可分为红肌纤维、白肌纤维和中间肌纤维三类（图 11-9）。红肌纤维的肌红蛋白含量高，其网状组织、钙离子的释放和运输均较慢，因此是以持续、缓慢的收缩为主；主要有心肌、横膈膜、呼吸肌及维持机体状态的肌肉。白肌纤维相比红肌纤维，肌红蛋白含量少，但其收缩速度快。有些肌肉全部由红肌纤维或白肌纤维构成，但大多数肉用家畜的肌肉是由两种或三种肌纤维混合而成。研究红肌纤维和白肌纤维最有代表性的例子是禽大腿部肉的红肌和胸部的白肌。

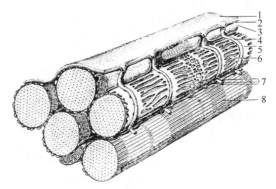

图 11-6　骨骼肌纤维的肌质网和 T 小管（南庆贤，2003）

1. 肌纤维膜的基板；2. 胞浆膜；3. 线粒体；4. T 小管；5. 肌质网的终末池；6. 肌质网；7. 三联管（中央为 T 小管，两侧为终末池）；8. 肌原纤维

（二）脂肪组织

脂肪组织是决定肉质的第二大要素，具有较高的食用价值，是由退化的疏松结缔组织和大量脂肪细胞积聚而成。脂肪细胞中心充满脂肪滴，原生质和细胞核被挤压到细胞边缘（图 11-10）。动物脂肪细胞直径为 30～120 μm，最大可达 250 μm。脂肪在活体组织内起着保护组织器官和供给能量的作用，且对于改善肉质、提高风味均有一定作用。脂肪在胴体中数量变化范围很大（占胴体的 15%～45%），畜禽的种类、品种、年龄、性别和饲养条件不同，脂肪的数量也不同。在畜禽体内脂肪多贮积在皮下、肾脏周围和腹腔内，也有的在肌肉中形成"大理石"状，这种肉较嫩而多汁，营养价值高，风味较好。猪多蓄积在皮下、肾周围及大网膜；羊多蓄积在尾根、肋间；牛主要蓄积在肌肉内；鸡蓄积在皮下、肾周围及肌胃周围。脂肪蓄积在肌束内最为理想，呈大理石样纹理，肉质较好。

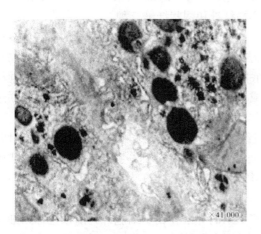

图 11-7　溶酶体的显微构造（石玉秀，2018）

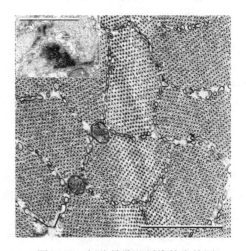

图 11-8　部分骨骼肌纤维的电镜图
（Ovalle and Nahirney，2013）

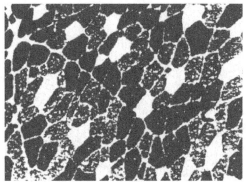

图 11-9　肌纤维的三种类型（孔保华，2011）

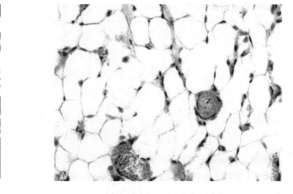

图 11-10　脂肪组织（石玉秀，2018）

（三）结缔组织

结缔组织是肉的次要成分，在动物体内起支撑和连接器官组织的作用，它在机体内分布最广，是强韧的组织，使肌肉保持一定的弹性和硬度。它分布于肌纤维间、内外肌鞘、血管壁、脂肪细胞间，另外，腱、腱膜、韧带、骨膜和软骨膜等都是由结缔组织构成的（图 11-11）。结缔组织由细胞、纤维和无定形的基质组成，一般占胴体的 9%～13%，其含量会影响肉的嫩度。但结缔组织在胴体内的含量随动物种类、品种、肥育状况、年龄、性别、使役状况等因素的不同而异。细胞主要为成纤维细胞，存在于纤维中间；纤维分为胶原纤维、弹性纤维和网状纤维三种。

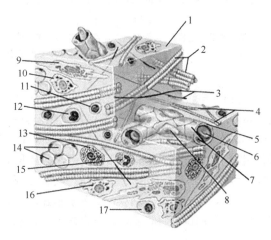

图 11-11　结缔组织的显微结构
（Ovalle and Nahirney，2013）

1. 无定形基质；2. 胶原纤维；3. 弹性纤维；4. 网状纤维；5. 毛细血管；6. 红细胞；7. 内皮细胞；8. 外膜细胞；9. 纤维原细胞；10、16. 巨噬细胞；11. 淋巴细胞；12. 单核细胞；13. 肥大细胞；14. 脂肪细胞；15. 嗜酸性粒细胞；17. 浆细胞

1. 结缔组织基质　由黏稠的蛋白质多糖（含有许多氨基葡聚糖）和结缔组织代谢产物和底物，如胶原蛋白和弹性蛋白的前体物共同构成。这两种物质及有关蛋白质具有润滑和联结的作用。

2. 结缔组织细胞　含有多种细胞，其中成纤维细胞、间充质细胞与肉品品质关系密切。成纤维细胞产生用于合成结缔组织胞外成分的物质，这些物质释放到细胞外基质后，可合成胶原蛋白和弹性蛋白。间充质细胞可能发展成为纤维细胞，也有可能变为储存脂肪的细胞，即成脂肪细胞。

3. 结缔组织纤维　与肌纤维不一样，结缔组织的纤维存在于细胞外，所以也称为细胞外纤维。包括胶原纤维、弹性纤维和网状纤维，显微结构如图 11-12 所示。结缔组织会降低肉的食用价值，其利用率很低，如牛肉结缔组织的吸收率为 69%。胶原纤维和弹性纤维均属于硬性非全价蛋白质，具有坚硬、难溶和不易消化的特点。

（1）胶原纤维　胶原纤维呈白色，故又称白纤维，长度不定，粗细不等，是构成结缔组织的主要成分（图 11-13）。胶原纤维主要存在于皮肤、肌腱、软骨等组织中，其化学成分主要是胶原蛋白，在沸水或弱酸中变成明胶，易被酸性胃液消化，但不容易被消化系统中的蛋白酶水解，可以被胶原酶水解。如果没有交联，胶原蛋白将失去力学强度，可溶解于中性溶液中。因此，随着动物年龄的增长，肌肉结缔组织中的交联，特别是成熟交联的比例增加，因此肉的嫩度降低，肉质变老。

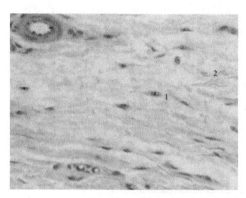

图 11-12　疏松结缔组织纤维的显微结构
（石玉秀，2018）
1. 成纤维细胞；2. 胶原纤维

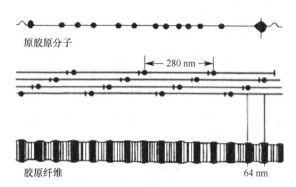

原胶原分子

280 nm

胶原纤维　　　　　　　　　64 nm

图 11-13　肉的胶原纤维（孔保华，2011）

（2）弹性纤维　　呈黄色，故又称黄纤维。主要分布在外肌鞘、血管壁、韧带等组织中，随年龄的增长而有增加的倾向。其化学成分为弹性蛋白，在 130℃以上加热才发生水解，在弱酸和弱碱中不溶解，但可被胃酸和胰液消化。高弹性的纤维蛋白，在韧带和血管中分布较多，在肌肉中一般只有胶原蛋白的 1/10。弹性蛋白化学性质稳定，不溶于水，抗弱酸和弱碱，加工难度高（图 11-14）。

（3）网状纤维　　网状纤维如图 11-15 所示。其主要成分是网状蛋白，主要分布于疏松结缔组织与其他组织的交界处，如在上皮组织的膜中脂肪组织、毛细血管周围均可见到极细致的网状纤维。

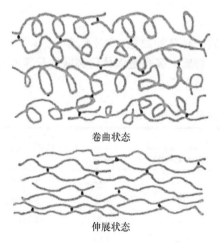

卷曲状态

伸展状态

图 11-14　肉的弹性纤维（石玉秀，2018）

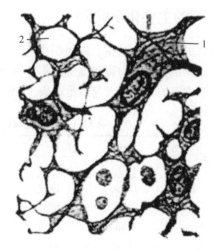

图 11-15　网状纤维结构（南庆贤，2003）
1. 网状纤维；2. 网眼

（四）骨组织

如图 11-16 所示，骨组织是肉的次要成分，作为动物机体的支柱组织，其食用价值和商品价值均较低。猪骨占胴体的 5%～9%；牛骨占 15%～20%；羊骨占 8%～17%；鸡骨占 8%～17%；兔骨占 12%～15%。骨由骨膜、骨质和骨髓构成。骨膜是由致密结缔组织包围在骨骼表面的一层硬膜，内含神经、血管。骨质依其致密程度分为骨密质和骨松质，骨密质主要分布于骨的表面，致密而坚硬；骨松质分布于骨的内部，疏松而多孔。骨髓位于长骨的骨罐腔和骨松质的间隙内，分为红骨髓和黄骨髓两种，红骨髓内含各种血细胞新鲜骨的构造和大量毛细血管，是重要的造血器官；黄骨髓主要是脂肪组织，具有贮存营养的作用。骨的无机质成分主要为钙和磷，将其粉碎可制成骨粉，用作饲料添加剂和肉制品的添加剂，也可用于其他食品以强化钙磷。

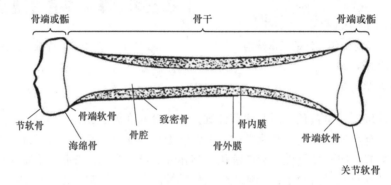

图 11-16　骨组织示意图（周光宏，2011）

第二节　肉的主要化学成分和特征

一、肉的主要化学成分

肉的化学成分是指肌肉组织中所含的各种化学物质的种类和数量，主要包含水分、蛋白质、脂肪、浸出物、矿物质和维生素等 6 种成分，这些化学物质大多也是人体所必需的营养成分。各种畜禽肉的化学组成及热量见表 11-1。

表 11-1　各种畜禽肉的化学组成及热量（袁仲，2012）

名称	含量/%					热量/（J/kg）
	水分	蛋白质	脂肪	碳水化合物	灰分	
牛肉	72.91	20.07	6.48	0.25	0.92	6 186.4
羊肉	75.17	16.35	7.98	0.31	1.92	5 893.8
肥猪肉	47.40	14.54	37.34	—	0.72	13 731.3
瘦猪肉	72.55	20.08	6.63	—	1.10	4 869.7
马肉	75.90	20.10	2.20	1.33	0.95	4 305.4
鹿肉	78.00	19.50	2.25	—	1.20	5 358.8
兔肉	73.47	24.25	1.91	0.16	1.52	4 890.6

续表

名称	含量/%					热量/（J/kg）
	水分	蛋白质	脂肪	碳水化合物	灰分	
鸡肉	71.80	19.50	7.80	0.42	0.96	6 353.6
鸭肉	71.24	23.73	2.65	2.33	1.19	5 099.6
骆驼肉	76.14	20.75	2.21	—	0.90	3 093.2

（一）水分

水是动物体内含量最多的成分，不同组织水分含量差异很大，其中肌肉组织含水量为70%～80%；骨骼含水量为12%～15%；脂肪组织含水量为4%～40%。肉中脂肪越多，水分含量越少；老年动物比幼年动物含水量少。肉中水分的含量与存在状态影响肉的品质、加工特效、储藏性和风味。肉中的水分以下列三种形式存在。

1. 结合水　肉中结合水的含量大约占总水量的5%。结合水是指与蛋白质分子表面借助极性基团与水分子之间的静电引力紧密结合而形成的一层水分子。水分子排列有序，不易受肌肉蛋白质结构和电荷的影响，即使施加外力，也不能改变其与蛋白质分子结合的紧密状态。结合水与自由水的性质不同。它的蒸气压极低，冰点约为−40℃，无溶解特性。

2. 不易流动水　肌肉中水分的80%是以不易流动的状态存在于纤丝、肌原纤维及肌细胞膜之间。此水层离蛋白质亲水基团较远。水分子排列不够有序，易受蛋白质结构和电荷变化的影响，能溶解盐及溶质，并可在−1.5～0℃时结冰。肉的保水性能主要取决于此类水的保持能力。不易流动水的量取决于肌原纤维蛋白凝胶的网状结构变化。

3. 自由水　约占水分总量的15%，指存在于细胞外间隙中能够自由流动的水，仅靠毛细管作用力而保持，不依靠电荷基定位排序。

（二）蛋白质

肉中蛋白质含量约占20%，依其构成位置和在盐溶液中的溶解度可分成肌原纤维蛋白（图11-17）、肌质蛋白、基质蛋白三类。它们一般分别占总蛋白质的40%～60%、20%～30%、10%。这些蛋白质的含量因动物种类、解剖部位等不同而有一定的差异（表11-2）。

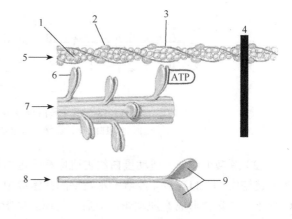

图11-17　肌原纤维蛋白（Ovalle and Nahirney，2013）

1. 肌动蛋白；2. 肌钙蛋白；3. 原肌球蛋白；4. Z线；5. 细丝；6. 肌凝钙蛋白头部；7. 粗丝；8. 肌凝蛋白分子；9. 头部

表11-2　动物骨骼肌中不同种类蛋白质的含量（袁仲，2012）　　（单位：%）

种类	哺乳动物	禽类	鱼肉
肌原纤维蛋白	49～55	60～65	65～75
肌质蛋白	30～34	30～34	20～30
基质蛋白	10～17	5～7	1～3

1. 肌原纤维蛋白　　占肌肉蛋白质总量的 40%～60%，主要包括肌球蛋白、肌动蛋白、肌动球蛋白、原肌球蛋白和肌钙蛋白。肌原纤维是肌肉收缩的单位，肌原纤维蛋白的含量随肌肉活动而增加。肌球蛋白与肌动球蛋白具有在一定条件下形成热诱导凝胶的特性，这是一项非常重要的工艺特性，它直接影响碎肉或肉糜类制品的嫩度、保水性和风味等。

（1）肌球蛋白　　是肌肉中含量最高也是最重要的蛋白质，约占肌肉总蛋白质的 1/3，占肌原纤维蛋白的 50%～55%。肌球蛋白是粗丝的主要成分，构成肌节的 A 带，其结构如图 11-18 所示，由两条肽链相互盘旋构成，形似"豆芽"。不溶于水或微溶于水，在中性盐溶液中可溶解，属于盐溶性蛋白，在饱和的 NaCl 或（NH$_4$）$_2$SO$_4$ 溶液中可盐析沉淀，等电点为 5.4。在 55～60℃发生凝固，易形成黏性凝胶。肌球蛋白形成热诱导凝胶的特性直接影响碎肉或肉糜类制品的质地、保水性等。

如图 11-18 所示，肌球蛋白的头部有 ATP 酶，Ca^{2+}是激活剂，Mg^{2+}是抑制剂，可与肌动蛋白结合形成肌动球蛋白，与肌肉的收缩直接有关。ATP 酶活性，可以分解 ATP 产生能量，供肌肉收缩。肌肉的收缩是粗丝和细丝的活动引起的，肌球蛋白是粗丝的主要成分，故肌动蛋白是细丝的主要成分。

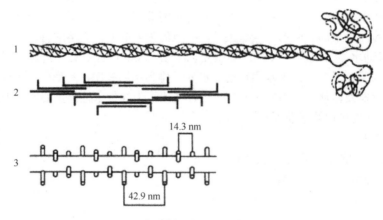

图 11-18　肌球蛋白示意图（孔保华，2011）

1. 一个肌球蛋白分子；2. 在一条粗丝中的肌球蛋白；3. 一条粗丝

（2）肌动蛋白　　肌动蛋白约占肌原纤维蛋白的 20%，是构成细丝的主要成分，只由一条多肽链构成（图 11-19）。能溶于水及稀的盐溶液中，等电点为 4.7。在磷酸盐和 ATP 的存在下，G-肌动蛋白聚合形成 F-肌动蛋白。后者与原肌球蛋白等结合成细丝，在肌肉收缩过程中与肌球蛋白的横突形成交联（横桥），共同参与肌肉的收缩过程。

（3）肌动球蛋白　　是肌动蛋白与肌球蛋白的复合物，肌动球蛋白的黏度很高。肌动蛋白与肌球蛋白的结合比例为 1：（2.5～4），由于其聚合度不同，相对分子质量不定。肌动球蛋白也具有 ATP 酶活性，Ca^{2+}和 Mg^{2+}都能激活。肌动球蛋白能形成热诱导凝胶，影响肉制品的工艺特性。

（4）原肌球蛋白　　如图 11-19 所示，是一种由两条平行的多肽链扭成螺旋的长杆状蛋白质。原肌球蛋白与肌动蛋白结合，位于肌动蛋白双螺旋的沟中。加强和稳定肌动蛋白丝，抑制肌动蛋白与肌球蛋白结合。

（5）肌钙蛋白　　又称肌原蛋白，沿着细丝结合在原肌球蛋白上（图 11-19）。肌钙蛋白有三个亚基：钙结合亚基是 Ca^{2+}的结合部位；抑制亚基能高度抑制肌球蛋白中 ATP 酶的活性，从而阻止肌动蛋白与肌球蛋白结合；原肌球蛋白结合亚基能结合原肌球蛋白，起连接的作用。

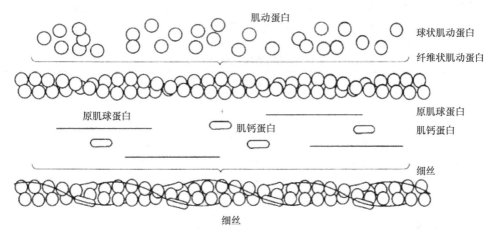

图 11-19　细丝的结构（尹靖东，2011）

2. 肌质蛋白　　占肉中蛋白质含量的 20%～30%。它是指浸透于肌原纤维内外的液体和悬浮于其中的各种有机物、无机盐及亚细胞结构的细胞器等。它是肉中最易提取的蛋白质，通常把肌肉磨碎压榨便可挤出肌质，包括肌溶蛋白、肌红蛋白（图 11-20）、肌球蛋白、肌粒蛋白和肌质酶等。这些蛋白质易溶于水和中性盐溶液，故称为可溶性蛋白质，肌质蛋白的主要功能是参与肌细胞中的物质和能量代谢。其中的肌质酶与生物体内的糖代谢有关，而肌红蛋白是一种复合性的色素蛋白质，有多种衍生物，是肌肉呈现红色、褐色、亮红色等不同颜色的主要原因。

图 11-20　肌红蛋白空间结构（周光宏，2011）

3. 基质蛋白　　基质蛋白占肉中蛋白质总量的 10%左右，属于非全价硬性蛋白质，又称结缔组织蛋白质或间质蛋白质。基质蛋白质是构成肌内膜、肌外膜、肌束膜和腱的主要成分，它包括胶原蛋白、弹性蛋白、网状蛋白和黏蛋白等，这些蛋白质在酸碱的作用下难以分解，是稳定的蛋白质。基质蛋白质多的肉其营养价值就低。肌肉蛋白质的氨基酸含量及组成与人体非常接近，肉中含有人体所需的各种必需氨基酸，因此肉类蛋白质营养价值高。

（三）脂肪

脂肪是食用肉中的另一个重要组分，其在肌肉中含量的变动范围最大（1%～20%），主要取决于畜禽的肥育程度、品种、解剖位置、年龄等因素。它直接影响肉的嫩度和多汁性，并且由于脂肪酸的组成不同，而在一定程度上决定了各种不同畜禽肉具有独特的风味。

肉的脂肪分为两种：一种是蓄积脂肪，包括皮下脂肪、肌间脂肪和肾周围脂肪等；另一种为组织脂肪，分为脏器内的脂肪和肌肉脂肪。家畜脂肪组织的主要成分为中性脂肪（甘油三酯），约占 90%；水分为 7%～8%；蛋白质为 3%～4%；此外，还有少量的磷脂、固醇脂、色素及脂溶性维生素。

肉类脂肪有 20 多种脂肪酸。其中饱和脂肪酸以硬脂肪酸和软脂肪酸居多；不饱和脂肪酸以油酸居多；其次是亚油酸。含饱和脂肪酸多，则熔点和凝固点高，脂肪组织比较硬。不同动物脂肪酸组成见表 11-3。牛、羊脂肪较猪脂肪硬脂肪酸含量高，亚油酸含量低，脂肪较硬。

表 11-3　不同动物脂肪酸组成（孔保华，2011）　　　　　　（单位：%）

脂肪酸种类	牛脂肪	猪脂肪	羊脂肪	鸡脂肪
硬脂肪酸	41.7	18.7	34.7	8.0
油酸	33.0	40.0	31.0	52.0
棕榈酸	18.5	26.2	23.2	18.0
亚油酸	2.0	10.3	7.3	17.0
熔点/℃	40~50	33~38	40~48	28~38

（四）浸出物

包括含氮浸出物和无氮浸出物。它是指除蛋白质、盐类、维生素外能溶于水的浸出物质。组织中的浸出物成分总含量为 2%~5%，其中主要为含氮化合物，且与肉的风味有很大关联。

1. 含氮浸出物　　为非蛋白质的含氮物质，是肉滋味和香气的主要来源。含氮浸出物有核苷酸类（ATP、ADP、AMP、GMP）、游离氨基酸、磷酸肌酸、肌苷及尿素等。

2. 无氮浸出物　　为不含氮的可浸出有机化合物，包括碳水化合物和有机酸。肉中碳水化合物有糖原、葡萄糖、麦芽糖、核糖、糊精等；有机酸主要是乳酸及少量的甲酸、乙酸、丁酸、延胡索酸等。无氮浸出物影响肉的 pH、保水性及贮藏性。

（五）矿物质

肉中的矿物质含量在 1%左右，成分变化较小，种类较多，其中有常量元素钠、钾、钙、镁、磷、氯、硫等，尤其是钾、磷含量最多；微量元素锰、锌、铜、镍、钴等，这些矿物质在肌肉中的存在形式有两种，即以游离状态和螯合状态存在于肌肉中，其中锌能降低肉的保水性。

（六）维生素

肉中的维生素含量不高，但主要是 B 族维生素，因此，肉制品是人们获取 B 族维生素的主要食物来源，尤其是猪肉维生素 B_1 的含量较其他肉类要多。而动物脏器则含有较多脂溶性维生素，如牛的肝脏中的维生素 A 的含量特别丰富。

二、各种畜禽肉的特征

（一）猪肉

猪肉中含有较高的脂肪蓄积量，且有明显的皮下脂肪（肥肉）层。其肉色鲜红发亮，肌肉纤维较细嫩，肌肉间筋膜较少，联结紧密，富有弹性，无异常气味。

（二）牛肉

牛肉的颜色较猪肉深，大部分牛肉呈红褐色，肌肉间往往夹杂着数量不等的浅黄色或黄色脂肪，形成"大理石"状条纹。牛肉的组织较硬而有弹性，肌肉纤维较粗，肌束间有较厚的结缔组织膜。随牛的年龄、品种、性别等不同，牛肉的气味、滋味和嫩度等也有差异。一般牛肉都具有特殊的滋味和气味，而黄牛肉较水牛肉的风味佳，肉质较细嫩。

（三）鸡肉

鸡味道鲜美，皮肤形态特殊，鸡肉纤维细嫩。肌肉的颜色因部位不同而异，大部分肌肉呈白色或灰白色，只有腿部肌肉略带灰红色，肉色较深，无异常气味。

（四）羊肉

羊肉的显著特征是其具有独特的膻味，且膻味的轻重与品种的不同有关。通常来说，绵羊的膻味较山羊要重。绵羊肉的纤维较山羊细嫩，羔羊肉较成年羊肉细嫩味美。

第三节　肉的主要物理性状

肉的物理性状有很多，主要物理性状是指肉的色泽、香气和滋味、嫩度、保水性、密度、比热容和导热等。

一、肉的色泽

肉的颜色来源有两方面，一个是肉本身所含的肌红蛋白和细胞色素；另一个是残留血液中的血红蛋白，使得肉呈现深浅不一的红色。但通常屠宰的畜禽，血红蛋白在胴体中残留很少，如果放血充分，肌红蛋白能够占据肉中色素的 80%～90%，所以肉的色泽主要是由肌红蛋白决定。肌红蛋白和血红蛋白都属结合蛋白质，它们是由亚铁血红素与珠蛋白所组成，其中亚铁血红素所含的铁原子能与氧分子结合或分离，从而使肉呈现不同的颜色。刚屠宰的肌肉因肌红蛋白与氧结合生成氧肌红蛋白，肉呈鲜红色，为鲜肉的标志。当肉贮存较久时，肌红蛋白发生氧化生成氧化型肌红蛋白，二价铁转换为三价，肉呈褐色，但此时肉的质量并没有起变化；当肉继续存放下去，则会发生肌红蛋白或血红蛋白的分解，肉呈绿色或灰色，这时肉开始腐败变质。除此以外，肉品加工中添加的一些辅料也会与肌红蛋白结合，使肉色发生变化，如腌肉加热后呈亮红色，就是肌红蛋白与亚硝酸盐结合生成亚硝酸基肌红蛋白所致。

二、肉的香气和滋味

肉的香气和滋味共同构成肉的风味，尽管形成风味的物质在肉中很少，其成分也非常复杂，但它们对肉的食用价值影响较大。

（一）肉的香气

气味是肉中具有挥发性的物质随气流进入鼻腔，刺激嗅觉细胞通过神经传导到大脑嗅区而产生的一种刺激感，令人愉悦的气味称为香气。肉的香气分为两类，一种是生鲜肉的香气，另一种是肉加热产生的香气。一般各种畜禽都具有各自的特有气味，如生牛肉、猪肉没有特殊气味，羊肉有膻味，狗肉、鱼肉有腥味，而雄性畜肉都有一种特殊性气味。肉香味化合物主要是通过脂肪氧化、美拉德反应和维生素 B_1 降解生成的，如牛肉味主要来自维生素 B_1 降解生成的 2-甲基-3-呋喃硫醇。

（二）肉的滋味

肉的滋味是由各种非挥发性的呈味物质通过人的舌面味蕾后再经神经传导到大脑而反映

出的味感。正常的鲜肉具有甜、鲜、咸、酸、苦等 5 种滋味，这些滋味分别是不同的物质所产生。有试验表明，在脂肪中加入葡萄糖、肌苷酸、含有无机盐的氨基酸并在水中加热后，能产生与肉相同的风味，这证明了这些物质是产生肉风味的前提物质。

三、肉的嫩度

肉的嫩度决定了它在食用时的口感，反应了肉的质地，由肌肉中各种蛋白质结构特性所决定。嫩度是肉的主要食用品质之一，也是消费者比较重视的感官指标之一。

（一）嫩度的评定

有感官评定和实验室评定两种方法。肉嫩度的感官评定主要根据肉的柔软性、嚼碎性和可咽性来判断。柔软性即肉与口腔接触时的触觉，一般嫩肉感觉柔软，老肉呈木质化；嚼碎性指牙齿咬断肌纤维的难易程度；可咽性可用咀嚼后肉渣的多少及咀嚼后到下咽时所需的时间来衡量。对肉嫩度的实验室评定是借助仪器来衡量肉的切断力（剪切力）、压缩力、弹力、拉力和穿透力等指标，常用的是切断力。当肉的切断力大于 4 kg 时，就属于较老的肉，不受消费者欢迎。

（二）影响肉嫩度的因素

肉的嫩度不仅与遗传因子有关，也受肌肉纤维的结构和粗细、结缔组织的含量及构成、加热处理和肉的 pH、宰后肉的僵直与成熟等因素的影响。一般来说，畜禽体格越大，其肌纤维越粗，肉就越老；公畜肉较母畜肉粗糙，肉也较老；年龄越小，肌纤维越细，结缔组织成熟交联越少，肉就越嫩；运动越多、负荷越大的部位，肉较老，如后腿部肌肉就较前腿肌肉老。加热对肌肉嫩度的影响受到加热的温度、时间及肌肉蛋白质的结构与特性的多重影响，因此，热处理可能使肉变嫩或变硬。一般地说，结缔组织含量多的肉加热会改善其嫩度，而肌肉组织在 65～75℃ 加热时，其嫩度则会降低。超过这一温度后，胶原蛋白能降解为明胶，反而改善了肉的嫩度。

（三）肉的人工嫩化技术

可通过人为破坏肉的结构和结缔组织以使肉嫩化，一般方法有蛋白酶法、电刺激法和高压处理法等。

1. 蛋白酶法　主要利用植物蛋白酶嫩化肉类，常用的有木瓜蛋白酶、无花果蛋白酶及菠萝蛋白酶等。酶对肉的嫩化作用主要是对蛋白质的水解所致，使用时应控制酶的浓度和作用时间。目前已开发出多种酶嫩滑剂，包括粉状、液态等，也能在家庭中使用，使用方便。

2. 电刺激法　电刺激可加速肌肉代谢，缩短肉的成熟时间，也能够引起肌肉痉挛性收缩从而破坏肌纤维，改善肉的嫩度。据报道，美国对牛、羊胴体电刺激后，其嫩度可提高 23%，对猪肉所进行的电刺激效果不明显，只提高嫩度 3%左右。

3. 高压处理法　给肉施加高压（100～1000 MPa）可破坏肉肌纤维中的亚细胞结构，使 Ca^{2+} 释放，同时也释放组织蛋白酶，进而发生蛋白质水解、变性，导致肉的嫩化。

四、肉的保水性

（一）保水性的概念

肉的保水性又称持水性、系水性，即指肉在压榨、加热、切碎、搅拌、冷冻等外力作用下，能保持其自身水分和添加水分的能力。肌肉的保水性是一项重要的品质性状，它直接影响肉的嫩度、多汁性和营养等食用品质。而且还可间接影响肉品的成品率，从而影响肉品的经济价值。例如，若肌肉的保水性较好，人为地加水分，可提高肉品成品率；若肌肉保水性能差，在宰后烹调前的存放过程中，肉因失水而失重，可造成经济损失。

（二）影响保水性的因素

影响肉的保水性的因素有许多，其主要因素如下。

1. 动物肉的宰前及宰后因素　包括畜禽种类、品种、年龄、性别、饲养条件、肌肉部位及宰后的屠宰工艺、胴体贮存、尸僵阶段时间、熟化等，都会影响肉的保水性能。

2. 肉的pH　保水性随肉的 pH 变化而变化，刚宰后的肉，pH 在 6.5～6.7 时，保水性较高；当 pH 在 5.0 时，保水性最低。pH 通过改变蛋白质分子的静电荷数量从而影响肉的保水性。其影响机理是通过下列两条途径来完成的：其一，静电荷能对水分子产生强有力的吸引，形成以蛋白质分子为中心的吸水基团；其二，静电荷使蛋白质分子间具有静电相斥，使蛋白质的网状结构松弛，空间结构变大，给水分子留下空间，增加肉的保水性。

3. 尸僵和成熟　肉在尸僵阶段处于收缩状态，pH 降至 4～5.5，肌球蛋白和肌动蛋白间空间减少，导致肉的保水性下降；成熟的肉 pH 逐渐升高，尸僵消失，其保水性增加。

4. 加热　肉加热时保水能力明显降低，加热程度越高，保水性下降越快。其原因是蛋白质分子受热后变性，使肌原纤维收缩，空间结构变小，水分子被挤压出来。

5. 无机盐　影响肌肉保水性的无机盐主要有食盐和磷酸盐。其中，食盐对肉保水性的影响取决于肌肉的 pH，因此食盐既可提高肌肉的保水性，又可能降低肌肉的保水性；而磷酸盐可提高肌肉的保水性。

第四节　肉的成熟与变质

动物屠宰后，随着呼吸的停止，需氧的生化反应相应结束。但由于其他反应仍持续进行，因此，肉的质量时刻都在发生变化，其变化过程大致可分为僵直、成熟和腐败变质三个过程阶段。

一、肉的僵直

肉的僵直是指畜禽屠宰后的胴体经过一段时间，肉的弹性和伸展性逐渐消失，关节失去活动性，肉尸由热变冷，由软变硬，这个过程叫僵直，又称尸僵。处于尸僵阶段的肉，硬度大，肉质粗糙，加热时不易煮烂，并且肉汁流失较多，缺乏风味，不适用于加工和食用。一般家禽的僵直期较短，而鱼类的僵直期则更短，在死后 0.1～0.2 h 开始僵直。

（一）僵直的原因

一般活体肌肉的 pH 保持中性（7.0～7.2），动物在宰杀后血液循环停止，肌肉的供氧被中断。随后发生酵解作用，糖原酵解形成乳酸导致肉的 pH 下降。但哺乳动物肌肉的 pH 通常下降至 5.4～5.5 时就不再降低了，这是由于肉中的 ATP 分解生成的胺和低 pH 使得糖原酵解酶的活性受阻，糖原酵解终止。这个最低的 pH 称极限 pH。动物死后由于 ATP 的减少及 pH 的下降，肌质网功能失常而崩解，致使 Ca^{2+} 浓度增高。这促使了粗丝中肌球蛋白 ATP 酶活化，进一步加快 ATP 减少，促进 Mg-ATP 复合体的解离。结果导致肌动蛋白和肌球蛋白结合形成肌动球蛋白，发生不可逆的肌肉收缩，表现为肉尸的僵硬现象（图 11-21）。

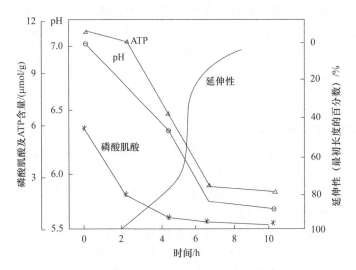

图 11-21　死后僵直期肌肉物理和化学的变化（牛肉在 37℃下）（孔保华，2011）

（二）加工过程中的僵直

1. 冷收缩　　牛肉、羊肉和火鸡肉等的 pH 下降到 5.9～6.2 之前（僵直状态完成之前），在 0～1℃的条件下冷却，引起肌肉的显著收缩现象即冷收缩。可通过电刺激，使肌肉中的 ATP 迅速消失，pH 迅速下降，僵直迅速完成的方法来防止。

2. 解冻僵直　　肌肉在僵直未完成前进行冻结，仍含有较高的 ATP，解冻时由于 ATP 发生强烈且迅速的分解而产生的僵直现象，称为解冻僵直。解冻时肌肉产生强烈的收缩，收缩的强度较正常的僵直剧烈得多，并有大量的肉汁流出。为了避免肉汁的流出，可在肌肉形成最大僵直之后再进行冷冻。

（三）僵直的开始和持续时间

肌肉中 ATP 开始减少，肌肉的伸展性开始消失，同时伴随着硬度的增加，此时开始发生僵直。当 ATP 消耗完，粗丝和细丝之间会紧密结合，此时肌肉的伸展性完全消失，即达到最大僵直期。僵直开始和持续的时间因动物的种类、品种、宰前状况、贮存温度、宰后肉的变化及不同部位而异。一般鱼类尸僵早于畜禽类，贮存温度高的早于温度低的，且温度高持续的时间短。此外，药物对尸僵也有影响，在屠宰前若静脉注射 $MgSO_4$，肌肉保持松弛的时间长，尸僵发生得晚；若注射钙盐或肾上腺激素，则糖的酵解加快，尸僵发生得也快。不同动物尸僵时间见表 11-4。

表 11-4　尸僵开始和持续时间（南庆贤，2003）

肉尸种类	开始时间/h	持续时间/h	肉尸种类	开始时间/h	持续时间/h
牛肉尸	死后 10	72	鸡肉尸	死后 2.5～4.5	6～12
猪肉尸	死后 8	15～24	鱼肉尸	死后 0.1～0.2	2
兔肉尸	死后 1.5～4	4～10			

二、肉的成熟

尸僵完全的肉在冰点以上的温度下放置一定时间后，尸僵开始缓解，肉的硬度下降，保水性和风味均得到较大的改善，称为肉的成熟。在肉的成熟过程中，肉的内部会产生一系列变化，肉的品质显著提升。新鲜肉组织中存在的蛋白清化酶（蛋白酶）能很快使肉更加柔嫩。这些酶使肉的一些特定成分通过化学变化而分解，如结缔组织和肌纤维。而且这些酶在烹调产生的高温下仍具有活性。

（一）肉成熟的机制

肉在成熟期间，肌原纤维和结缔组织的结构会发生显著变化。

1）肌原纤维小片化。刚宰后的肌原纤维与活体肌肉一样，由数十到数百个肌节构成，而成熟肉则断裂成 1～4 个肌节相连的小片状。

2）肉尸中肌动蛋白和肌球蛋白纤维之间结合变弱。

3）肌肉中结构弹性网状蛋白含量减少。结构弹性网状蛋白随着肉的保藏时间和弹性的消失而减少，其结构开始松弛，变得无序、松散，弹性达到最低值时，结构弹性网状蛋白的含量也达到最低值。成熟肉的肌肉弹性降低或消失。

（二）成熟肉的特征

1）肉呈酸性，pH 为 5.7～6.1。肉在成熟过程中 pH 发生显著的变化，刚屠宰时肉的 pH 接近中性，尸僵时 pH 达到最低（5.4～5.6），随后随着保藏时间的延长而开始缓慢上升，肉成熟时 pH 达 5.7～6.1。

2）胴体表面形成一层干燥薄膜，此膜可防止微生物入侵，起保护作用，用手触摸时，光滑而微有沙沙的声响。

3）肉的切面有汁液渗出，这与肉在成熟时保水性能增强有关。成熟肉的 pH 逐渐增高，偏离了等电点，蛋白质静电荷增加，这使蛋白质的结构疏松分解成较小的单位，从而引起肌肉纤维渗透压增高，因而肉的保水性增高。

4）具有芳香气味和独特滋味。这是由于肉在成熟过程中，蛋白质在组织蛋白酶的作用下分解，各种游离氨基酸的含量增加，其中对肉的滋味和香气有增进作用的氨基酸包括谷氨酸、精氨酸、亮氨酸、缬氨酸、甘氨酸等。此外，肉在成熟过程中 ATP 分解产生肌苷-磷酸（IMP），它是风味的增长剂。

5）肉的组织柔软性提高，且有弹性，易煮烂，容易消化吸收。

（三）肉成熟的时间

肉成熟的时间和温度有关，在 0℃和相对湿度（RH）80%～85%的条件下，牛肉约 14 d 达到成熟的最佳状态；而温度在 10℃时为 4～5 d；15℃时为 2～3 d；当温度提高到 29℃贮存时，仅需数小时就能使肉成熟完毕。但同时，温度的升高也会促进微生物的活动，从而导致肉的变质。所以，国内一般采用在较低温度条件下使肉成熟，即在温度控制在 0～4℃的冷库内保藏。

从以上种种特征来看，肉的成熟无论从经济、卫生、营养及风味等方面均有重要意义。所以，大部分肉制品所用的原料肉都是成熟肉。但制作香肠、灌肠等肉制品时，应尽量使用新鲜肉或冷却肉为好，因成熟肉结着力差，影响产品的组织状况。

（四）成熟后的异常肉

（1）DFD 肉　　宰后肌肉 pH 高达 6.5 以上，形成暗红色、质地坚硬、表面干燥的干硬肉。猪屠宰后 24 h，pH>6.0，同时伴有肉为暗褐色及表面干燥，其失水率<5%（图 11-22）。

（2）PSE 肉　　苍白、质地松软、汁液渗出肉。应激产生，屠宰 pH 下降太快，胴体温度依旧很高，产生明显的肌肉蛋白质变性，使重量损失达到正常肉的 2 倍。常发生于对应激敏感并产生综合征的猪上（图 11-22）。

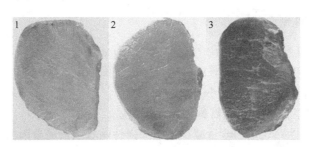

图 11-22　成熟后的异常肉与正常肉（金昌海，2018）
1. PSE 猪肉；2. 正常肉；3. DFD 猪肉

三、肉的腐败

（一）肉腐败的概念

肉类的腐败也称变质，是成熟过程的继续。它是指肉类在微生物的作用下由高分子化合物（蛋白质、脂肪）分解成低分子化合物的变化，由于所发生的关于肉的成分与感官性质的各种酶性或非酶性变化及夹杂物的污染，从而使肉降低或丧失食用价值。

（二）腐败的原因

肉类腐败实际上是由污染的微生物生长繁殖所致。而健康畜禽其血液和肌肉中通常是无菌的，肉类微生物的主要来源是外界环境，即肉类在屠宰、加工、流通等过程中所受的污染。肉在成熟阶段的分解产物，为这些腐败微生物的生长、繁殖提供了良好的营养物质，并以各种方式对肉产生作用，结果使肉分解产生对人体有害、有毒的代谢产物，从而完全丧失肉的经济与食用价值。肉的变质包括肉中脂肪与蛋白质的腐败分解过程。其中脂肪的氧化腐败与水解较易发生。脂肪的氧化腐败是在微生物、氧气、水、光的作用下先形成不稳定的过氧化物，并进一步分解成有不良气味的醛类和酮类物质；而脂肪的水解则是在水、高温、脂肪酶、酸或碱的作用下，水解成甘油和脂肪酸的过程，其中的低分子脂肪酸一般都有不良气味。蛋白质的腐败分解过程要比脂肪的变质复杂得多，蛋白质首先分解为多肽，进而形成氨基酸，然后在微生物分泌的酶的作用下，发生复杂的生物化学变化，最终生成胺、氨、硫化氢、二氧化碳、酚、吲哚、3-甲基吲哚、硫醇等腐败产物。至此，肉的感官性状发生严重恶化，营养价值遭受破坏，伴随着这些有毒物质的产生，腐败肉类能引起人们食物中毒。

（三）腐败肉的特征

1）腐败肉表面非常干燥或发黏，呈灰绿色。
2）有明显的腐败味。

3）肉呈碱性反应。

4）组织松软、无弹性。

四、肉的感官评定

肉的感官评定主要是借助于人们的感觉器官——眼、鼻、口、手等对肉的新鲜度所进行的综合鉴定，是肉新鲜度检查的主要方法。

（一）感官检查的内容

1）视觉。观察肉的组织状态、粗嫩、黏性、干湿、色泽等。

2）嗅觉。闻肉有无气味，气味强弱、香、臭等。

3）味觉。品尝肉的滋味，包括鲜美、香甜、苦涩、酸臭等。

4）触觉。感受肉的坚实、松弛、弹性、拉力等。

（二）几种鲜肉的感官要求

肉的感官要求应符合《食品安全国家标准 鲜（冻）畜、禽产品》（GB 2707—2016），该标准适用于鲜（冻）畜、禽产品，如表 11-5 所示。

表 11-5　感官要求（GB 2707—2016）

项目	要求	检验方法
色泽	具有产品应有的色泽	取适量试样置于洁净的白色盘（瓷盘或同类容器）中，在自然光下观察色泽和状态，闻其气味
气味	具有产品应有的气味，无异味	
状态	具有产品应有的状态，无正常视力可见外来异物	

第十二章

畜禽的屠宰与分割肉加工

第一节　畜禽屠宰前的检验与管理

为了防止肉品污染、提高肉品质量、保证肉品卫生，务必对畜禽进行宰前选择、检验与管理。通过宰前临床检查，可以初步确定家畜的健康状况，尤其是能够发现许多在宰后难以发现的传染病，及时处理不仅能减少损失，还可以防止牲畜疾病的传播。此外，合理的宰前管理，不仅能保障畜禽健康，降低病死率，而且也是获得优质肉品的重要措施。

一、肉用畜禽的选择

选用的屠宰畜禽必须符合国家颁布的《家畜家禽防疫条例》，畜禽产品具有动物检疫证明，猪肉还应具有肉品品质检验合格证，并经检疫人员出具检疫证明，保证健康无病。此外，也应选择性别、畜龄适合的畜禽，以肥度适中、屠宰率高为原则。

（一）性别

畜禽性别可以影响肌肉的产量和品质。通常雄性畜禽（特别是猪）肌肉脂肪少，肌纤维粗，肉质有粗糙感。公猪具有特异性气味，不适于作肉品原料。生产上应尽早去势，晚去势的猪肉质粗糙，缺乏香味，公猪去势后各部比较充实匀称，瘦肉率高，肉质及风味都较好。

（二）年龄及适宰时期

一般多选择成年畜禽作为原料。除在特殊加工时会选择乳猪、犊牛外，通常不选用幼龄畜禽的肉。因为其水分含量多，脂肪含量少，肌肉松弛，肉味不好。老龄动物肉质粗糙，风味颜色对肉质也有影响。特别是猪，受育种、饲料等因素影响较大。猪的生长规律是小猪长骨，中猪长肉，大猪长膘。

按各组织器官阶段的生长发育规律，找出增重最快、瘦肉率最多的屠宰时期是最理想的。如哈白猪胴体瘦肉率 6 月龄为 52.9%，8 月龄为 49.4%，6 月龄比 8 月龄提高 3.5 个百分点。从增重速度看，哈白猪 8 月龄日增重速度为 755.6g，10 月龄 538.9g，前者比后者多增重 216.7g。以日增重和瘦肉率两个性状衡量，哈白猪的适宜屠宰时间为 7～7.5 月龄，此时期瘦肉率均达 50%以上。

猪在 5 月龄 85 kg 左右，牛在 2～3 岁 500 kg，鸡在 1.25 kg 以上，鸭在 1.5 kg 以上，鹅在 2.5 kg 以上适于屠宰。

（三）营养状况

猪肥育快并且脂肪蓄积较多，因其对于饲料的摄取种类丰富，且利用率较其他家畜高。通常选用肉质肥瘦均匀的猪作为生产原料。营养状况极端不良，过于消瘦的畜禽不适于作加工用。日本、西欧一些国家利用超声波测猪生体的脂肪厚度和瘦肉厚度来选择原料猪。

（四）饲料

适合肉用猪的饲料，在育成前期，淀粉质饲料（谷类、甘薯类）应占 55%～65%，蛋白质饲料（鱼粕类）占 10%～15%，米糠类和豆粕占 25%～30%。猪食用饲料若多为淀粉质饲料，则其脂肪坚实，肉质良好；而米糠和豆粕给予多则脂肪软。软脂的肉在冷却时缺乏紧凑性，特别油类饲料给予多的情况下显著变软，这样的肉也不适于加工用。喂鱼粕多会带有鱼腥味，另外喂剩饭和鱼粉则脂肪发黄，为黄脂猪，均不适合于加工。

二、宰前检验

（一）检验步骤

1. 入场检验　　当畜禽由产地运到屠宰加工企业时，在未卸下车船之前，由兽医检验人员向押运员索阅当地兽医部门签发的检疫证明书，核对牲畜头数，了解产地有无疫情和途中病死情况。经初步检视且基本合格时，允许卸下赶入预检圈。对于病畜禽或疑似病畜禽，赶入隔离圈，按《生猪屠宰产品品质检验规程》（GB/T 17996—1999）等有关规定处理。

2. 送宰前检验　　经过预检的畜禽在饲养圈休息 24 h 后，再对其体温和外貌进行测定和检查，正常的畜禽即可送往屠宰间等候屠宰。若畜禽疑似患传染病，应作细菌学检查。

（二）检验方法

通常采用群体检查和个体检查相结合的办法，具体做法可以归纳为动、静、食的观察 3 个环节和看、听、摸、检 4 个要领。检验时应先挑出有病或异常的畜禽，然后再逐头检查，必要时应用病原学诊断和免疫学诊断的方法。对猪、羊、禽的检查通常是以群体检查为主，辅以个体检查。而牛、马等大型家畜应主要进行个体检查，辅以群体检查。

三、病畜禽处理

宰前检验发现病畜禽时，根据疾病的性质、病势的轻重及有无隔离条件等，可分别按照禁宰、急宰、缓宰三种方法处理。

（一）禁宰

经检验确认为炭疽、牛瘟等恶性传染病的畜禽，采取不放血法捕杀。肉尸仅可供工业用或销毁，不可食用。其同群全部畜禽，立即测温，体温正常者在指定地点急宰，并认真检验；不正常者隔离观察，确认无恶性传染病者方可屠宰。

（二）急宰

确认为无碍肉品卫生的一般病疫而有死亡危险的病畜禽，应立即屠宰。

（三）缓宰

经检查确认为一般性传染病，且有治愈希望者，或患有疑似传染病而未确诊的畜禽应缓宰。

四、宰前管理

（一）宰前饲养

畜禽运到屠宰场经兽医检验后，按产地、批次及强弱等情况进行分圈分群饲养。对肥度良好的畜禽，所喂饲料的量应可供其恢复途中蒙受的损失。对瘦弱畜禽的饲养应当采取肥育饲养的方法，使其能在短期内迅速增重、长膘，以此改善肉质。

（二）宰前休息

屠宰前休息有利于放血和消除应激反应，减少动物体内的淤血现象，能够提高肉的商品价值。

（三）宰前禁食、供水

屠宰畜禽在宰前的 12～24 h 应断食，且根据畜禽种类控制适宜的禁食时间。一般牛、羊宰前断食 24 h，猪 12 h，家禽 18～24 h。断食时，应供给足量的 1% 的食盐水，使畜体进行正常的生理机能活动，调节体温，促进粪便排泄，以便放血完全，获得高质量的屠宰产品。为了防止屠宰畜禽倒挂放血时胃内容物从食道流出污染胴体，宰前 2～4 h 应停止给水。

（四）猪屠宰前的淋浴

水温 20℃，喷淋猪体 2～3 min，使其表面不得有灰尘、污泥、粪便为宜。淋浴使猪有凉爽舒适的感觉，可促使外周毛细血管收缩，便于放血充分。

第二节　畜禽屠宰工艺

畜禽经过致昏，放血，去除毛皮、内脏、头和蹄等，最后加工成胴体的过程称为屠宰加工。优质肉品的获得，除与原料本身因素有关外，很大程度上取决于屠宰加工的条件和方法。

一、家畜屠宰工艺

（一）工艺流程

家畜因种类不同，生产规模、条件和目的不同，其加工程序有所不同，但都包括致晕、刺杀、放血、烫毛或去皮、开膛解体、去内脏、劈半、胴体修整、检验入库等主要工序。猪、牛、羊的工艺流程见图 12-1，猪屠宰工艺示意图见图 12-2。

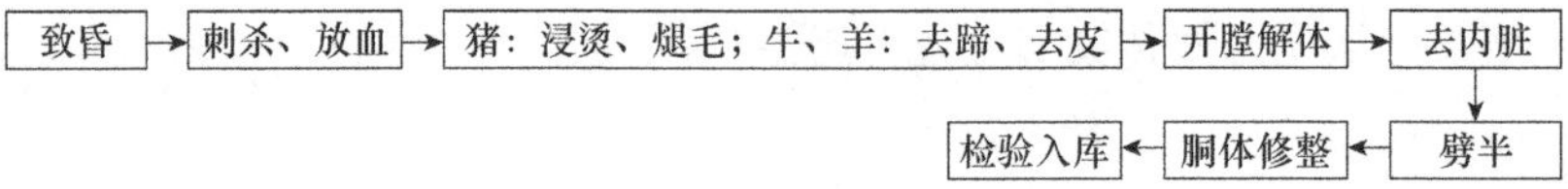

致昏 → 刺杀、放血 → 猪：浸烫、烫毛；牛、羊：去蹄、去皮 → 开膛解体 → 去内脏 → 劈半 → 胴体修整 → 检验入库

图 12-1　猪、牛、羊的工艺流程图

（二）工艺要点

1. 致昏　又称击晕，是指应用物理的（如机械、电击、枪击）或化学的（吸入 CO_2）方法，使家畜在宰杀前短时间内处于昏迷状态。致晕的目的在于保持屠畜体内的糖原，避免在

宰杀时嚎叫、挣扎过程中的消耗。使宰后肉尸保持较低的 pH，增强肉的贮藏性。常用的方法有电击晕、CO_2 麻醉法和机械致晕。电击晕又称"麻电"，是使电流通过屠畜的脑部，麻醉其中枢神经，造成轻微电击而失去知觉 3～5 min，从而使其被击倒。此外，在电流刺激下，屠畜的心跳加速，肌肉发生强烈收缩，便于放血。各类家畜屠宰电击晕常用的电压、电流强度和麻电时间见表 12-1。

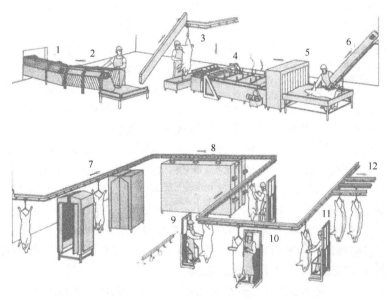

图 12-2　猪屠宰工艺示意图（周光宏，2011）

1. 送宰；2. 致昏；3. 放血；4. 浸烫；5. 煺毛；6. 吊挂；
7. 燎毛；8. 清洗；9. 开膛、去内脏；10. 劈半；11. 胴体修整；12. 检验入库

表 12-1　各类家畜屠宰常用的电击晕条件（蒋爱民，2008）

畜种	电压/V	电流强度/A	麻电时间/s
猪	60～100	0.5～1.0	1～4
牛	75～120	1.0～1.5	5～8
羊	90	0.2	3～4
兔	75	0.75	2～4

CO_2 麻醉法是使动物在 CO_2 浓度为 65%～85% 的通道中经历 15～45 s，使其被麻醉，失去知觉可维持 2～3 min。采用此法动物无紧张感，可减少体内糖原消耗，有利于保证肉品质量，但此法成本高，丹麦、德国、美国、加拿大等国应用该法。

2. 刺杀、放血　　家畜致昏后将后腿拴在滑轮的套腿或铁链上。经滑车轨道运到放血处进行刺杀、放血。为避免肌肉出血，家畜击晕后应快速放血，以 10 s 左右为佳，最好不超过 30 s。放血的常用方法有刺颈放血、切颈放血和心脏放血三种。刺颈放血比较合理，普遍应用于猪的屠宰。刺杀时操作人员一手抓住猪的前脚，另一手握刀，刀尖向上，刀锋向前，对准肋骨咽喉正中偏右 0.5～1 cm 处向心脏方向刺入，放血口不大于 5 cm，再侧刀下拖、切断前颈静脉和双颈动脉干，不要刺破心脏和气管。这种方法放血彻底。每刺杀一头猪后都须将刀在 82℃以上的热水中消毒一次。牛的刺杀部位在距离胸骨 16～20 cm 的颈下中线处，斜向上方刺入胸腔 30～35 cm，刀尖再向左偏，切断颈总动脉。羊的刺杀部位在右侧颈动脉下颌骨附近，将刀刺入，避

免刺破气管。

切颈放血多应用于牛、羊，为清真屠宰普遍采用的方法。用大脖刀在靠近颈前部横刀切断三管（血管、气管和食管）。该法的优点在于操作简单，但血液易被胃内容物污染。一些小型屠宰场和广大农村屠宰猪时多用心脏放血，是从颈下直接刺入心脏放血。虽然该法使屠禽的放血及死亡速度快，但是放血不全，且胸腔易积血。倒悬放血时间：牛 6~8 min，猪 5~7 min，羊 5~6 min，平卧式放血需延长 2~3 min。如从牛取得其活重 5%的血液，猪为 3.5%，羊为 3.2%，则可计为放血效果良好。放血充分与否影响肉品质量和贮藏性。

3. 去皮或烫煺毛　在家畜放血后解体前，猪需烫毛、煺毛或去皮，牛、羊需进行去皮。放血后的猪经 6 min 沥血，由悬空轨道上卸入烫毛池进行浸烫，使毛根及周围毛囊的蛋白质受热变性收缩，毛根和毛囊易于分离，并分离于表皮以实现脱毛的目的。猪体在烫毛池内 5 min 左右。池内最初水温70℃为宜，随后保持在 60~66℃。如想获得猪鬃，可在烫毛前将猪鬃拔掉，因为生拔的鬃具有很好的弹性和质量。煺毛又称刮毛，分机械刮毛和手工刮毛。国内有三滚筒式刮毛机、拉式刮毛机和螺旋式刮毛机三种刮毛机。我国大中型肉联厂多用三滚筒式刮毛机。刮毛过程中，刮毛机中的软硬刮片与猪体相互摩擦，将毛刮去。同时向猪体喷淋 35℃的温水，刮毛 30~60 s 即可。然后再由人工将未刮净的部位如耳根、大腿内侧的毛刮去。

刮毛后进行体表检验，合格的屠体进行燎毛。国外用燎毛炉或用火喷射，温度达 1000℃以上，时间 10~15 s，可起到高温灭菌的作用。我国多用喷灯火焰（800~1300℃）燎毛，然后用刮刀刮去焦毛。检验修刮、冲淋后家畜屠体的头部和体表，在每头屠体的耳部和腿部外侧，用变色笔编号，并保证字迹清晰、不得漏编或重编。

4. 开膛取内脏　煺毛或剥皮后开膛最迟不超过 30 min，否则对脏器和肌肉质量均有影响。剖腹一般有仰卧剖腹与倒挂剖腹两种方法。自放血口沿胸部正中挑开胸骨，沿腹部正中线自上而下剖腹，注意不要刺到胃和肠。操作步骤概括为：环切肛门，用线扎住，推进肠腔，切开腹腔，剥离内脏并取出。

5. 胴体的修整　按顺序整修腹部，修割乳头与放血刀口，割除槽头、护心油、暗伤、脓疮、伤斑和遗漏病变腺体。

6. 检验　整修后的片家畜肉应进行检验，合格的畜肉应割除其前后蹄（爪）、加盖检验印章，计量分级。

二、家禽的屠宰工艺

（一）工艺流程

家禽的屠宰工艺流程如图 12-3 所示。

电击晕 → 放血 → 烫毛 → 脱毛 → 去绒毛 → 清洗、去头爪 → 净膛 → 检验入库

图 12-3　家禽的屠宰工艺流程图

（二）工艺要点

1. 电击晕　电击晕电压为 35~50 V，电流为 0.5 A 以下。电量时间要合理控制，鸡的电晕时间为 8 s 以下，鸭为 10 s 左右。电晕结束后应立刻将禽只从挂钩上取下，若在 60 s 内能自动苏醒为宜。过大的电压、电流会引起锁骨断裂，心脏停止跳动，放血不良，翅膀血管

充血。

2．放血　　放血可以采用人工作业或机械作业，通常有三种方式：口腔放血（用刀切断气管、食管、血管）及动脉放血。为避免烫毛槽内的污水吸进离体肺脏而污染屠体，禽只在放血完毕进入烫毛槽之前，其呼吸作用应完全停止。鸡的放血时间通常为90～120 s，鸭为120～150 s，但冬天的放血时间比夏天长5～10 s。血液一般占活禽体重的8%，放血时约有6%的血液流出体外。

3．烫毛　　烫毛水温和时间依禽体大小、性别、重量、生长期及不同加工用途而异。烫毛是为了方便脱毛，共有三种方式：高温烫毛，水温为71～82℃，30～60 s；中温烫毛，水温为58～65℃，30～75 s；低温烫毛，50～54℃，90～120 s。国内鸡烫毛通常采用65℃，35s；鸭烫毛为60～62℃，120～150 s。在实际操作中，应注意使用清洁的热水，并严格掌握水温和浸烫时间。此外，为避免降低产品价值，不能对未彻底死亡或放血不全的禽尸进行拔毛。

4．脱毛　　通常采用机械方式对禽只脱毛，主要利用了橡胶指束的拍打与摩擦作用。因此必须调整好橡胶指束与屠体之间的距离，并控制适宜的处理时间。禽只禁食超过8h，脱毛就会较困难，公禽尤为严重。若禽只宰前经过激烈的挣扎或奔跑，则羽毛根的皮层会将羽毛固定得更紧。此外，禽只宰后30 min再浸烫或浸烫后4 h再脱毛，都将影响到脱毛的速度。

5．去绒毛　　禽体烫毛、脱毛后，应除去尚残留的绒毛。通常采用钳毛或松香拔毛的方式脱去。松香拔毛的操作方法是将挂在钩上的屠禽浸入溶化的松香拔毛剂中，然后再浸入冷水中（约 3 s）使松香硬化。待松香不发黏时，打碎剥去，绒毛即被黏掉。松香拔毛剂的配方为11%的食用油加89%的松香，放在锅里加热至200～230℃并充分搅拌，得到胶状液体，再移入保温锅内，保持温度为120～150℃备用。松香拔毛操作不当，易使松香留在禽体天然孔。

6．清洗、去头爪　　禽体脱毛后，在去内脏之前须使禽体达到 95%的完全清洗率。一般采用加压冷水（或加氯水）冲洗。并根据消费者喜好和市场需求决定是否去头爪。

7．去内脏　　去内脏的过程也可称为净膛。先将禽只挂钩，活禽从挂钩到切除爪为止称为屠宰去毛作业，必须与取内脏区完全隔开。此外原挂钩链转回活禽作业区，而将禽只重新悬挂在另一条清洁的挂钩系统上。禽类内脏的取出有全净膛（即将全部内脏取出）、半净膛（仅拉出全部肠和胆囊）、不净膛（全部内脏保留在腔内）之分。

8．检验入库　　掏出内脏后，经检验、修整、包装后入库贮藏。在库温−24℃条件下，经 12～24 h 使肉温达到−12℃即可贮藏。

三、宰后检验

（一）宰后检验的意义

宰后检验是肉品卫生检验最重要的环节，是肉品卫生和质量控制的关键环节。其目的是发现各种妨碍人类健康或已丧失食用价值的胴体、脏器和组织，并做出正确的判定和处理。宰后检验是宰前检验的继续和补充，因为宰前检验只能剔除症状明显的病畜禽和疑似病畜禽，处于潜伏期或症状不明显的病畜禽难以发现，只有宰后开膛对胴体和脏器做直接的病原学观察和严格的化验分析，并进行综合判断才能检出。

（二）宰后检验的方法和程序

宰后检验的方法以感官检查和剖检为主，必要时运用实验室化验。宰后检验主要包括视检、剖检、触检和嗅检。在屠宰加工的流水作业中，宰后检验的各项内容作为若干环节安插在加工过程中。一般分为头部、内脏及肉尸三个基本检验环节。屠宰猪时，须增设皮肤和旋毛虫检验两个环节。

（三）检后处理

胴体和内脏经过卫生检验后，分 4 种情况做出处理：一是正常的肉品，加盖"兽医验讫"印后即可出厂销售；二是患有一般传染病、轻症寄生虫病和病理损伤的胴体和内脏，经无害处理后可以有条件地食用；三是患有严重传染病、寄生虫病、中毒的胴体和内脏不能食用，但可以在工业生产中使用，如用于炼工业油；四是若患有炭疽病、牛瘟等恶性传染疾病的胴体和内脏必须焚烧销毁。

四、屠宰厂及其卫生设施

屠宰厂及其卫生设施会直接对肉品的质量与卫生产生影响。屠宰厂的设计与设施，要求经济上合理、技术上先进，能生产出产量和质量上都能达到规定标准的产品，并在"三废"治理和环境保护等方面符合国家的相关法规。

（一）屠宰厂设计原则

屠宰厂厂址选择在地势干燥、水源充足、交通方便、便于排放污水的地区，不得建在居民稠密的地区及其下风向。屠宰厂要求饲养区、生产作业区和生活区分开设置，分别设人员进出、成品出厂和活畜禽进厂大门，生产车间一般按饲养、屠宰、分割、加工、冷藏的顺序合理设置。

（二）屠宰设施及其卫生要求

厂房与设施须结构合理、坚固，便于清洗和消毒，设有防蚊、蝇、鼠等其他害虫侵入的设施及防烟雾、灰尘的设施。包括高度、地面、墙壁、天花板、门窗、楼梯间、屠宰车间等都应符合要求。在卫生设施方面，要有废弃物临时存放设施，废水废气处理系统，更衣室、淋浴室和厕所，洗手、清洗、消毒设施，而且都有具体要求。此外，采光照明、通风温控和给排水也有具体要求。

第三节　分割肉的加工

受家畜的品种、年龄、肥度和同一个体不同部位的影响，肉的质量差异很大，因此会对肉的加工和价值产生影响，须对肉进行分割。肉的分割是按不同国家、不同地区的分割标准将胴体进行分割，以便进一步加工或直接供给消费者。分割肉是指宰后经兽医卫生检验合格的胴体，按分割标准及不同部位肉的组织结构分割成不同规格的肉块，经冷却、包装后的加工肉。

一、猪肉的分割

我国通常将猪肉半胴体分为肩、背、腹、臀几大部分，如图 12-4 所示。

（一）肩颈肉

俗称胛心、前槽、前臀肩。它的分割是从胴体前端第 1、第 2 颈椎切去颈脖肉，后端从第 4、第 5 胸椎间或第 5、第 6 肋骨中间与背线成直角切断。如用胴体下端制作西式火腿，则从腕关节截断，如做其他制品则从肘关节截断并剔除椎骨、肩胛骨、臂骨、胸骨和肋骨。

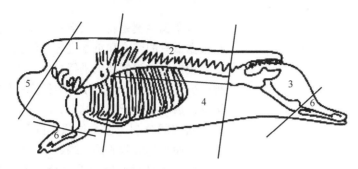

图 12-4　我国猪肉胴体部位分割图（袁仲，2012）

1. 肩颈肉；2. 背腰肉；3. 臀腿肉；4. 肋腹肉；5. 前颈肉；6. 肘子肉

（二）背腰肉

俗称外脊、大排、硬肋、横排。从胴体的前端去掉肩颈部，后段去掉臀腿部，余下的中段肉体从脊椎骨下 4～6 cm 处平行切开，上部即为背腰部。

（三）臀腿肉

俗称后腿、后丘。从最后腰椎与荐椎结合部和背线成直线垂直切断，下端根据肉的用途进行分割，如作分割肉、鲜肉出售，则从膝关节切断，剔除腰椎、荐椎骨、股骨、去尾；如做火腿，则应保留小腿、后蹄。

（四）肋腹肉

俗称软肋、五花。与背腰部分离，切去奶脯即可。

（五）前颈肉

俗称脖子、血脖。从第 1、第 2 颈椎处，或第 3、第 4 颈椎处切断。

（六）肘子肉

即前臂和小腿肉，俗称肘子、蹄髈。前臂上从肘关节下从腕关节切断，小腿上从膝关节下从跗关节切断。

二、牛肉的分割（试行）

我国牛肉的分割方法是将标准的牛胴体二分体首先分割成臀腿肉、腹部肉、腰部肉、胸部肉、肋部肉、肩颈肉、前腿肉、后腿肉共 8 个部分，如图 12-5 所示。在此基础上再进一步分割成牛柳、西冷、眼肉、上脑、胸肉、腱子肉、腰肉、臀肉、膝圆、大米龙、小米龙、腹肉、嫩肩肉等 13 块不同的肉块。

三、禽肉的分割

对于禽肉胴体的规格和等级的划分暂无统一标准，但各地经营部门有相应的规格和指标。随着人们生活水平的提高及工商业的发展，人们从过去须购买活禽逐渐发展到购买光禽。

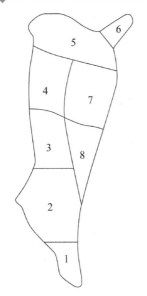

图 12-5　我国牛胴体部位分割图

（蒋爱民，2008）

1. 后腿肉；2. 臀腿肉；3. 腰部肉；4. 肋部肉；
5. 肩颈肉；6. 前腿肉；7. 胸部肉；8. 腹部肉

（一）分割理论

分割禽主要是将一只禽按部位分割开来。国内通常是根据禽只的肥度和重量进行分级销售；若出口销售，也要根据出口国的要求进行分级。目前的分割方法有三种：平台分割法、悬挂分割法和按片分割法。前两种适于鸡，后一种适于鹅、鸭。

禽肉的分割，也是按照不同种类提出不同的分割方法。通常鹅分割为头、颈、爪、胸、腿等 8 件；躯干部分成 4 块（1 号胸肉、2 号胸肉、1 号腿肉和 2 号腿肉）。鸭肉较小，可以分割为 6 件；躯干部分为 2 块（1 号鸭肉、2 号鸭肉）。肉鸡大体上分为腿部、胸部、副产品 3 类。

（二）肉鸡的分割

分割鸡肉品种繁多，鸡翅、鸡全腿、鸡腿肉、鸡胸肉、鸡爪等是在国内外市场上的主要品种。但总体上分割为腿部、胸部、副产品 3 部分，详细分割步骤及操作要求如下。

1. 腿部分割　将脱毛去肠鸡腹部向上放于平台上，并使鸡首位于操作者前方。两手将双腿的大腿向两侧垫埋少许，左手持住左腿以稳住鸡体再用刀分割，将左腿和右腿腹股沟的皮肉割开。用两手把左右腿向脊后拉去后，将鸡左腿向上侧放于平台，使用刀割断股骨与骨盆之间的韧带，再顺带将连接骨盆的肌肉切开。用左手将鸡体掉转方向，鸡首位于操作者前方，腹部向上。用刀切开盆骨肌肉接近尾部 3 cm 左右，将刀旋转至背中线，划开皮下层至第 7 根肋骨为止。刀口后部切压闭孔，用力将鸡腿向后拉开即完成一腿，另一腿重复操作即可。

2. 胸部分割　将鸡左侧向上置于操作台，并使鸡首朝向操作者前方。以颈的前面为正中线，从咽颌到最后颈椎切开左边颈皮，再切开左肩胛骨。同样切开右颈皮和右肩胛骨。左手握住鸡骨，右手食指从第一胸椎向内插入，双手用力朝相反方向将其拉开。

3. 副产品分割　大翅分割，切开肱骨与乌喙骨连接处，即成三节鸡翅，一般称为大转弯鸡翅。鸡爪分割，是用剪刀或刀切断胫骨与腓骨的连接处。从嗉囊处把肝、心、肺直至肠全部摘落。摘除肺、嗉囊带。将幽门切开，剥去肺的内金皮，不残留黄色。

第十三章

肉的贮藏与保鲜

肉类含有丰富的营养成分和水分，是微生物生长繁殖的极好培养基。肉中还含有酶，在贮藏、运输和销售过程中管理不当，都极易因为微生物的生命活动和肉中酶的生物化学反应而腐败变质。这不仅会产生许多对人体有害，甚至使人中毒的代谢产物，也会带来巨大的经济损失。

为延长肉制品的保质期，一是在加工中应当选择品质优良的畜肉作为原料；二是要抑制微生物的生长或杀灭微生物；三是要减缓和抑制肉本身酶类的活性；四是要选择合理的贮运条件，采用合理的保鲜技术；五是应当有合适的包装。

肉与肉制品传统的贮藏方法主要有干燥法、盐腌法、熏烟法等；现代贮藏方法主要有低温冷藏法、罐藏法、照射处理法、化学保藏法等。目前最常用的方法是低温贮藏，此外还可以采用热处理、脱水处理、辐射处理、抗生素处理等方法进行贮藏。到目前为止，还没有任何一种保鲜措施能够完全解决肉的贮藏保鲜问题，必须采用综合保鲜技术，发挥各种保藏方法的优势，以达到优势互补、相辅相成的效果。

第一节　肉的低温贮藏与保鲜

低温贮藏是应用最广泛、效果最好、最经济的现代原料肉保鲜方法，是利用低温来抑制微生物的生命活动和酶活性，从而达到贮藏保鲜的目的。其是将肉品冷却至 0℃左右，并在该温度下进行短期贮藏。由于其冷却保存耗能和投资均较低，因此适用于保存在短期内能加工的肉类和不宜冻藏的肉制品。

一、低温贮藏的原理

低温环境可以抑制微生物的繁殖和肉品内部酶的活性，延缓肉中由组织酶、氧气（图 13-1）及热和光的作用而产生的生物化学变化的过程，从而达到贮藏保鲜的目的。这种方法不会引起动物组织的根本变化，而贮藏的温度越低，肉品贮藏的时间就越长。

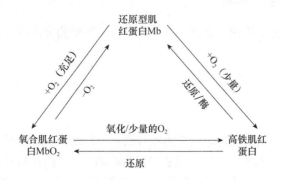

图 13-1　氧浓度对肉蛋白质的影响（尹靖东，2011）

（一）低温对微生物的作用

任何微生物都有其正常生长繁殖的温度范围，其活动能力会因温度的降低而变弱，所以可通过降低温度来抑制微生物的生长繁殖速度。当温度降到微生物最低生长点时，其生长和繁殖被抑制或出现死亡。根据微生物对温度的耐受程度，可将微生物分为低温菌、中温菌和高温菌三种类型，各类微生物的适应温度范围见表13-1。

表13-1　微生物生长温度范围表（孔保华，2011）

类别	生长温度/℃			举例
	最低	最适	最高	
低温菌	−10～5	10～20	25～30	冷藏环境及水中微生物
中温菌	10～20	25～30	40～45	腐生菌
	10～20	37～40	40～45	寄生于人和动物的微生物
高温菌	25～45	50～55	70～80	嗜热菌及产芽孢菌

大多数微生物的最低生长温度在0℃以上。许多嗜冷菌的最低生长温度低于0℃，如霉菌、酵母菌在−8℃低温条件下仍可看到孢子发芽，−10℃低温下才被抑制。低温减弱微生物活力和致死微生物的原因主要是微生物的新陈代谢和细胞结构被破坏，且两者是相互协调一致的。温度越低，失调程度越大，从而破坏了微生物细胞内的正常新陈代谢，以致它们生长繁殖被抑制甚至完全终止。冻结和冰冻介质最易使微生物死亡。维持在−18℃以下的温度几乎可以抑制所有微生物的生长。但是，某些微生物长期处于低温环境下也会产生适应性，如霉菌中最低发育温度为−12℃，在−20℃时仍发现有微生物活动。

（二）低温对酶的作用

酶是有机体组织中的一种特殊蛋白质，具有生物催化剂的作用，其活性（即催化能力）与温度密切相关。肉类中大多数酶的适宜活动温度在37～40℃，超出该范围时酶的活性均会下降。温度每下降10℃，酶活性就会减少1/3～1/2。当温度降到0℃时，酶的活性大多被抑制，商业上采用的−18℃能够有效地抑制酶的活性，可以达到数周至数月的贮藏保鲜目的。酶对高温敏感，当温度达到80～90℃时，几乎所有酶都失活。但酶对低温不敏感，在极低的温度条件也并不能完全停止酶的作用，如氧化酶、脂肪酶在−35℃尚不失去活性。由此可以理解在低温下贮藏的肉类，有一定的贮藏期限。

（三）低温对寄生虫的作用

鲜猪肉、牛肉中常有旋毛虫、绦虫等寄生虫存在，冻结的方法可以杀死寄生虫，但是需要足够的冻结温度和时间。

二、肉的冷却

（一）冷却肉的概念

肉的低温贮藏根据采用的温度不同分为冷却法和冷冻法两种。刚屠宰的畜禽，肌肉的温度通常在37～41℃，这种尚未失去生前体温的肉叫热鲜肉。冷却肉是指对严格执行检疫制度屠宰后的胴体迅速进行冷却处理，使其温度能在24 h内降至0～4℃，并始终在该温度范围内进行加工、运输和销售的一类肉。肉冷却即将屠宰后的胴体，吊挂在冷却室内，使其冷却到最厚处的深层温度达到0～4℃的过程。但该温度仅能对微生物起到暂时的抑制作用，仍有一些嗜低温细菌可以生长，其保存的时间取决于胴体或分割肉最初被微生物污染的程度及冷却温度条件等。因此，这只能作为一种短期的贮藏手段，长期贮藏应采用冻结的方法。

（二）冷却的目的

刚屠宰的肉温度约为37℃，由于肉的"后熟"作用，在糖原分解时还会产生一定的热量，使肉体温度处于上升的趋势。这种温度再结合其表面潮湿，最适宜于微生物的生长和繁殖，对于肉的保藏极为不利。

肉类冷却的直接目的在于迅速排除肉体内部所含的热量，降低肉体深层的温度，抑制微生物和酶的活性，同时，由于肉的表面水分蒸发，体表形成一层油样干燥膜（又称干壳），能够减缓肉体内部水分的蒸发，并且阻止微生物的生长繁殖，从而延长保质期。另外，冷却也是肉达到成熟和冻结的预处理过程，冷却可以延缓脂肪和肌红蛋白的氧化，使肉保持鲜红色泽，还可促进脂肪凝固。肉经冷却处理后，颜色、风味、柔软度都变好，这也是肉的"成熟"过程，是高档肉制品生产中必不可少的一步，也应用于许多发达国家。对于整胴体或半胴体的冻结，由于肉层厚度较厚，若用一次冻结（即不经过冷却，直接冻结），常是表面迅速冻结，而内层的热量不易散发，从而使肉的深层产生"变黑"等不良现象，影响成品质量。同时，因温度差过大，肉体表面水分的蒸发压力相应增大，引起水分的大量蒸发，从而影响肉体的重量和质量变化，除小块肉及副产品之外，均采用先冷却再冻结的方法。

（三）冷却的条件及方法

1. 冷却的条件

（1）温度 在肉类冷却过程中，肉体热量的大量导出是在冷却的开始阶段，因此在进料前，应先使冷却间的温度降至−4℃左右，使得进料结束后库温能维持在0℃左右，随后的整个冷却过程中，维持在−1～0℃。冷却时间通常为24～48 h。如温度过低有引起冻结的可能，温度高则会延缓冷却速度。

（2）空气相对湿度 水分含量较高的情况下，微生物的活力较高，因此冷却间空气相对湿度的大小会影响微生物的生长繁殖，尤其是霉菌。此外，应结合多个方面控制好空气的相对湿度。相对湿度小，可以抑制微生物的活动，但会增加肉的干耗重；相对湿度过高，则无法使肉体表面形成一层良好的干燥膜。在整个冷却过程中，初始阶段冷却介质与冷却物体间的相对湿度差越大，则冷却速度越快，表面水分的蒸发量在开始的1/4时间内，约占总干缩量的1/2。因此，空气相对湿度也可分两个阶段：在前一阶段（约开始1/4时间），以维持在95%以上为宜，即保持较高的相对湿度以尽量减少水分蒸发，且维持时间较短（6～8 h），不会造成微生物的大量繁殖；在后一阶段（约占3/4时间），则维持在90%～95%，在临近结束时则在90%左右。这样既能使肉表面尽快地形成干燥保护膜，又不致产生严重的干耗。肉类冷却的温度和相对湿度如表13-2所示。

表13-2 肉类冷却的温度和相对湿度要求（蒋爱民，2008）

冷却过程		肉		
		牛肉	羊肉	猪肉
温度/℃	进货前	−3	−3	−3
	进货时（不高于）	+3	+2	+3
	进货后	−1	−1	−2

冷却过程		肉		
		牛肉	羊肉	猪肉
相对湿度/%	进货后	95~98	95~98	95~98
	10 h后（不高于）	90~92	90~92	90~92

（3）空气流动速度　　由于空气的热容量很小，不及水的 1/4，因此对热量的接受能力很弱。同时空气导热系数小，肉在空气中冷却速度缓慢，因此可以通过加快空气流动来增大冷却速度。静止空气放热系数为 12.54~33.44 kJ/（m² · h · ℃）。空气流速为 2 m/s，则放热系数可增加到 52.25。但过强的空气流速，会大大增加肉表面干缩和耗电量，冷却速度却增加不多。因此在冷却过程中一般采用 0.5 m/s 左右的流速，以不超过 2 m/s 为合适，或每小时换气量为 10~15 个冷库容积。

2. 冷却方法　　冷却方法有空气冷却、水冷却、冰冷却和真空冷却等。肉类冷却通常采用空气冷却。冷却的速度与肉体的厚度和热传导性能有关，胴体越厚的部位冷却越慢，一般以后腿最厚部位中心温度为准。进肉之前，先将冷却间温度降至 -4℃ 左右。进行冷却时，把经过冷晾的胴体沿吊轨推入冷却间，胴体间距保持 3~5 cm，以利于空气循环和较快散热，当胴体最厚部位中心温度达到 0~4℃ 时，冷却过程即可完成。

冷却过程中的注意事项有以下几点：①冷却间符合卫生要求。②在冷却间按每立方米平均 1 W 的功率安装紫外线灯，每昼夜连续或间隔照射 5 h，可达到 99% 的灭菌率。③胴体在平行吊轨上可按"品"字形排列来保证空气的流通均匀。④不同等级的肉，要根据其肥度和重量的不同，分别吊挂在不同位置。肥重的胴体应挂在靠近冷源和风口处。薄而轻的胴体应挂在距排风口的远处。⑤冷却过程中尽量减少人员进出冷却间，保持冷却条件稳定，减少微生物污染。⑥肉类冷却的终点以胴体最厚部位中心温度达到 0~4℃ 为标准。

在空气温度为 0℃ 左右的自然循环条件下所需的冷却时间为：牛胴体的冷却时间为 48 h，猪胴体 24 h，羊胴体 18 h，家禽 12 h。冷却间的湿度一般保持在 90%~95%。

（四）冷却肉的贮藏

1. 冷藏条件及时间　　肉在冷藏期间，不仅能达到短期贮藏的目的，也能完成其成熟过程。短期冷藏即处理的肉类，不应冻结冷藏。因为冻结后再解冻的肉类，即使条件非常好，其干耗、解冻后肉汁流失等都较冷却肉大。此外，冷藏期间温度要保持相对稳定，进出肉时温度不得超过 3℃。

2. 贮藏过程中肉的变化　　肉类在低温贮藏过程中，水分并未结冰，因此微生物和酶的活动没有完全停止，会使肉产生干耗、发黏与发霉，并产生颜色变化、串味、成熟和冷收缩。

（1）干耗　　处于冷却终点温度的肉（0~4℃）其物理和化学变化并没有终止，其中以水分蒸发而导致干耗最为突出。干耗的程度受冷藏室温度、相对湿度、空气流速的影响。高温、低湿度、高空气流速会增加肉的干耗。

（2）发黏与发霉　　微生物在肉表面生长繁殖会使肉产生发黏与发霉的现象，且微生物污染越严重，温度越高，该现象越严重。当肉表面最初污染的细菌数为 100 个/cm² 时，16 d 达到发黏状态；当肉表面最初污染的细菌数达到 10^5 个/cm² 时，只要 7 d 就达到发黏状态。相对湿度从 100% 降低到 80%，而温度保持在 4℃ 时，形成发黏的时间延长了 1.5 倍。

（3）颜色变化　　肉在冷藏中色泽会不断地变化，是品质下降的表现。若贮藏不当，牛、羊、猪肉会出现变褐、变绿、变黄、发荧光等。鱼肉产生绿变，脂肪会产生黄变。颜色的变化一方面是由于微生物和酶的活动，另一方面也与肉本身的氧化有关。在较低的温湿度条件下，能很好地保持肌肉的鲜红色，且持续时间也较长。当湿度为 100%时，16℃条件下肌肉变为褐色的时间不到 2 d；在 0℃时可延长至 10 d 以上。如温度相同，都在 4℃条件下，湿度为 100%时，鲜红色可保持 5 d 以上；若湿度为 70%时，鲜红色保持时间缩短到 3 d。

（4）**串味**　若在贮藏期间，肉与其他有强烈气味的食品共同存放，会使肉串味。

（5）**成熟**　冷藏过程中可使肌肉中的化学变化缓慢进行，从而达到成熟，即低温成熟法。在 0～2℃，相对湿度 86%～92%，空气流速为 0.15～0.5 m/s 时，成熟时间视肉的品种而异，牛肉大约需要 3 周。

（6）**冷收缩**　主要是在牛、羊肉上发生，它是指屠宰后在短时间进行快速冷却时肌肉产生的强烈收缩。这种肉在成熟时不能充分软化。研究表明，冷收缩多发生在宰杀后 10 h，肉温降到 8℃以下时出现。

3. 延长冷却肉贮藏期的方法　低温冷却的贮藏期较短，因此，为了尽可能地延长其贮藏期，可采取辅助措施。主要的方法有 CO_2、抗生素、紫外线、放射线、臭氧的应用及用气态氮代替空气介质等。目前实际应用的有以下几种。

（1）**CO_2 的应用**　通常将 CO_2 与其他气体共同用于调节保藏，因为 CO_2 能对微生物起到明显的抑制作用，特别是对霉菌和细菌。低温条件下，CO_2 浓度在 10%时可以使肉上的霉菌增长缓慢；20%时则会使霉菌活动停止。CO_2 在脂肪中的溶解能力强，使脂肪中氧气含量即减少，从而延缓脂肪的氧化和水解；其溶解能力随温度降低而增大，还能很好地透过细胞膜。肉的脂肪、蛋白质和水都能很好地吸收 CO_2。因此，在较短的时间内 CO_2 的浓度需足以增大到不仅能抑制肉表面上的微生物，也能抑制组织深部微生物的增长。在温度为 0℃和 CO_2 浓度为 10%～20%条件下贮藏冷却肉，贮藏期相比对照组可延长 1.5～2.0 倍（大于在氮气中保藏时间）。

但其缺点为，当浓度超过 20%时，由于 CO_2 与血红蛋白和肌红蛋白的结合，肉的颜色会发生不可逆的变暗。因此，采用 CO_2 贮藏需要特别结构的贮藏室。

（2）**紫外线照射**　冷却肉在紫外线的照射下，其贮藏期能延长 1 倍。用紫外线照射冷却肉要求空气温度为 2～8℃，相对湿度为 85%～95%，循环空气流速为 2 m/s。但其缺点是只能使肉表面灭菌，且还会造成部分维生素损失、肉色变暗、氧化过程显著增强及胴体难以被均匀地照射。另外，紫外线对人眼睛和皮肤也有害。

（3）**臭氧的应用**　臭氧分子易分解形成原子态氧，从而起到杀灭微生物的作用。臭氧可利用臭氧发生器，在高压静电放电作用下由空气中氧制得。但臭氧是强氧化剂，它会加速脂肪和血色素的氧化腐败、脂肪变哈喇、肌肉组织的颜色变暗，且对人体有害，因此，其一般用量不应超过 2 mg/m³，且通常用于空的冷藏间。

三、肉的冻结与冻藏

（一）冻结的目的

冷却保藏的肉类只能作短期保藏，因为肉中的微生物和酶的活动并不能完全被抑制。若需长期保藏肉类，须使其处于冻结状态。冻结是冷却的继续，让已降至冻结点左右的肉继续降温，使其进入冻结状态，其贮藏期为冷却肉的 5～50 倍，该过程称为肉的冻结。能够抑制微生物繁殖的临界温度是 −12℃，但在此温度下，酶及非酶作用及物理变化都还不能有效地被抑制。所以必须采用更低的温度，通常使用的温度为 −15～−18℃，此时肉中的绝大部分水分（80%以上）均能被冻结成冰晶。

（二）冻结率

纯水的冰点为 0℃，而肉是充满组织液的蛋白质胶体系统，因此其初始冰点比纯水低，应使肉降到 0℃以下才产生冰晶，此冰晶出现的温度即为冻结点。随着温度继续降低，水分的冻结量逐渐增多，当温度降到 −60℃时，食品内水分才能被全部冻结，此温度为共晶点，肉汁的共晶点为 −65～−62℃，这样低的温度工艺上一般不使用。只要绝大部分水冻结，就能达到贮藏的要求，一般要求中心温度为 −30～−18℃就足以保证冻品的质量。肉的冻结温度和肉汁中水分的冻结率见表 13-3。

表 13-3 肉的冻结温度和肉汁中水分的冻结率（南庆贤，2003）

冻结温度/℃	−1.5	−2.5	−5	−7.5	−10	−17.5	−20	−25	−32.5
冻结率/%	30	63.5	75.6	80.5	83.7	88.5	89.4	90.4	91.3

一般冷库的贮藏温度为 −25～−18℃，肉的冻结温度也大体降到此温度。冻结率的近似值为

冻结率（%）=（1−肉的冻结点/肉的冻结终温）×100%

如冻结点是 −1℃，降到 −5℃时冻结率是 80%；降到 −18℃时冻结率为 94.5%，即全部水分的 94.5%已冻结。

（三）冻结速度及对肉品质的影响

1. 冻结速度　常用冻结时间和单位时间内形成冰层的厚度表示冻结速度。

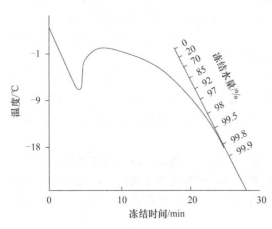

图 13-2　肉的冻结时间曲线（孔保华，2011）

（1）用冻结时间表示　快速冻结是指食品中心温度通过最大冰晶体生成带所需时间在 30 min 之内者，在 30 min 之外者为缓慢冻结。之所以定为 30 min，是因为在这样的冻结速度下冰晶对肉质的影响最小（图 13-2）。

（2）用单位时间内形成冰层的厚度表示　不同产品的形状和大小有较大差异，如牛胴体和鹌鹑胴体，因此比较其冻结时间没有实际意义。可通过肉品表面向热中心形成冰的平均速度来表示。实践中，平均冻结速度可表示为肉块表面各热中心形成的冰层厚度与冻结时间之比。冻结时间是肉品从表面温度达到 0℃开始，到中心温度达到 −10℃所需的时间。冻层厚度和冻结时间的单位分别用 "cm" 和 "h" 表示，则冻结速度（v）为

v（cm/h）= 冰层厚度/冻结时间

用液氮或液态 CO_2 冻结小块物品属于超快速冻结；快速冻结速度为 5～10 cm/h，可用平板式冻结机或流化床冻结机实现；中速冻结速度为 1～5 cm/h，常见于大部分鼓风冻结装置；1 cm/h 以下为慢速冻结，纸箱包装肉品在鼓风冻结期间多处在缓慢冻结状态。

根据上述的划分，所谓快速冻结对厚度或直径 10 cm 的食品，其中心温度必须在 1～2 h 内降至 −5℃。

2．冻结速度对肉品质的影响

（1）慢速冻结　　在最大冰晶体生成带（－5～－1℃）停留的时间长，纤维内的水分大量渗出到细胞外，使细胞内液浓度增高，冻结点下降，造成肌纤维间的冰晶体越来越大。当水转变成冰时，体积增大 9%，结果使肌细胞遭到机械损伤。这样的冻结肉在解冻时可逆性小，可引起大量的肉汁流失。

（2）快速冻结　　冻结速度快时，很快地通过最大冰晶体生成带，组织内冰层的推进速度大于水的移动速度，使细胞内和细胞外的水分几乎同时冻结，冰晶的分布会更加接近天然食品中液态水的分布情况，形成的冰晶颗粒小而均匀，因而对肉质影响较小，解冻时的可逆性大，汁液流失少。

冰晶在肉中的分布和大小是很重要的。慢速冻结的肉类因为水分不能返回到其原来的位置，在解冻时会失去较多的肉汁，因此，慢速冻结对肉质影响较大。而快速冻结的肉类不会产生这样的问题，所以冻肉的质量高。不同冻结速度下肉的品质见图 13-3。

图 13-3　不同冻结速度下肉的品质
左．未冷冻；中．快速冻结；右．慢速冻结

（四）冻结方法

主要采用空气冻结法，即以空气作为与氨蒸发管之间的热传导介质。通常以空气温度－25～－23℃（国外有采用－40～－30℃）、相对湿度约90%、风速 1.5～2m/s 为条件，冻肉的最终温度以－18℃为宜。肉的冻结条件参见表 13-4。

表 13-4　肉的冻结条件（猪半胴体）（南庆贤，2003）

空气温度/℃	风速/（m/s）	相对湿度/%	肉体初温/℃	肉体终温/℃	冻结时间/h
－18	自然循环	82～92	0～4	－15	72
－18	1.5～2	90～95	0～4	－15	48
－23	1.5～2	85～92	0～4	－15	24

1．静止空气冻结法　　该法是以空气作为冻结的媒介，家庭冰箱的冷冻室均以静止空气冻结的方法进行冷冻，肉冻结很慢。静止空气冻结的温度范围为－30～－10℃。

2．板式冷冻法　　板式冷冻法是将肉品装盘或直接与冷冻室中的金属板架接触。板式冷冻室温度通常为－30～－10℃，一般适用于薄片的肉品，如肉排、肉片及肉饼等的冷冻。冻结速率比静止空气冻结法稍快。

3．冷风式速冻法　　冷风式速冻法是工业生产中最普遍使用的，将冷冻后的肉贮藏于一定的温度、湿度的低温库中，在尽量保持肉品质量的前提下贮藏一定的时间，就是冻藏。冻藏的条件能直接对冷藏肉的质量和贮藏期产生影响。方法是在冷冻室或隧道装有风扇以供应快速流动的冷空气急速冷冻，热转移的媒介是空气。此法的热量转移比静止空气冻结法要快很多，且冻结速率也显著提高，但空气流速增加了冷冻成本及未包装肉品的冻伤。冷风式速冻条件一般为：空气流速在 760 m/min，温度为－30℃。

4. 浸渍和喷雾　商业中通常采用浸渍和喷雾的方法来冷冻禽肉和部分肉类、鱼类。此法热量转移迅速，稍慢于冷风式速冻法；供冷冻用的流体必须无毒性、成本低，且具有低黏性、低冻结点及高热传导性的特点。常用的制冷剂有液氮、干冰、盐水等。

（五）冻结肉的贮藏

冻结肉在贮藏过程中会发生一系列变化，如冻结时形成的冰晶在冻藏过程中会逐渐变大，这会破坏细胞结构，使蛋白质变性，造成解冻后汁液流失、风味和营养价值下降，同时冻藏过程中还会造成一定程度的干耗。为避免影响产品的质量，可采用深温快速冻结的方法，并且保持冻藏过程中温度降低且恒定，特别要注意避免在－18℃左右温度的变动。为了防止冻结肉在冻藏期间质量变化，必须使冻结肉体的中心温度保持在－15℃以下、冻藏间的温度在－20～－18℃、相对湿度为95%～98%，空气以自然循环为好。

（1）温度　　从理论上讲，冻藏温度越低，肉品质保持得就越好，能获得更长的贮藏期，但成本也随之增大。为了降低成本，通常选用－18℃作为肉的冻藏温度。近年来，水产品的冻藏温度有下降的趋势，原因是水产品的组织纤维细嫩，蛋白质易变性，脂肪中不饱和脂肪酸含量高，易发生氧化。通常，也应当保持冻藏期间冷库中温度的稳定，温度的波动应控制在±2℃范围内，否则会促进小冰晶消失和大冰晶长大，加剧冰晶对肉的机械损伤作用。冻藏期间温度上下变动次数越多，幅度越大，品质就降低越快。

（2）湿度　　在－18℃的低温下，湿度对微生物的生长繁殖影响很微小，从减少肉品干耗考虑，空气湿度越大越好，一般控制在95%～98%。

（3）空气流动速度　　无包装的肉食品处于空气自然对流情况下，流速为 0.05～0.15 m/s时，空气流动性差，温、湿度分布不均匀，但肉的干耗少。在强制对流的冷藏库中，空气流速一般控制在 0.2～0.3 m/s，最大不能超过 0.5 m/s，其特点是温、湿度分布均匀，肉品干耗大。通常冷藏胴体并无包装，冷藏库多用空气自然对流方法，如要用冷风机强制对流，要避免冷风机吹出的空气正对胴体。

（4）冻藏期限　　冻结肉类的贮藏条件和时间关系见表 13-5。在相同贮藏温度下，不同肉品的贮藏期有差异，表现为如下规律：畜肉的冷冻贮藏期大于水产品；畜肉中牛肉贮藏期最长，羊肉次之，猪肉最短；水产品中，脂肪少的鱼贮藏期大于脂肪多的鱼。虾、蟹则介于二者之间。

表 13-5　冻结肉类的贮藏条件和时间（袁仲，2012）

类别	温度/℃	相对湿度/%	期限/月
牛肉	－23～－18	90～95	9～12
小牛肉	－23～－18	90～95	8～10
羊肉	－23～－18	90～95	7～10
猪肉	－23～－18	90～95	4～6
	－29	90～95	12～14
兔	－23～－18	90～95	6～8
禽类	－23～－18	90～95	3～8
内脏（包装）	－23～－18	90～95	3～4

（六）肉的解冻

肉的解冻过程实质上是冻结肉中形成的冰结晶融解成水的过程，即冻结的逆过程。解冻速度和解冻温度能对解冻肉的质量产生直接影响。在实际工作中，解冻的方法应根据具体条件选择，原则是既要缩短时间又要保证质量。常用的有以下几种。

1. 空气解冻法　将肉移放在解冻间，靠空气介质与冻肉进行热交换来实现解冻的方法。通常情况下，缓慢解冻的温度为 0～5℃，快速解冻的温度为 15～20℃。肉装入解冻间后温度先控制在 0℃，以保持肉解冻的一致性，装满后再升温到 15～20℃，相对湿度为 70%～80%，经 20～30 h 即解冻。

2. 水解冻法　水解冻是指用水浸泡或喷淋解冻，且由于水良好的传热性能，能大大缩短解冻的时间。但是，因为解冻过程中，冻肉直接与水接触，肉中的某些可溶性物质容易流失，肉色淡白，香气减弱。同时容易受到微生物的污染，故对半胴体的肉类不太适用，主要用于带皮的肉或带包装冻结肉类的解冻。水解冻的方式可分静水解冻、流水解冻或喷淋解冻。对肉类来说，一般采用较低温度的流水缓慢解冻为宜，在水温高的情况下，可采用加碎冰的方法进行低温缓慢解冻。如果是包装密封好的肉及肉制品，在水中解冻可保全肉的质量。

3. 蒸汽解冻法　将冻肉悬挂在解冻间，向室内通入水蒸气，当蒸汽凝结于肉表面时，则将解冻室的温度由 4.5℃降低至 1℃，并停止通入水蒸气。此方法最大的特点是不会产生过热，解冻效率高，干耗和肉汁的流失也少。通常半胴体的冻肉仅需 16 h 即可完全解冻。

4. 微波解冻法　微波解冻不仅速度很快，也能减少肉汁损失，改善卫生条件，提高产品质量。此法适于半片胴体或 1/4 胴体的解冻。具有等边几何形状的肉块利用这种方法效果更好。因为在微波电磁场中，整个肉块都会同时受热升温。微波解冻可以带包装进行，但包装材料应符合相应的电容性并对高温作用有足够的稳定性。最好用聚乙烯或聚苯乙烯，不能使用金属薄板。

5. 真空解冻法　真空解冻法的主要优点是解冻过程均匀和没有干耗。厚度 0.09 m、质量 31 kg 的牛肉，利用真空解冻装置只需 60 min。

第二节　肉的气调贮藏与保鲜

利用适合保鲜的保护气体置换肉包装容器内的空气，抑制细菌繁殖，结合调控温度以达到长期保存和保鲜的方法称为气调保鲜技术。CO_2 是鲜肉气调贮藏中最为常用的气体。通过研究各种气体及其组合对肉上微生物生长情况及肉色的影响发现，100%纯 CO_2 气调为最理想的鲜肉保鲜方式。在 0℃的冷藏条件下，含 100%的 CO_2 包装的鲜肉贮藏期能够显著提高，同时可防止肉色由于低氧分压引起的氧化褐变。

一、鲜肉气调保鲜机理

气体环境和温度会显著影响鲜肉的保藏期。在常温的大气环境中，细菌迅速繁殖而导致鲜肉变质，因而降低贮藏温度，并创造一个"人工气候环境"，则可有效延长鲜肉的保质期。鲜肉气调保鲜机理是通过在包装内充入一定的气体，破坏或改变微生物赖以生存繁殖及色变的条件，以达到保鲜的目的。气调包装用的气体通常为 CO_2、O_2 和 N_2，或是它们的各种组合。每种气体对鲜肉的保鲜作用不同。

（一）CO_2

CO_2 是一种稳定的化合物，无色无味，是鲜肉气调保鲜中最常用的气体，对大多数霉菌和细菌的生长繁殖有较强的抑制作用。CO_2 也可延长细菌生长的滞后期和降低其对数增长期的速度，但对厌氧菌和酵母菌无作用。由于 CO_2 可溶于肉中，形成碳酸，降低了肉的 pH，可抑制某些不耐酸的微生物。但 CO_2 对塑料包装薄膜具有较高的透气性且易溶于肉中，导致包装盒塌落，影响产品外观。因此，若选用 CO_2 作为保护气体，应选用阻隔性较好的包装材料。

（二）O_2

充气包装中使用氧气主要是为了使肌肉中的肌红蛋白和氧分子结合后形成鲜红的氧合肌红蛋白，且能抑制厌氧菌繁殖。因此，为了在短期内使肉色呈鲜红色，易被消费者接受，须在包装袋内充入氧气。但氧气的加入使气调包装肉的贮存期大大缩短。在 0℃条件下，贮存期仅为 2 周。

（三）N_2

N_2 是惰性气体，性质很稳定，不会被食品所吸收。氮对塑料包装材料透气率很低，因而可作为混合气体缓冲或平衡气体，并可防止因 CO_2 逸出包装盒受大气压力压塌。

二、鲜肉气调包装的选用

气调保鲜肉用的气体须根据保鲜要求选用，由一种、两种或三种气体按一定比例组成混合气体。

（一）纯 CO_2 气调包装

在 100%的 CO_2 气体的冷藏条件下，鲜肉的贮藏期可显著提高，也能避免肉色在低氧分压条件下引起的氧化变褐。若从屠宰到包装、贮藏过程中均能有效防止微生物污染，采用纯 CO_2 气调包装可使贮藏期长达 20 周。可将该法用于批发的、长途运输等需要较长的贮藏期的销售方式。此外，消费者通常更喜欢肉色呈鲜红色，因此，通常在零售以前，改换含氧包装，或换用聚苯乙烯托盘覆盖聚乙烯薄膜包装形式，使氧与肉接触形成鲜红色氧合肌红蛋白，吸引消费选购。改成零售包装的鲜肉在 0℃下约可保存 7 d。

（二）O_2 和 CO_2 的气调包装

鲜肉若采用两种气体混合的气调包装（75% O_2 和 25% CO_2），不仅能形成氧合肌红蛋白，使肉色鲜红，又可使肉在短期内防腐保鲜。在 0℃的冷藏条件下，可保存 10~14 d。这种气调保鲜肉只适合在当地销售。

（三）O_2、CO_2 和 N_2 的气调包装

鲜肉若采用三种气体混合的气调包装（50% O_2、25% CO_2 和 25% N_2），能在保存肉色鲜红、防腐保鲜的同时，又防止因 CO_2 逸出，包装盒受大气压力压塌。这种气调包装同样是一种适合在本地超市销售的零售包装形式。在 0℃冷藏条件下，保存期可达到 14 d。不同气体配方下，猪肉的保鲜效果见表 13-6。

表 13-6　猪肉的气调保鲜效果（袁仲，2012）

种类项目	包装前	100% CO_2		75% O_2＋25% CO_2		50% O_2＋25% CO_2＋25% N_2	
		7 d	14 d	7 d	14 d	7 d	14 d
细菌总数/（个/g）	$7.8×10^2$	$2.5×10^2$	$6.5×10^2$	$2.6×10^2$	$3.8×10^7$	$7.4×10^5$	$9.6×10^5$
挥发性盐基氮（TVBN）/（mg/100g）	11	9	10	13	11	10	11
pH	5.9	6.1	6.0	6.5	6.4	6.4	6.3
血红素	258	43	41	168	132	145	130

从表 13-6 可以看出，100% CO_2 气调包装，防腐效果最好，肉色最差，但一旦重新接触氧气，肉色会改善。75% O_2、25% CO_2 肉色最好，但防腐效果最差，保质期最短。

三、鲜肉气调包装应注意的问题

（一）鲜肉在包装前的处理

生猪宰杀后，如果在 0～4℃温度下冷却 24 h，可以抑制鲜肉中 ATP 的活性，同时完成排酸过程，可使其有比速冻肉更丰富的营养和口感。此外，为了保证气调包装的保鲜效果，还必须控制好鲜肉在包装前的卫生指标，防止微生物污染。

（二）包装材料的选择

为避免包装内气体外逸和大气中 O_2 的渗入，应选择阻隔性较好的材料用于鲜肉气调包装。基本要求为，能对 CO_2 和 O_2 均有较好的阻隔性，通常选用以 PET、PP、PA、PVDC 等作为基材的复合包装薄膜。

（三）充气和封口质量的保证

充气和封口质量的控制，必须依靠先进的充气包装机械和良好的操作质量。例如，连续式真空充气包装机，从容器成形、计量充填、抽真空充气到封口切断、打印日期和产品输出均在一台机器上自动连续完成，不仅高效可靠，而且减少了包装操作过程中的各种污染，有利于提高保鲜效果。

（四）产品贮存温度的控制

温度的高低不仅会影响肉体表面各种微生物的活动，也能影响包装材料的阻隔性。温度越高，包装材料的阻隔性越小。因此，必须实现从生产、贮存、运输到销售全过程的温度控制。

第三节　肉的辐射保藏与保鲜

肉的辐射保藏是利用原子能射线的辐射能量对新鲜肉类及其制品进行处理，使肉品在一定期限内不腐败变质、不发生品质和风味的变化，延长其保存期。这种方法处理肉类时，能够最大限度地减少食品的损失，无须提高肉的温度就可以杀死肉中深层的微生物和寄生虫，而且可以在包装以后进行，不会留下任何残留物，既能减少环境中化学药剂的危害、节约能源，又适合工业化生产。但肉经辐射后会产生异味，肉色变淡，且会损失部分氨基酸和维生素。

一、辐射保藏的原理

肉类辐射保藏是利用放射性核素发出的 γ 射线或利用电子加速器产生的电子束或 X 射线，即利用原子能辐射能力对肉品进行杀菌处理，杀灭其中的病原微生物及其他腐败细菌，或抑制肉品中某些生物活性物质和生理过程，从而达到保藏或保鲜的目的。世界卫生组织（WHO）、联合国粮食及农业组织（FAO）和国际原子能机构（IAEA）组成的食品辐照联合委员会（JEFCI）经过验证后宣布：辐照剂量低于 10 kGy 的食品无毒理学危害，且无特殊的营养及微生物学问题，均可食用。

二、辐射剂量单位和辐射杀菌类型

（一）辐射剂量单位

射线与物质发生作用的程度常用照射剂量表达。照射剂量使用广泛的单位是库仑/千克空气（C/kg）和吸收剂量拉德（rad）或戈瑞（Gy）。

FAO 对不同食品的照射剂量规定如表 13-7 所示。

表 13-7　对不同食品的照射剂量（周光宏，2011）

食品	主要目的	达到的效果	剂量/kGy
肉、禽、鱼及其他易腐败产品	不用低温、长期安全储藏	能杀死腐败菌、病原菌及肉毒梭菌	40~60
肉、禽、鱼及其他易腐败产品	在 3℃以下延长储藏期	减少嗜冷菌数	5~10
冻肉、鸡肉、鸡蛋及其他易污染细菌的食品	防止食品中毒	杀灭沙门氏菌	3~10
肉及其他有病原寄生虫的食品	防止食品媒介的寄生虫	杀灭旋毛虫、牛肉绦虫	0.1~0.3

在辐射源的辐射场内，单位质量的任何被照射物质吸收任何射线的平均吸收量称为吸收剂量。1 Gy 就是 1 kg 物质吸收 1 J（焦耳）的能量。其换算关系为

$$1 \text{ Gy} = 1 \text{ J/kg} = 100 \text{ rad}$$

（二）辐射杀菌类型

按剂量大小和所要求的目标，可将食品上应用的辐射杀菌分为以下三类。

1. 辐射阿氏杀菌　　所使用的辐射剂量可以使食品中的微生物减少到零或有限个数。采用辐射阿氏杀菌能使食品适宜全部的贮藏场景。肉中以肉毒梭菌为对象菌，剂量应达 40~60 kGy。如罐装腊肉辐照 45 kGy，室温可贮藏 2 年，但会出现辐射副作用。

2. 辐射巴氏杀菌　　使用的辐射剂量以在食品中检测不出特定的无芽孢病菌为准。畜产品中以沙门氏菌为目标，剂量范围为 5~10 kGy。既能延长保存期，副作用又小。该法在鸡蛋、冻肉上应用最成功。

3. 辐射耐贮杀菌　　以假单胞菌为目标，为了减少腐败菌的数量，延长冷冻或冷却条件下食品的货架寿命。一般剂量在 5 kGy 以下。产品感官状况几乎不发生变化。

三、肉的辐射保藏工艺

肉的辐射保藏工艺流程如图 13-4 所示。

前处理 → 包装 → 剂量的确定 → 辐射处理 → 检验 → 包装 → 贮藏

图 13-4　肉的辐射保藏工艺流程

（一）前处理

辐射保藏即利用射线杀灭微生物，并减少二次污染，从而达到保藏的目的。辐射前对肉品进行挑选和品质检查，选择质量合格、初始菌量低的新鲜的原料肉。为减少辐射过程中某些成分的微量损失，有时需增加微量添加剂，如添加抗氧化剂，可减少维生素 C 的损失。

（二）包装

包装是肉品辐射保鲜的重要环节。辐射灭菌是一次性的，因而要求包装能够防止辐射食品的二次污染。同时还要求隔绝外界空气与肉品接触，以防止贮运、销售过程中脂肪氧化酸败，肌红蛋白氧化变色等。因此，屠宰后的胴体经剔骨、去掉不可食用部分后，应进行包装。包装材料一般选用高分子塑料，在实践中常选用复合塑料膜，如聚乙烯、尼龙复合薄膜。包装方法常采用真空包装、真空充气包装、真空去氧包装等。

（三）辐射处理

常用辐射源有 ^{60}Co、^{137}Cs 和电子加速器三种。^{60}Co 辐射源释放的 γ 射线穿透力强，设备较简单，因而多用于肉食品辐射。辐射条件根据辐射肉制品的要求而定，通常选用复合处理的方法，即与红外线、微波等物理方法相结合。

（四）辐射质量控制

这是确保辐射工艺完成不可缺少的措施，以确保每一肉制品包装都能受到有效剂量、均匀的辐照。

四、辐射对肉品质的影响

（一）颜色

辐射能使鲜肉类及其制品产生鲜红且较为稳定的色素，表现为瘦肉的红色更鲜，肥肉也出现淡红色。这种增色在室温贮藏过程中，由于光和空气中氧气的作用会慢慢褪去。

（二）嫩化作用

辐射能打断肉的肌纤维，对胶原蛋白有嫩滑作用，从而提高肉品的嫩度。

（三）辐射味

肉类等食品经过辐射后产生一种类似于蘑菇的味道，称作辐射味，主要是因为辐射过程中产生了硫化氢、碳酰化物和醛类物质。但这种辐射味因动物品种和肌肉蛋白种类的不同而异。例如，牛肉产生的气味特别令人厌恶，而猪肉和鸡肉产生的气味较温和；肌动蛋白受辐照的影响很小，而肌动球蛋白受强烈照射会产生非常明显的异味。可通过控制辐照的温度和加入某些添加剂如氧化剂、柠檬酸、香料、碳酸氢钠、维生素 C 等，来抑制辐射味的产生，通常起始辐照的肉品最佳温度为 −40℃，在辐照结束时，肉品的温度不应超过 −8℃。经广泛食用评价，经辐射保藏的鲜猪肉的色香味比鲜猪肉略差，比冻肉好。

五、辐射肉品的安全性

大量的动物试验结果均表明辐射保藏是一种安全有效的新手段。其安全性体现在以下两个方面。

1）辐射食品无残留放射性和诱导放射性。

2）辐射不产生毒性物质和致突变物。

第四节　肉的其他保鲜方法

一、防腐保鲜剂

防腐保鲜剂可分为天然保鲜剂和化学防腐剂。防腐保鲜剂经常与其他保鲜技术结合使用，作为肉品保藏的常用方法之一。

（一）天然保鲜剂

由于人们对食品安全越来越关注，天然保鲜剂更加符合消费者的需要，开发新型的天然保鲜剂已成为当今防腐剂研究的主流。

1）乳酸链球菌素是乳酸链球菌的代谢产物，对主要导致食品腐败变质的内生孢子的细菌具有很强的抑制作用，如肉毒梭菌等厌氧芽孢杆菌及嗜热脂肪芽孢杆菌。但乳酸链球菌素对酵母、霉菌和革兰氏阴性菌的作用很弱。它是一种多肽，能被人体消化吸收，是一种安全的防腐剂。

2）茶叶中的茶多酚具有抗氧化变质的作用，可通过抑制肉品的脂质氧化、抑制细菌生长繁殖、除去臭味物质来防腐保鲜。

3）许多香辛料中含有杀菌、抑菌成分，提取后作为防腐剂，既安全又有效。大蒜中的蒜辣素和蒜氨酸、肉豆蔻所含的肉豆蔻挥发油、肉桂中的挥发油及丁香中的丁香油等香辛料提取物，均具有良好的杀菌、抗菌作用。

（二）化学防腐剂

化学防腐剂主要为各种有机酸及其盐类。肉类防腐保鲜中使用的有机酸包括乙酸、甲酸、柠檬酸、乳酸及其钠盐、抗坏血酸、山梨酸及其钾盐、磷酸盐等，特别是乙酸、乳酸钠、山梨酸及其钾盐和磷酸盐的使用最多。研究证明，这些酸及其盐类单独或配合使用，对延长肉的保存期均有一定效果。

（1）乙酸　1.5%的乙酸就有明显的抑菌效果；在3%浓度范围以内，乙酸不会影响肉的颜色。因为该浓度下的乙酸具有抑菌作用，减缓了微生物的生长，避免了霉斑引起的肉色变黑、变绿。但当浓度超过3%时，乙酸的浓度较高，会对肉色产生不良作用。研究表明，用0.6%乙酸加0.046%甲酸混合液浸渍鲜肉10 s，不但细菌数大为减少，而且能保持其风味，对色泽几乎无影响；如单独使用3%乙酸处理，可抑菌，但对色泽有不良影响；采用3%乙酸+3%抗坏血酸处理时，因抗坏血酸的护色作用，肉色可保持很好。

（2）乳酸钠　乳酸钠具有较好的安全性，最大使用量高达4%。乳酸钠防腐的机理有两个：乳酸钠的添加可减低产品的水分活性，从而阻止微生物的生长；乳酸根离子有抑菌功能团。

乳酸钠对鼠伤寒杆菌、沙门氏菌和金黄色葡萄球菌有抑制作用。目前，乳酸钠主要应用于禽肉的防腐保鲜。

（3）山梨酸及其钾盐　　其是目前国际公认效果良好的防腐剂，一般在 pH 为 5～6 时使用效果较好，不仅对细菌、霉菌、酵母和好氧菌均有抑制作用，而且不会对肉品的风味产生不良影响。用 2.5% 的山梨酸溶液浸泡鲜肉或对鲜肉表面喷雾，可有效地延长保存期。在香肠加工时，可将 0.25% 的山梨酸溶液直接加入肉馅，或用 2.5% 的山梨酸溶液浸泡肠衣，均可达到有效的防腐防霉效果。熟鸡腿肉在 10% 山梨酸钾溶液中浸 30 s 后，于 4℃ 条件下可贮藏 20 d，比对照组贮藏期延长 1 倍。在对鲜肉保鲜时，山梨酸钾可单独作用，也可和磷酸盐、乙酸结合作用。

（4）磷酸盐　　肉制品中可添加 0.5% 的磷酸盐，磷酸盐能够明显提高肉制品的保水力，利用其加合作用延缓制品的氧化酸败，增强防腐剂的抗菌效果，是肉类工业中必不可少的品质改良剂。在使用时，先配成 1%～3% 浓度的水溶液，然后对肉进行喷洒或浸渍。

二、抗生素处理

抗生素可在不引起肉品发生化学或生物化学变化的情况下，延长肉品的贮藏寿命。但是，抗生素用于肉品保藏的价值是有限的：①抗生素是抑菌而不是杀菌性的，只能用于被微生物污染数量较少的肉品；②不同微生物对某种抗生素的敏感性不同，抗生素在抑制了某种类型微生物的同时，另一些类型微生物的数量有可能增加；③可能因抗药性菌群的产生而失去抑菌作用；④目前还缺乏有效的抑制霉菌和酵母菌的抗生素。因此，在使用时，必须慎重选择，所使用的抗生素必须在肉品进行热处理时容易分解，其产物对人体无毒害。

肉品贮藏中常使用的抗生素有氯霉素、金霉素、四环素、泰乐菌素等，它们可用于非常耐热的细菌。一般不允许将抗生素用于半保藏品。虽然抗生素可降低热处理强度和腌制程度，但也会使肉毒梭菌产生毒素的危险性增强。

第十四章

◆

肉制品添加剂与辅料

在肉制品加工过程中，为了改善和提高肉制品的感官特性及品质，延长肉制品的保存期和便于加工生产，除使用畜禽等动物肉作主要的原料外，常需另外添加一些其他可食的天然物质或化学物质，这些物质统称为肉制品加工辅料。选择适当的辅料不仅能提高肉制品的质量和产量，增加肉制品的花色品种，也能提高其商品价值和营养价值，保证消费者的身体健康。根据辅料的作用，可将其分为调味料、香辛料和添加剂三类。

第一节 调 味 料

调味料是指为了改善食品的风味，赋予食品特殊味感（咸、甜、酸、苦、鲜、麻、辣等），使肉制品更加鲜美可口、增进人们食欲，而加入食品中的天然或人工合成的物质。

一、咸味料

（一）食盐

咸味是食品的基本味，食盐是构成肉制品咸味的主要辅料。食盐的主要成分是氯化钠。精制食盐中氯化钠含量在 98% 以上，味咸、呈白色结晶体，无可见的外来杂质，无苦味、涩味及其他异味。在肉品加工中，食盐有助于防腐保鲜、提高保水性和黏着性，从而保持肉品的良好质地和口感。但食盐能加强脂肪酶的作用和脂肪的氧化，因此，腌肉的脂肪较易氧化变质。

除构成食品咸味外，食盐中的钠离子和氯离子有助于维持人体正常的生理机能。但是，为了避免对人体造成伤害，应控制每日的食盐量。新型食盐代用品 Zyest 在国外已配制成功并大量使用。该产品属酵母型咸味剂，不仅可使食盐的用量缩减至少一半甚至 90%，而且具有良好的防腐作用，现已广泛用于面包、饼干、香肠、沙司、人造黄油等食品，现将这种食品统称为低钠食品。日本广岛大学也研制了一种不含钠但有咸味的人造食盐，是由与鸟氨酰和甘氨酸化合物类似的 22 种化合物加以改良后制备而成，称为鸟氨酰牛磺酸，味道与食盐几乎没有区别，现已投入生产，但售价比食盐高 50 倍。食盐的使用量应根据消费者的习惯和肉制品的品种要求适当掌握，通常生制品食盐用量为 4% 左右，熟制品的食盐用量为 2%～3%。

（二）酱油

酱油是我国传统的调味料，同食盐一样可为肉制品提供咸味，而且具有良好的增鲜、增色效果。在香肠等制品中还有促进发酵成熟的良好作用。酱油多以粮食和副产品为原料，经发酵而成。酱油分为有色酱油和无色酱油。酱油主要含有蛋白质、氨基酸等，密度不应低于 22°Bé，食盐含量不超过 18%。酱油是一种营养丰富、风味独特的咸味调味料。

（三）酱

酱按其原料不同分为黄豆酱、甜面酱、虾酱等，是用大豆、面粉、食盐等为原料，经发酵制成的调味品。含有丰富的蛋白质、脂肪、碳水化合物、维生素和矿物质等。在肉品加工中不仅是常用的咸味调料，而且还有良好的提香生鲜、除腥清异的效果。

二、甜味料

（一）蔗糖

蔗糖是白色或无色的结晶性粉末，分为白糖和红糖，是最常用的天然甜味剂，其甜度仅次于果糖，易溶于水。肉制品中添加少量的蔗糖可以改善产品的滋味，缓冲咸味。糖能迅速均匀地分布于肉的组织中，增加渗透压，形成乳酸，降低 pH，有保鲜作用，并能促进胶原蛋白的膨胀和松弛，使肉质松软、色调良好。蔗糖添加量在 0.5%～1.5%。

（二）葡萄糖

葡萄糖为白色晶体或粉末，甜度略低于蔗糖。在肉品加工中，葡萄糖常用作蔗糖的代用品。除作为甜味料使用外，还可形成乳酸，调节 pH 和氧化电位，有助于胶原蛋白的膨胀和疏松，从而使制品柔软。另外，葡萄糖的保色作用较好，而蔗糖的保色作用不太稳定。肉品加工中葡萄糖的使用量为 0.3%～0.5%。在发酵肉制品中葡萄糖一般作为微生物的主要碳源。

（三）蜂蜜

蜂蜜又称蜂糖，呈白色或不同程度的黄褐色，为透明、半透明的浓稠液状物。含葡萄糖 42%、果糖 35%、蔗糖 20%、蛋白质 0.3%、淀粉 1.8%、苹果酸 0.1%及脂肪、蜡、色素、酶、芳香物质、无机盐和多种维生素等。其甜味纯正，不仅能够增加肉制品的甜味，还具有润肺滑肠、杀菌收敛等药用价值。蜂蜜具有较高的营养价值，且易于人体吸收利用，因此在食品中的添加量较大。

（四）饴糖

饴糖又称糖稀，主要由麦芽糖、葡萄糖和糊精组成，味甜爽口，有吸湿性和黏性，在肉品加工中常作为烧烤、酱卤和油炸制品的增味剂和甜味助剂。使用中要注意在阴凉处存放，防止酸败。

（五）D-山梨糖醇

D-山梨糖醇又称花椒醇、清凉茶醇，是一种白色针状结晶或粉末，溶于水、乙醇、酸中，不溶于其他一般溶剂，水溶液的 pH 为 6～7。其有吸湿性，有愉快的甜味及寒舌感，甜度为砂糖的 60%，常作为砂糖的代用品。在肉制品加工中，其除能起到甜味剂的作用外，还能提高渗透性，使制品纹理细腻，肉质细嫩，增加保水性，提高成品率。

三、酸味料

（一）食醋

食醋为中式糖醋类风味产品的重要调味料，如与糖按一定比例配合，可形成宜人的甜酸味。

食醋是以粮食为原料经醋酸菌发酵酿制而成，乙酸含量超过3.5%。通常在产品即将出锅时添加食醋，因乙酸具有挥发性，受热易挥发。乙酸还可与乙醇生成具有香味的乙酸乙酯，这也是糖醋制品中添加适量的酒后浓醇甜酸、气味扑鼻的原因。在肉品加工中添加适量的醋，不仅能给人以爽口的酸味感，促进食欲，帮助消化，而且还有一定的防腐和去腥解腻的作用，有助于溶解纤维素及钙、磷等，从而促进人体对这些物质的吸收利用。另外，醋还有软化肉中结缔组织和骨骼、保护维生素C少受损失、促进蛋白质迅速凝固等作用。

（二）酸味剂

常用的酸味剂有柠檬酸、乳酸、酒石酸、苹果酸、乙酸等，这些酸均能参加体内的正常代谢，在一般使用剂量下对人体无害，但应注意其纯度。

四、鲜味料

（一）谷氨酸钠

谷氨酸钠即味精或味素，为无色或白色棱柱状结晶或呈粉末状，具有独特的鲜味，易溶于水。在肉制品加工中，一般使用量为0.25%～0.5%。加热至120℃时失去结晶水，大约在270℃发生分解。在pH为5以下的酸性或强碱性条件下，其鲜味降低。对酸性强的食品，可比普通食品多加20%左右。除单独使用外，宜与肌苷酸钠和核糖核苷酸钠之类的核酸类调味料配成复合调味料，以提高效果。在肉制品中的使用量一般在0.25%～0.50%。

（二）5′-肌苷酸二钠

又称肌苷酸钠或肌苷酸二钠，是白色或无色的结晶或结晶粉末，性质比谷氨酸钠稳定。肌苷酸钠有特殊强烈的鲜味，其鲜味比谷氨酸钠强10～20倍。通常与谷氨酸钠共同使用，配制混合味精，以提高增鲜效果。

（三）5′-鸟苷酸二钠

又称鸟苷酸钠，为具有很强鲜味的5′-核苷酸类鲜味剂。无色或白色结晶或结晶性粉末。其呈味性是近年来才发现的，它同肌苷酸钠等被称为核酸系调味料，其呈味性质与肌苷酸钠相似，与谷氨酸钠有协同作用。使用时，一般与肌苷酸钠和谷氨酸钠混合使用。

（四）核糖核苷酸二钠

又称核糖核苷酸钠，呈白色或几乎白色结晶或粉末，由核糖核苷酸二钠（占90%以上）和5′-肌苷酸二钠、5′-鸟苷酸二钠、5′-胞苷酸二钠及5′-尿苷酸二钠混合而成。因其与L-谷氨酸钠有相乘鲜味效果，故常将核糖核苷酸二钠与L-谷氨酸钠混合后广泛用于各种食品，加入量占L-谷氨酸钠的2%～10%。

五、调味肉类香精

调味肉类香精是以纯天然的肉类为原料，经过蛋白酶适当降解成小肽和氨基酸，加还原糖，在适当的温度条件下发生美拉德反应生成风味物质，然后采用超临界萃取和微胶囊包埋或乳化调和等技术生产的粉状、水状、油状系列调味香精。常用的香精包括猪、牛、鸡、羊、火腿等各种肉味香精，可单独或混合到肉类原料中进行添加。其使用方便，是目前肉类工业常用的增香剂，尤其适用于高温肉制品和风味不足的西式低温肉制品。

六、调味用酒

调味用酒有许多种类，其中黄酒和白酒是中式肉制品中常用的调味料，其主要成分是乙醇和少量的脂类。其具有去腥除膻、解除异味的效果，并有一定的杀菌作用，可赋予制品特有的醇香味，使制品回味甘美，增加风味特色。黄酒色黄澄清，味醇正常，含乙醇 12°以上。白酒无色透明，具有特有的酒香气味。料酒除了作为在生产腊肠、酱卤等肉制品时的调味料，还有畅通血脉、散淤活血、祛风散寒、消积食、健脾胃等医疗功效。

第二节 香 辛 料

香辛料是具有芳香味和辛辣味的辅助材料的总称。香辛料具有独特的滋味和气味，在肉品加工中不仅能赋予肉制品独特的风味，增添诱发食欲的香气，还能促进消化吸收。此外，很多香辛料还具有抗菌防腐功能。香辛料的种类很多，可依据来源分为天然香辛料、配制香辛料和抽提香辛料三大类。天然香辛料是指利用植物的根、茎、叶、花、果实等部分，直接使用或简单加工（干燥、粉碎）后使用的香辛料。配制香辛料是把天然香辛料经过化学加工处理，提取出其有效成分，再浓缩、调配而成。抽提香辛料是利用物理方法对挥发性和不挥发的精油成分进行提取后调制而成。相比之下，后两类香辛料的品质均一，清洁卫生，使用方便，具有较好的发展前景。

一、天然香辛料

（一）葱

葱的种类较多，但其主要化学成分均为硫醚类化合物，如烯丙基二硫化物，使其具有强烈的葱辣味和刺激味。葱是常用的天然香辛料，不仅可压腥去膻、促进食欲，有开胃消食及杀菌发汗的功能，还能起到医疗保健的作用。葱能使肉制品香辣味美，能除去肉的腥膻味，而且含有铁、磷等 30 多种对人体有益的化学物质，对高血压、心脏病、糖尿病患者有一定的疗效，因此在肉品加工中经常使用。

（二）姜

姜性辛微温，味辛辣。其辣味及芳香成分主要是姜油酮、姜烯酚、姜辣素、柠檬醛和姜醇等。姜不仅是广泛应用的调味料，具有调味增香、去腥解腻、杀菌防腐等作用，而且有医疗保健的功能。其在肉品加工中可以鲜用，也可以干制成粉末使用。

（三）蒜

蒜的主要化学成分是蒜素，即挥发性的二烯丙基硫化物，使得蒜具有强烈的刺激气味和特殊的蒜辣味，同时也具有较强的杀菌能力。因此，蒜有压腥去膻、增加肉制品蒜香味及刺激胃液分泌、促进食欲和杀菌的功效。此外，大蒜还具有良好的防癌、抗癌作用。这是因为蒜中的硒，是一种抗诱变剂，它能使处于癌变情况下的细胞正常分解；阻断亚硝胺的合成，减少亚硝胺前体物的生成。

（四）胡椒

胡椒可分为黑胡椒和白胡椒，是制作咖喱粉、辣酱油、番茄沙司，以及制作荤菜肴及腌、卤制品不可缺少的香辛料。未成熟果实干后果皮皱缩而成的是黑胡椒。白胡椒是成熟的果实经热水短时间浸泡后去果皮阴干而成。二者成分相差不大，但因果皮挥发成分含量较多，故黑胡椒的风味大于白胡椒，但白胡椒的色泽好。胡椒含精油 1%～3%，主要成分为 α-蒎烯、β-蒎烯及胡椒醛等，所含辛辣味成分主要系胡椒碱和胡椒脂碱等。具有特殊的胡椒辛辣刺激味和强烈的香气，兼有除腥臭、防腐和抗氧化作用。因芳香气易于在粉状时挥发出来，故胡椒以整粒干燥密闭贮藏为宜，并于食用前始碾成粉。

（五）花椒

花椒又称秦椒、川椒，系芸香科灌木或小乔木植物花椒树的果实，能赋予制品适宜的香麻味。在肉品加工中整粒多供腌制肉品及酱卤汁用；粉末多用于调味和配制五香粉。使用量一般为 0.2%～0.3%。花椒果皮含辛辣挥发油及花椒油香烃等，主要成分为柠檬烯、香茅醇、萜烯、丁香酚等，此外，其中含有的花椒素能够产生辣味。

（六）辣椒

辣椒含有 0.02%～0.03% 的辣椒素，具有强烈的辛辣味和香味，不仅有调味功能，还有杀菌、开胃等效用。辣椒素能刺激唾液分泌及淀粉酶活性，从而帮助消化，促进食欲；还具有抗氧化和着色作用。

（七）芥末

芥末分为白芥和黑芥两种。芥末性温味辣，具有强烈的刺激性辛辣味，同时也有刺激胃液分泌、帮助消化、增进食欲等功效。在肉品加工中加入芥末后能起到调味压异和杀菌防腐的作用。

（八）大茴香

大茴香俗称大料、八角，系木兰科的常绿乔木植物的果实，干燥后裂成八至九瓣，故称八角。八角果实含精油 2.5%～5%，其中以茴香脑为主（80%～85%），即对丙烯基茴香醚、蒎烯、茴香酸等。其有去腥防腐作用，是肉品加工广泛使用的香辛料。

（九）小茴香

小茴香俗称茴香，系伞形科多年草本植物茴香的种子。小茴香含精油 3%～4%，主要成分为茴香脑和茴香醇，占 50%～60%，另有茴香酮占 1.0%～1.2%。其可挥发出特异的茴香气，有增香调味、防腐防膻的作用。

（十）桂皮

桂皮又称肉桂，系樟科植物肉桂的树皮及茎部表皮经干燥而成。桂皮含精油 1%～2.5%，其中含 80%～95% 的桂醛，此外，还有甲基丁香酚、桂醇等其他成分。桂皮常用于调味和矫味，在烧烤、酱卤制品中加入，能增加肉品的复合香气味。

（十一）白芷

白芷系伞形多年生草本植物的根块，含白芷素、白芷醚等香精化合物，有特殊的香气，味辛。可用整粒或粉末，具有去腥作用，是酱卤制品中常用的香料。

（十二）丁香

丁香为桃金娘科常绿乔木的干燥花蕾及果实。花蕾叫公丁香，果实叫母丁香，以完整、朵大油性足、颜色深红、气味浓郁、入水下沉者为佳品。丁香富含挥发性精油，精油成分为丁香酚和丁香素等挥发性物质，具有特殊的浓烈香气和桂皮香味，能很好地提高制品的风味。但丁香对亚硝酸盐有消色作用，在使用时应加以注意。

（十三）山柰

山柰又称山辣、砂姜、三柰，系姜科山柰属多年生木本植物的根状茎，切片晒制成干。山柰含有龙脑、桉油精、肉桂乙酯等成分，具有较强烈的香气。因其具有去腥提香、抑菌防腐和调味的作用，也是卤汁、五香粉的主要原料之一。

（十四）砂仁

砂仁系姜科多年生草本植物的干燥果实，一般除去黑果皮（不去果皮的叫苏砂）。砂仁含香精油 3%～4%，主要成分是龙脑、右旋樟脑、乙酸龙脑酯、苏梓醇等。其不仅能够矫臭去腥，提味增香，也具有温脾止呕、化湿顺气和健胃的功效。含有砂仁的制品，食之清香爽口，风味独特且口感清凉。

（十五）肉豆蔻

肉豆蔻又称豆蔻、肉蔻、玉果。属肉豆蔻科高大乔木肉豆树的成熟干燥种仁。肉豆蔻含精油 5%～15%，其主要成分为萜烯，占 80%，还有肉豆蔻醚、丁香粉等。其有暖胃止泻、止呕镇吐等功效，也有一定的抗氧化作用，在肉制品中使用很普遍。

（十六）甘草

甘草系豆科多年生草本植物的根。外皮红棕色，内部黄色。甘草因含 6%～14% 的甘草甜素、甘草苷、甘露醇及葡萄糖、蔗糖等而具有甜味，常用于酱卤制品。

（十七）陈皮

陈皮系芸香科常绿小乔木植物橘树的干燥果皮。含有挥发油，主要成分为柠檬烯、橙皮苷、川陈皮素等。肉制品加工中常用作卤汁、五香粉等调香料，可增加制品复合香味。

（十八）草果

草果系姜科多年生草本植物的果实，含有精油、苯酮等，味辛辣。可用整粒或粉末作为烹饪香料，通常在酱卤制品中，特别是烧炖牛肉、羊肉中加入，起到去膻压腥的作用。

（十九）月桂叶

月桂叶系樟科常绿乔木月桂树的叶子，含精油 1%～3%，主要成分为桉叶素，占 40%～

50%，还有丁香粉、丁香油酚酯等。肉制品加工中常用作调味、增香料，在汤、鱼等菜肴中也常被使用。

（二十）麝香草

麝香草系由紫花科麝香草的干燥树叶制成。精油成分有麝香草脑、香芹酚、沉香醇、龙脑等。烧炖肉放入少许，具有去腥增香的良好效果，兼有抗氧化、防腐作用。

（二十一）芫荽

芫荽又名胡荽，俗称香菜，常在猪肉香肠和灌肠中使用。系伞形科一年生或二年生草本植物，用其干燥的成熟果实。芳香成分主要有沉香醇、蒎烯等，其中沉香醇占 60%～70%，有特殊香味。

（二十二）鼠尾草

鼠尾草系唇形科一年生草本植物。鼠尾草含挥发油 1.3%～2.5%，主要成分为侧柏酮、鼠尾草烯。在西式肉制品中常用其干燥的叶子或粉末。鼠尾草与月桂叶一起使用可去除羊肉的膻味。

二、配制香辛料

（一）咖喱粉

咖喱粉呈鲜艳黄色，味香辣，是肉品加工和中西菜肴中重要的调味品。它是以姜黄、白胡椒、芫荽子、小茴香、桂皮、姜片、辣根、八角、花椒等为原料进行混合后研磨成的一种粉状香辛料。其有效成分多为挥发性物质，因此，为了更好地保持其风味，通常在制品临出锅前加入。

（二）五香粉

五香粉是以花椒、八角、小茴香、桂皮、丁香等香辛料为主要原料配制而成的复合香料。各种原料的配比在不同地区之间略有差异。

第三节　添　加　剂

为了增强或改善食品的感官形状，延长保存时间，满足食品加工工艺过程的需要或某种特殊营养需要，常在食品中加入天然的或人工合成的无机或有机化合物，这种添加的无机或有机化合物统称为添加剂。根据添加剂的作用不同，肉品中的添加剂可大致分为发色剂、发色助剂、着色剂、品质改良剂、防腐剂和抗氧化剂等。

全国食品添加剂标准化技术委员会要求食品添加剂必须达到以下 5 点要求。

1）要求食品添加剂无毒性（或毒性极微），无公害，不污染环境。

2）必须无异味、无臭、无刺激性。

3）食品添加剂的加入量不能影响食品的色、香、味及食品的营养价值。

4）食品添加剂与其他助剂复配，不应产生不良后果，要求其具有良好的配伍性。

5）使用方便，价格低廉。

一、发色剂

（一）硝酸盐

硝酸盐主要指硝酸钾（KNO_3）及硝酸钠（$NaNO_3$），为无色的结晶或白色的结晶性粉末，无臭，稍有咸味，易溶于水。将硝酸盐添加到肉中后，硝酸盐在肉中脱氮菌（或还原物质）的作用下，还原为亚硝酸最终生成 NO，后者与肌红蛋白生成稳定的亚硝基肌红蛋白络合物，使肉呈鲜红色。

（二）亚硝酸盐

亚硝酸盐主要指亚硝酸钠（$NaNO_2$）和亚硝酸钾（KNO_2），为白色或淡黄色的结晶性粉末，吸湿性强，长期保存必须密封在不透气容器中。其是肉制品加工过程中最常用的传统发色剂，不仅可以使肉制品呈现鲜艳的红色，而且可以抑制肉制品中的腐败菌及致病菌，特别是对肉毒梭菌具有良好的抑制效果。此外，亚硝酸盐还具有抗氧化作用，可延长肉制品的货架期。但是仅用亚硝酸盐的肉制品，在贮藏期间褪色快，对生产过程长或需要长期存放的制品，最好使用硝酸盐腌制。我国规定，亚硝酸钠在肉类罐头和肉类制品中的最大使用量为 0.15 g/kg；对于残留量（以亚硝酸钠计），肉类罐头不得超过 0.05 g/kg，肉制品不得超过 0.03 g/kg。

二、发色助剂

肉制品中常用的发色助剂有抗坏血酸和异抗坏血酸及其钠盐、烟酰胺、葡萄糖、葡萄糖酸内酯等。其助色机理与硝酸盐或亚硝酸盐的发色过程紧密相连。研究表明，异抗坏血酸钠、烟酰胺、茶多酚等发色助剂对提高肉制品发色的稳定性和降低亚硝酸盐残留量有明显的积极作用。此外，联合使用发色助剂可以充分发挥其协同作用，大幅改善猪肉的发色效果，并且有效降低亚硝酸盐的使用量。

（一）抗坏血酸、抗坏血酸盐

抗坏血酸即维生素 C，具有很强的还原作用，但对热和重金属极不稳定，因此一般使用稳定性较高的钠盐。肉制品中最大使用量为 0.1%，一般为 0.025%～0.05%。在腌制或斩拌时添加，也可以把原料肉浸渍在含该物质 0.02%～0.1%的水溶液中。腌制剂中加谷氨酸会增加抗坏血酸的稳定性。

（二）异抗坏血酸、异抗坏血酸盐

异抗坏血酸是抗坏血酸的异构体，其性质和作用与抗坏血酸相似。

（三）烟酰胺

烟酰胺也能形成稳定的烟酰胺肌红蛋白，使肉呈红色，且烟酰胺对 pH 的变化不敏感。据研究，同时使用维生素 C 和烟酰胺助色效果好，且能更好地维持成品的颜色。

（四）δ-葡萄糖酸内酯

δ-葡萄糖酸内酯能缓慢水解生成葡萄糖酸，造成火腿腌制时的酸性还原环境，促进硝酸盐向亚硝酸转化，有利于亚硝基肌红蛋白和亚硝基血红蛋白的生成。

三、着色剂

肉制品生产中，为使其呈现鲜艳的肉红色，常常使用着色剂，目前国内大多使用的是红色素。依据其来源和性质分为食用天然色素和食用合成色素两大类。

食用天然色素主要是由动植物组织中提取的色素，包括微生物色素。除天然色素藤黄对人体有剧毒不能使用外，其余的一般对人体无害，较为安全。尤其以红曲色素的使用最为普遍。

食用合成色素也称合成染料，属于人工合成色素。食用合成色素多以煤焦油为原料制成，成本低廉，色泽鲜艳，着色力强，色调多样。肉制品中通常使用胭脂红和苋菜红。

（一）红曲米和红曲色素

红曲米是由红曲霉菌接种于蒸熟的米粒而成。红曲色素具有对 pH 稳定，耐光、耐热、耐化学性强，不受金属离子影响，对蛋白质着色性好且色泽稳定，安全性高（小鼠腹腔注射半数致死量 LD_{50} 为 7000mg/kg）等优点。红曲色素常用作酱卤、香肠等肉类制品、腐乳、饮料、糖果、糕点、配制酒等的着色剂。中医认为，红曲米可入药，其性温、味甘且无毒，并对胃病、跌打损伤具有一定的疗效。

（二）甜菜红

甜菜红也称甜菜根红，是以食用红甜菜（紫菜头）的根制取的一种天然红色素，由红色的甜菜花青素和黄色的甜菜黄素所组成。甜菜红为红色或红紫色液体、块或粉末或糊状物。水溶液呈红色或红紫色，pH 为 3.0～7.0 时比较稳定，pH 为 4.0～5.0 时稳定性最大。其染着性好，但耐热性差，降解速度随温度的上升而增加。光和氧气也可促进降解。抗坏血酸有一定的保护作用，稳定性随食品水分活性（A_w）的降低而增加。

我国国家标准规定，甜菜红主要用于罐头、果味水、果味粉、果子露、汽水、糖果、配制酒等，其使用量按正常生产需要而定。

（三）辣椒红素

辣椒红素是主要由辣椒素和辣椒玉红素等组成的一种黏性油状液体，具有特殊气味和辣味，呈深红色。其溶于大多数非挥发性油，几乎不溶于水。其耐酸性好，耐光性稍差。辣椒红素使用量按正常生产需要而定，不受限制。

（四）焦糖色

焦糖色又称酱色、焦糖或糖色，其外观为红褐色或黑褐色的液体，也有的呈固体或者粉状，具有焦糖香味和愉快苦味。按制法不同，焦糖可分为不加铵盐（非氨法制造）和加铵盐（如亚硫酸铵）生产的两类。加铵盐生产的焦糖色泽较好，加工方便，成品率也较高，但有一定毒性。焦糖是我国常用的传统色素之一，在肉制品加工中常用于酱卤、红烧等肉制品的着色和调味，其使用量按正常生产需要而定。

（五）姜黄素

姜黄色素的主要成分为姜黄素，是植物界很稀少的具有二酮的色素，为二酮类化合物。外观表现为橙黄色的结晶粉末，味稍苦。不溶于水，溶于乙醇、丙二醇，易溶于冰醋酸和碱溶液，在碱性时呈红褐色，在中性、酸性时呈黄色。对还原剂的稳定性较强，着色性强（不是对蛋白质）且不易褪色，但对光、热、铁离子敏感，耐光性、耐热性、耐铁离子性较差。其主要用于肠类制品、罐头、酱卤制品等产品的着色，使用量按正常生产需要而定。

四、品质改良剂

（一）磷酸盐

目前肉制品中使用的品质改良剂多为磷酸盐类，能用于提高肉的保水性能，使肉制品的嫩度和黏性增加，既可改善风味，也可提高成品率。用于肉制品的磷酸盐中效果最好的有三种：焦磷酸钠、三聚磷酸钠和六偏磷酸钠。

（1）焦磷酸钠　为无色或白色结晶性粉末，溶于水，不溶于乙醇，可增加结着性和产品的弹性，是肉品加工中常使用的保水剂之一。常用于灌肠和西式火腿等肉制品中。最大使用量为 0.025 g/kg，多与三聚磷酸钠混用。

（2）三聚磷酸钠　为无色或白色玻璃状或片状或白色粉末，溶于水，具有很强的黏着作用，还有防止制品变色、变质、分散的作用，对脂肪有很强的乳化性。添加三聚磷酸钠的肉制品，加热后水流失很少，因此可抑制肉的收缩，提高保水性，增加弹性，使制品光泽变得更好，还能提高成品率。此外，三聚磷酸盐在肠道中不被吸收，且未发现有不良影响，最大使用量为 2 g/kg。

（3）六偏磷酸钠　为无色或白色的结晶或粉末、玻璃状或片状，吸湿性强，在潮湿空气中会逐渐变成黏稠液体。能促进蛋白质的凝固，对金属离子螯合力、缓冲作用、分散作用均很强。最大使用量为 1 g/kg。

各种磷酸盐混合使用效果较好，混合的比例不同，效果也不一样。在肉制品加工中，使用量一般为肉重的 0.1%～0.4%。其混合比见表 14-1。

表 14-1　几种复合磷酸盐混合物（孔保华，2011）　（单位：%）

组分	混合物 1	混合物 2	混合物 3	混合物 4	混合物 5
焦磷酸钠	40	50	50	5	10
三聚磷酸钠	40	25	20	25	25
六偏磷酸钠	20	25	30	70	65

（二）淀粉

淀粉的种类很多，有玉米淀粉、小麦淀粉、马铃薯淀粉、甘薯淀粉、木薯淀粉、绿豆淀粉、豌豆淀粉、魔芋淀粉等。淀粉是肉品加工中最常用的填充剂之一，主要用于生产各种火腿和灌肠类制品。淀粉的添加利于提升肉制品的持水性和组织形态。这是在加热的过程中，淀粉颗粒吸水、膨胀、糊化的结果。淀粉颗粒因吸水变得膨润而有弹性，并起黏着剂的作用，可使肉馅黏合，填补孔洞，使成品富有弹性，切面平整美观，具有良好的形态。同时，在加热的过程中，淀粉颗粒会吸收熔化的脂肪，减少脂肪流失，提高成品率。

通常情况下，制作灌肠时使用马铃薯淀粉，加工肉糜罐头时用玉米淀粉，制作肉丸等肉糜制品时用小麦淀粉。肉制品淀粉的使用量视品种而定，一般在 5%～30%。高档制品用量宜少，并最好使用玉米淀粉。

（三）大豆蛋白

大豆粉或大豆蛋白能够提高肉制品的感官质量和营养价值，可以很好地改善肉制品的质地。大豆蛋白有良好的保水性，当浓度为12%时，加热的温度超过60℃，黏度就急剧上升，加热到80～90℃时静置、冷却，就会形成光滑的纱状胶质。此外，大豆蛋白兼有易同水结合的亲水基团和易同油脂结合的疏水基团，因此具有很好的乳化力。

（四）酪蛋白酸钠

酪蛋白酸钠又称酪素钠、干酪素钠、酪朊酸钠，为白色或淡黄色颗粒或粉末，合格品基本无臭无味，稍有特殊的香气。有明显臭味或咸味的为不合格品，不能作为食品添加剂。酪蛋白酸钠既是乳化稳定剂，又是蛋白质源，在食品加工中被广泛采用。这是因为其易溶于水，pH为中性。此外，酪蛋白酸钠中的蛋白质含量达65%，因此，酪蛋白酸钠用于肉制品时，可增加制品的黏着性和保水性，改进产品质量，提高成品率。如与卵蛋白、血浆等并用，效果更好。其用量因制品不同而有很大差异，一般为0.2%～0.5%，个别制品可高达5%。

（五）卡拉胶

卡拉胶的主要成分为易形成多糖凝胶的半乳糖、脱水半乳糖，是天然胶质中唯一具有蛋白质反应性的胶质，能与蛋白质结合形成巨大的网络结构，提高肉的保水率，在肉馅中添加0.6%时，即可使肉馅保水率从80%提高到88%以上。因此，能够减少肉汁的流失，并且具有良好的弹性、韧性。由于卡拉胶还具有很好的乳化效果，稳定脂肪，表现出很低的离油值，从而提高制品的成品率。另外，卡拉胶能防止盐溶性蛋白及肌动蛋白的损失，抑制鲜味成分的溶出。

五、防腐剂

防腐剂是具有杀死微生物或抑制其生长繁殖作用的一类物质，在肉品加工中常用的有以下几种。

（一）苯甲酸

苯甲酸又称安息香酸，是一种白色晶体，无臭且难溶于水。苯甲酸及苯甲酸钠在酸性环境中对多种微生物有明显的抑菌作用，但对霉菌作用较弱。其抑菌作用受pH影响，pH 5.0以下，其防腐抑菌能力随pH降低而增加，pH 5.0以上时对很多霉菌和酵母菌无作用。苯甲酸与苯甲酸钠作为防腐剂，其最大使用量为0.2%。苯甲酸和苯甲酸钠同时使用时，以苯甲酸计，不得超过最大使用量。

（二）山梨酸

山梨酸及其钾、钠盐对霉菌、酵母菌和好氧菌均有抑制其生长的作用。山梨酸系白色结晶粉状或针状结晶，几乎无色无味，较难溶于水，易溶于一般有机溶剂。耐光耐热性好，适宜在pH为6.0以下时使用。由于其能够在人体内代谢产生二氧化碳和水，故对人体无害，其用量不应超过1 g/kg。

（三）山梨酸钾

山梨酸钾易溶于水和乙醇，能与微生物酶系统中的巯基结合，破坏许多重要酶系，达到抑制微生物增殖和防腐的目的，其防腐效果随 pH 的升高而降低，适宜在 pH 为 6.0 以下时使用。使用标准添加量以山梨酸计，不得超过最大使用量。

六、抗氧化剂

肉制品在存放过程中常常发生氧化酸败，因此可加入抗氧化剂来延长肉制品的贮藏期。抗氧化剂有油溶性抗氧化剂和水溶性抗氧化剂两大类。油溶性抗氧化剂能均匀地分布于油脂中，对油脂或含脂肪的食品可以很好地发挥其抗氧化作用。水溶性抗氧化剂是能溶于水的一类抗氧化剂，多用于对食品的护色（助色剂），防止氧化变色，以及防止因氧化而降低食品的风味和质量等。目前，用于肉制品中的化学抗氧化试剂主要有丁基羟基茴香醚（BHA）、二丁基羟基甲苯（BHT）、没食子酸丙酯（PG）和维生素 E 等。

（一）丁基羟基茴香醚

丁基羟基茴香醚又名特丁基-4-羟基茴香醚、丁基大茴香醚。其是一种白色或微黄色的蜡状固体或白色结晶粉末，带有特异的酚类臭气和刺激味，对热稳定。不溶于水，溶于丙二醇、丙酮、乙醇与花生油、棉籽油、猪油。

BHA 有较强的抗氧化作用，还有相当强的抗菌力，用 1.5×10^{-4} 的 BHA 可抑制金黄色葡萄球菌，用 2.8×10^{-4} 的 BHA 可阻碍黄曲霉素的生成。使用方便，但成本较高。它是目前国际上广泛应用的抗氧化剂之一。最大使用量（以脂肪计）为 0.01%。

（二）二丁基羟基甲苯

二丁基羟基甲苯别名 2,6-二叔丁基对甲酚。其是一种白色结晶或结晶粉末，无味，无臭，能溶于多种溶剂，不溶于水、氢氧化钠溶液和甘油。BHT 耐热性好，价格低廉，但其毒性相对较高，是目前国际上特别是在水产品加工方面广泛应用的廉价抗氧化剂。使用时，可将 BHT 与盐和其他辅料搅拌均匀，共同掺入原料肉中进行腌制，也可先将 BHT 预溶于油脂中，再按照一定的比例加入肉制品或涂抹于肠体表面。《食品添加剂使用卫生标准》规定，BHT 最大使用量为 0.2g/kg。

（三）没食子酸丙酯

没食子酸丙酯为白色或浅黄色晶状粉末，无臭、微苦。其易溶于乙醇、丙醇、乙醚，难溶于脂肪与水，对热稳定。PG 对脂肪、奶油的抗氧化作用较 BHA 或 BHT 强，三者混合使用时最佳；加增效剂柠檬酸时，则抗氧化作用更强，但可与金属离子作用而着色。

（四）维生素 E

维生素 E 又称生育酚，是目前国际上唯一大量生产的天然抗氧化剂。其是一种黄色或褐色几乎无臭的澄清黏稠液体，溶于乙醇而几乎不溶于水。可和丙酮、乙醚、氯仿、植物油任意混合，对热稳定。

维生素 E 的抗氧化作用比 BHA、BHT 弱，但毒性低，也是食品营养强化剂。主要适于作婴儿食品、保健食品、乳制品与肉制品的抗氧化剂和食品营养强化剂。在肉制品、水产品、冷冻食品及方便食品中，其用量一般为食品油脂含量的 0.01%～0.2%。

第十五章

灌肠肉制品的加工与控制

灌肠肉制品是指将切碎或斩碎的肉与辅料混合，经搅拌或滚揉后灌入天然肠衣或人造肠衣内，经烘烤、熟制和熏烟等工艺而制成的肉制品。灌肠产品的种类很多，按其加工的特点来分，有中式香肠和西式灌肠两类；按生熟来分，有风干肠和鲜肉肠（或熟肉肠）两类。传统的中式产品一般称作香肠，而西式产品一般都称为灌肠或红肠。二者因原料肉的种类、加工过程、调味料和辅助材料等的不同，而在外形上和口味上都有明显的区别。

第一节　中式香肠的加工

中式香肠的加工在我国已有上千年的历史，是按照我们民族的工艺加工制成的灌肠肉制品。目前，我国生产香肠的种类颇多。可分为广东香肠、东北香肠和武汉香肠三类。各类香肠的风味和外观都有明显的区别，但不过是原料和辅助材料配合上的某些差别，生产方法基本一样。中式香肠主要是以猪肉为原料，切碎或绞碎成丁，添加食盐、硝酸钠等辅料腌制后，灌入可食性的肠衣中，经晾晒、风干或烘烤等工艺制成。中式香肠的工艺流程如图 15-1 所示。

原料选择 → 原料处理 → 肠衣选择 → 配料 → 拌馅 → 灌制 → 晾晒（或烘烤）→ 成品保藏

图 15-1　中式香肠的工艺流程图

一、原料的选择

原料肉的质量能够直接影响香肠的质量，用作加工的原料肉须经过严格的挑选。主要选择牛肉和猪肉作为香肠的原料肉，其他肉类及其动物的某些副产品也可作为香肠的原料。原料肉必须来自健康牲畜，须经卫生人员检验证明。

（一）猪肉

猪肉主要利用其肌肉和皮下硬脂肪为原料，并选择肥瘦适宜的猪肉。脂肪过厚的肥猪肉易使皮下脂肪剩余，浪费原料；过瘦的猪肉，则常常皮下脂肪不够配用。

（二）牛肉

通常选用牛肉的肌肉部分作为香肠生产中的原料。在香肠制品中加入一定数量的牛肉，能增加制品的弹力、风味和营养价值，并能使制品的色泽美观。加工香肠用的辅料包括食盐、硝酸盐、味精、香辛料及肠衣等，都有一定的质量要求，含杂质多或霉变虫蛀者一律不准使用。

二、原料处理

冷却肉是加工香肠制品的理想原料，但获取困难，通常使用冷冻肉作为香肠加工中的主要原料。冷冻肉使用前要先进行解冻，无论是悬挂解冻或是水浸解冻都需要掌握正确的解冻方法，否则会使原料肉变成次等肉，降低利用价值。

胴体肉要进行修整，去掉筋腱、骨头和皮，并分进行组织分割，将不适于加工香肠的皮、筋、腱等结缔组织及肌肉间的脂肪、遗漏的碎骨、淤血等分割掉，然后割成一定重量的块，即为精料，用于香肠加工。肌肉、脂肪的分割工艺要求比较细致，否则对制品的质量影响很大。将修割好的瘦肉块用绞肉机以孔直径 0.4～1.0 cm 的筛孔板绞成 $1cm^3$ 左右的肉丁，肥肉部分通常切成边长为 0.6～0.8 cm 的肉丁，并用温水进行清洗，以除去浮油及杂质，沥干水分待用。

三、肠衣选择

肠衣在灌制品中不仅能起到包装肠馅的作用，还可以保持制品的食用风味和质量，延长货架期，减少干耗。灌制时，应根据产品要求选用不同规格的肠衣。肠衣主要有天然肠衣和人造肠衣两大类。天然肠衣是将牲畜（如猪、牛等）宰杀后的新鲜肠道经深加工，去除肠道内不需要的组织后得到的坚韧、透明的一层薄膜。天然肠衣具有良好的韧性和坚实度，能随加工过程中的压力而变化，蒸煮时能和肠馅一道膨胀收缩，透气，可食用。但天然肠衣直径不一，厚薄不均，对灌肠的规格和形状有一定的影响。天然肠衣因加工方法不同有干制和盐渍两类，前者使用前需温水泡软，后者需在清水中反复漂洗，以去掉盐分和污物。要求所用的天然肠衣新鲜、颜色好、结实、没有肠内容物及脂肪等附着，没有孔洞损伤，没有恶臭味。

人造肠衣是现代化商业香肠制品中主要使用的种类，包括以下几种：①纤维素肠衣，用天然纤维如棉绒、木屑、亚麻和其他植物纤维制成。但纤维素肠衣与肉类共同蒸煮的过程中，此肠衣对脂质的传质性差且不能食用，不能随肉馅收缩。②胶原肠衣，用动物胶原制成，分可食和不可食两类。③塑料肠衣，用聚丙二氯乙烯、聚乙烯膜制成，品种样式较多，只能蒸煮，不能食用。人造肠衣和天然肠衣相比具有卫生、损耗少、价格低、没有尺寸偏差、能印刷等优点，因此被广泛使用。

四、拌馅

中式香肠的配方不尽相同，但常用的配料主要有食盐、糖、酱油、料酒、硝酸盐、亚硝酸盐。将瘦肉丁、肥肉丁凉透称量，倒入拌馅机中，同时加入其他配料，拌馅时拌和均匀，便于灌制。在 100 kg 原料中加入 15 kg 水，加水后应迅速搅拌，使肥、瘦肉丁均匀地分开，不应有粘连的现象。

五、灌制

把制备好的肉馅灌入事先准备好的肠衣的过程称为灌制，灌制用的设备称为灌肠机或充填机。灌制前需做好肠衣的准备工作。应用肠衣的类型和口径的大小因品种而异，对于使用半成品的天然肠衣，需先用温水浸泡 2～3 h，然后洗净，通水检查除去漏孔部分。灌制操作的环节较多，灌馅技术与香肠和灌肠的质量、规格有密切关系。

（一）肉馅装入灌筒

灌馅时如何将肉馅装入灌筒十分重要，必须使肉馅装得紧实无孔隙。若肉馅在灌筒中装得不紧实,肉馅中留有空隙,则成品就会出现孔洞或者肉馅在肠内断裂松散。

（二）手握肠衣

将肠衣套在灌筒口上,打开灌筒阀门便可开始灌制。此时要用左手在灌筒上握住肠衣,并要掌握松紧程度,不能过紧或过松。如果捏得过松,灌入肉馅稀松不实,会使成品产生气泡和空洞,经悬挂晒干或烘烤后,势必肉馅下垂上部发空,影响灌肠的质量;如果捏得过紧,则肉馅灌入太实,会使肠衣破裂,或者在煮制时爆破。所以这一操作须手眼并用,随时注意肠内肉馅的松紧情况,每灌完一根肠衣,随即交与后面一人捆扎,交接时前后两人需互相配合,注意速度。

（三）捆扎

灌满肉馅后的肠子,须用棉绳在肠衣的一端结紧结牢,以便于悬挂,捆绑方法因具体产品的规格而异,可归纳为如下 3 种。

（1）单节割分的灌肠　这类灌肠用牛大肠肠衣制成,呈直形。事先已将肠衣剪断成单根,其一端已用棉绳结扎。灌馅时是逐根操作的,只需将另一端结扎,并留出棉绳约 20 cm,双线结紧,作为悬挂用。

（2）连接式短节灌肠　这类灌肠多用羊、猪、牛小肠肠衣灌制,灌制过程中无须隔开,应按照肠衣的实际长度,一次连续灌完,捆绑时除两头外,中间分节时不用线绳,而是按规格要求每距一定的长度用手将肠内肉馅挤向两边,利用这段挤空肉馅的肠衣拧 3~4 个结即可。

（3）特粗灌肠　这类肠子用牛盲肠、牛食道肠衣制成。由于内容物多,重量大,煮制时易爆,悬挂时也易坠落。因此,除在肠衣两端结扎棉绳外,还须在肠身中间每距 5~6 cm 处结扎棉绳,并互相连接用双线打结挂于木棒上。

（四）刺破气泡

灌饱馅时很容易带入空气到肠内形成气泡,这会使成品表面不平而且影响质量和贮藏期。因此,须用针刺破放出空气,刺孔时须特别注意肠子的两端,因顶端容易滞留空气。

六、晾晒（或烘烤）

捆扎好的香肠穿挂在木架上,或吊在架空轨道上,以便进行晾晒或烘烤。吊挂的香肠互相之间不应贴在一起,以防在烘烤时受热不均。

过去传统生产的香肠,一般搭在木杆上送于日光下暴晒,在透风处晾晒 10~15 d,成熟后即为成品。现代生产在干燥室内进行,室温控制在 40~45℃,干燥 2~3 d,再放在通风处继续干燥 7 d 左右即成。在送入烘房干燥前,可把湿肠放在温水中漂洗一次,以除去附着的污物。中式香肠一般干燥之后即为成品,也有某些地区经熟制后再出售。

七、成品保藏

香肠可在 10℃ 以下保藏 1~3 个月,一般应悬挂在通风干燥的地方。若采用真空无菌包装,在室内温度 30℃ 以下,可保藏 3~6 个月。

第二节　西式灌肠的加工

西式灌肠的加工工艺流程如图 15-2 所示。

图 15-2　西式灌肠的加工工艺流程图（郑坚强和司俊玲，2010）

一、原料肉的选择与修整

选择兽医卫生检验合格的可食动物瘦肉作原料，肥肉只能用猪的脂肪。瘦肉要除去骨、筋腱、肌膜、淋巴、血管、病变及损伤部位。

将选好的肉和去皮的肥肉切成一定大小的肉块。通常按比例添加配好的混合盐进行干法腌制。混合盐中通常盐占原料肉重的 2%～3%，亚硝酸钠占 0.025%～0.05%，抗坏血酸占 0.03%～0.05%。

腌制温度一般在 10℃以下，最好是 4℃左右，腌制 1～3 d。

二、绞肉或斩拌

腌制好的肉可用绞肉机绞碎或斩拌机斩拌。原料经过斩拌后，肌原纤维蛋白被激活形成凝胶和溶胶状态，从而使结构发生改变，减少表面油脂，使成品肉馅的黏度和弹性提高，具有鲜嫩细腻、极易消化吸收的特点，并增大得率。斩拌时肉吸水膨润，形成富有弹性的肉糜，因此斩拌时需加冰水，加入量为原料肉的 30%～40%。斩拌时间不宜过长，一般以 10～20 min 为宜。斩拌温度最高不宜超过 10℃。斩拌时投料的顺序是：牛肉→猪肉（先瘦后肥）→其他肉类→冰水→调料等。

三、配料与制馅

在斩拌后，通常在拌馅机内进行搅拌，使得原辅料混合均匀。将搅好的肉泥，按不同的品种要求过磅，称好肥肉丁，先将肉泥倒入拌馅机搅拌均匀，再将各种辅料用水调好后倒入，将近拌好前，再倒入肥肉丁搅拌均匀即可。拌馅时需加水，其添加数量主要根据原料中精肉的品质和比例及所加淀粉的多少来决定，一般每 50 kg 原料加水 10～15 kg，夏季最好加入冰水，以吸收搅拌时产生的热量，防止肉馅升温变质。因拌馅机的性能和特点不同，拌馅的时间应根据不同肉馅是否有黏性来决定。

四、灌制或填充

将斩拌好的肉馅，移入灌肠机内进行灌制和填充。必须控制灌制时的松紧适宜。若过松易使空气渗入而变质；过紧则在煮制时可能发生破损。此外，如果不能采用真空连续灌肠机灌制，应及时用针刺破放气。

灌好的湿肠按要求打结后，悬挂在烘烤架上，用清水冲去表面的油污，然后送入烘烤房进行烘烤。将搅拌好的肉馅，装入灌肠机。根据不同品种的要求，采用不同规格的动物肠衣或人造肠衣，经过扎口、扭转、串杆、装入烤炉，灌馅的基本要领同中式香肠。

五、烘烤

灌肠在煮制之前必须经烘烤，烘烤可以保持肠衣表面的干燥程度和机械强度，提高对微生物的稳定性；使灌肠表面柔韧；促使肉馅的色泽变红并驱除肠衣的异味。此外，烘烤的时间和温度也应当根据灌肠的粗细和肠馅的结构而控制得当。烘烤炉温通常保持在 65～80℃，其肠内中心温度应达到 45℃以上，时间为 1 h 左右。

灌肠是否烤得适当，一般用感官方法鉴别。烤好的灌肠一般都具备以下特征。

1）灌肠表皮干燥，用手摸没有黏湿的感觉，而有"沙沙"的响声。

2）肠衣的混浊程度减弱，开始呈半透明状，肉馅的红润色泽已经显露出来。

3）肠衣表面和肠头附近无油脂流出，如发现流油，说明已烤过度。

六、蒸煮

通常采用的蒸煮方式有汽蒸和水煮，其中，水煮因其重量损失少，表面无皱纹而优于汽蒸。但汽蒸的操作方便，节省能源，破损率低。水煮时，先将水加热到 90～95℃，把烘烤后的肠下锅，保持水温 78～80℃。当肉馅中心温度达到 70～72℃时为止。感官鉴定方法是用手轻捏肠体，挺直有弹性，肉馅切面平滑有光泽者表示煮熟。反之则未熟。

汽蒸时，待肠中心温度达到 72～75℃时即可。蒸煮速度通常为 1 mm/min，如直径 70 mm时，则需要蒸煮 70 min。

七、烟熏

煮熟以后的灌肠，肠衣变得湿软，色泽无光，存放时易使表面产生黏液或生霉，损害灌肠的品质。烟熏可以除去灌肠中的部分水分，使肠衣不黏，表面产生光泽并使肉馅呈鲜艳的红色，增加灌肠的美观，并产生特有的熏烟香味和具有一定的防腐性能。

通常在固定的熏室内进行熏制，熏室的结构是封闭的房架，内设有 3～4 层隔架作吊挂灌肠用。灌肠下垂一头应控制在距地面 1 m 以上，熏室顶部有小的出气孔，以便排出烟气。但为了节约燃料，并防止烟气流动过快，通常只保留较小的气孔。有些厂采用发烟室与熏烟室分开的连续轨道式的烟熏方式，既改善了卫生条件，又能很好地控制熏制温度。

熏制时先用木柴垫底，上面覆盖一层锯末，木柴与锯末的比例大体为 1∶2。将木材和锯末分成小堆，大小视熏室容积的不同而定，将煮过的灌肠挂入熏室后，点燃木材，关闭门窗，使其缓慢地燃烧发烟，但不能用明火烤。熏室温度通常保持 35～45℃，经 12 h 即为成品。部分制品在烟熏前还会进行与第一次方式一致的二次烘烤，约烘 1 h 即可。部分西式灌肠不经烟熏；有的品种如茶肠只烘烤一遍，也不经烟熏。

熏制完好的灌肠应表面干燥，无斑点和条状黑痕，色泽呈均匀的红色；肠衣不黏软，无流油现象；鼻嗅有烟味，口尝有熏制香味。

八、贮藏

未包装的灌肠吊挂存放，贮存时间依种类和条件而定。湿肠含水量高，如在 8℃条件下，相对湿度 75%～78%时可悬挂 3 昼夜。在 20℃条件下只能悬挂 1 昼夜。水分含量不超过 30%的灌肠，当温度在 12℃，相对湿度为 72%时，可悬挂存放 25～30 d。

第三节 灌肠制作中易出现的质量问题

熏制灌肠成品的外表应呈美观的枣红色，这种枣红色是熏烟中所含有的羰基化合物吸附于肠体表面和肉馅加硝腌制后的呈色反应共同作用的结果。如果在熏制时，肠与肠之间的距离过近或互相紧靠，则易在接触部位由于温度不均匀而发白或呈棕黄色，其余地方颜色正常，导致成品外表颜色不均匀。因此，挂肠时肠与肠之间应有一定的空隙，一般距离 3 cm 左右较宜，此外还要注意熏室内火堆的均匀，以保证熏烟浓度基本一致。若成品的颜色发黑，多是由于熏烟材料中含有较多的松木等油性木柴而造成。油性木柴含有树脂，燃烧时树脂剧烈燃烧并产生大量黑色烟尘，这些黑色烟尘黏附于肠体表面，是造成发黑的主要原因。因此，熏烟材料宜采用干燥的硬杂木。

一、灌肠类产品发生爆裂

爆裂一般是由以下几个因素造成的。

（一）肠衣质量不好

天然肠衣的弹性不及人造肠衣，而且较易生虫、霉变，尤其是在夏季高温、潮湿的情况下，如保管不当，可大大降低肠衣的质量。天然肠衣本身的弹性和牢固性极差，遇热易破裂。因此，除加强天然肠衣的保管外，使用前还应进行适当的处理：先用清水浸泡，然后用 2%的明矾水搓洗 2 遍，再用清水洗净，这样可增加肠衣的强度和外表光泽。此外，也可以用人造肠衣代替天然肠衣。

（二）肉馅充填过紧

使用天然肠衣进行灌肠时应严格控制灌制的紧实度，不要过量充填。因肉馅中一般都含有淀粉等增稠剂，在受热时，淀粉颗粒要吸水膨胀并糊化，体积增大，当胀力超过肠衣的弹性限度时，即发生胀破现象。

（三）煮制时温度掌握不当

灌肠煮制时若对温度的掌握不当，常造成灌肠的大批破裂。根据经验，一般当水温达到 92～94℃时，即可下锅，下锅后水温迅速下降，此时可打开蒸汽阀门或直接添加燃料，使水温升至82～85℃，并保持这一温度直至灌肠煮熟。如下锅后迅速升温并超过 85℃以上，此时灌肠外层的馅料因受热迅速变性、凝结、定型，且温度越高，蛋白质收缩越强烈，而中心部分因传热速度的关系，升温较慢，当继续加热，中心部分发生变性而膨胀致使外层胀破；如下锅后水温波动剧烈，会由于肠衣和肠馅的热胀冷缩程度和速度不同而产生应力，当这种应力超过肠衣的弹力时，就会发生破裂。凡因温度掌握不当而产生爆裂的外观特征是在肠体表面沿纵向爆裂成一条深沟状裂纹。

（四）烘烤、烟熏温度过高

同对煮制温度的控制，在灌肠烘烤、烟熏时，过高的温度也会使肠衣破裂。一般情况下，烘烤时温度应控制在 70～72℃，时间为 40～60 min。对于保持水分大的产品，在 70℃左右的温度下熏制 1～2 h；对于水分含量少，外表需要有干缩皱纹的肠类，以 60～65℃熏制 6～8 h

为宜。在上述工艺条件下，进行烘烤熏制，可较少破裂。

烘烤、熏制需注意的另一个问题是火苗不可接近肠体，否则会使接近火苗的肠体发生焦煳，一般距离 60 cm 左右较为适宜。

（五）原料不新鲜或肉馅变质而导致爆裂

这种情况多发生在炎热的季节，较高的温度能促进各种微生物的生长繁殖，若原料肉不新鲜或肉馅已经变质，此时部分蛋白质、糖类被微生物代谢分解，产生有机酸、二氧化硫、二氧化碳等物质。这种灌肠一经加热，肉馅中的各种气体物质迅速膨胀逸出，将肠衣胀破。因此，必须选用新鲜合格原料生产灌肠，特别在夏季，要防止肉馅变质，在搅拌或斩拌过程中，可采用加冰屑的办法来降低肉馅温度，并搞好生产场地、设备和容器的洗刷、消毒，以减少对肉馅的污染。

灌肠类产品发生爆裂的原因很多，并且往往由几个原因共同造成。因此在实际生产中，要根据当时的情况进行具体分析、寻找原因，以采取相应的措施。

二、红肠发"渣"

合格的红肠是内容物紧密，富于弹性，切面平整光滑。但有的红肠用手捏时弹性不足，切开后，内容物松散发"渣"，大体有如下几种原因。

（一）脂肪加入过多

为了合理利用肉源，降低成本，使肉制品有比较正常的营养组成和良好的口感，在正常生产中，会使用较多量的肥肉，一般添加量在 10%～20%。但如果过多地加入肥膘，则会起相反的效果。例如，在肉馅中加入 30%绞成泥状的肥膘时，在红肠烘烤、煮制、烟熏过程中，这些过多的液态油渗透于肉馅之中，大大降低了肉馅肥膘、淀粉和水分的结合能力，致使红肠组织结构松散，造成发"渣"。

（二）加水量过多

在制作肉馅的过程中，由于瘦肉经过绞碎、剁切，其持水能力大大增加，同时，加入的淀粉和其他辅料也要吸水。因此，必须加入一定量的水分以乳化肉馅，并提高成品率。但如果加入的水超过了肉馅的"吃水"能力，过多的游离态水分充满肉馅的组织，就会降低肉馅组织的结合力，从而使肉馅松软而失去弹性，造成发"渣"。

（三）腌制期过长

为了保证成品质量，用于制作灌肠的原料必须腌制，通常条件为 4～8℃，腌制 3～5 d。如果腌制期过长，则原料肉表面水分蒸发过多，逐渐形成一层海绵状脱水层，并不断向内部扩散加深，这样的肉质变得干硬、粗糙，失去原有的弹性和光泽，肌肉纤维变得脆弱易断。此时灌肠的特性表现为：弹性和口感差，发"渣"，且有酸臭味。

造成红肠发"渣"的原因往往是多方面的。例如，脂肪过多，会降低肉馅的持水能力；加水过量，也影响肉馅对油脂吸收。因此，要彻底解决红肠发"渣"的质量问题，最好采用综合性措施，各工序要严格把关，如挑选合格原料、按时出库加工、正确掌握加水量、按比例加入肥膘等。

三、红肠有酸味或臭味

这是在炎热季节最易发生的质量问题。红肠刚出炉，其内容物就有酸味或臭味，一般是由以下几个因素引起的。

1）原料不新鲜，本身已带有腐败气味。

2）已分割的原料，在高温下堆积过厚，放置时间过长，没有及时腌制入库，致使原料"热捂"变质，产品产生酸臭味。

3）腌制温度过高。腌过的肉在冷库中叠压过厚或库温较高，也可使冷库中的原料变质。其表面发黏，脂肪发黄，瘦肉发绿，这种原料也不能用来加工。

4）原料在搅拌或斩拌剁切时的摩擦作用也可使肉温升高，若处于较高的环境温度下，当肉馅温度超过20℃时，就可能在加工过程中发酵变质。

5）烘烤时炉温过低，烘烤时间过长，也能使产品产生酸味。

如果一旦发现红肠有酸味或臭味，就应该查找原因，弄清是哪个环节出现问题，然后采取改进措施，如加强原料质量的检查、及时腌制入库、按时出库加工、避免堆积过厚、搅拌时加冰屑或冷却水、适当提高烘烤温度、缩短烘烤时间等。

第十六章

腌腊肉制品的加工与控制

腌腊肉制品是我国传统肉制品的典型代表之一，是以鲜肉为主要原料，经预处理、腌制、脱水、保藏成熟而制成的具有独特风味的一类肉制品。腌腊肉制品具有肉质紧密坚实、色泽红白分明、滋味咸鲜可口、风味独特、便于携运和耐贮藏等特点，形成了肉制品加工的一种独特工艺。腌腊肉制品种类繁多，可以广泛适应国内外市场，主要包括腊肉、咸肉、板鸭、腊肠、香肚、中式火腿和西式火腿等。

第一节　腌制的作用和方法

肉的腌制能有效提高肉品的贮藏时间，也是肉品生产常用的加工方法。肉的腌制即用食盐、糖或以食盐为主并添加硝酸盐和香辛料等辅料对原料肉进行浸渍的过程。随着加工技术的提升，也可加入品质改良剂如磷酸盐、维生素 C、柠檬酸等以提高肉的保水性，获得较高的成品率。同时腌制技术已不单纯是一种用以防腐保藏的手段，更能用于改善风味和色泽，以此提高肉制品的质量。因此，腌制已是许多肉类制品加工过程中的一个重要工艺环节。

一、腌腊肉制品的加工及保藏原理

尽管腌腊肉制品种类很多，但其加工原理基本相同。其加工的主要工艺为腌制、脱水和成熟，使得其成品形成色泽红白分明、耐贮藏和风味独特的特点。

（一）色泽的形成

腌腊肉制品的发色原理与其他肉制品的发色原理相同，但腌制相对于其他技术的脱水量高，使得成色物质浓度较高，因此形成了更加鲜亮的红色。同时，肥肉经成熟后，常呈白色或无色透明，对比之下更显得腌腊肉制品色泽红白分明。

（二）风味的形成

腌腊肉制品的风味独特，呈现特有的香味。其风味来自加工后的贮藏，刚加工完时的气味与非腌制肉是一样的，即腌腊肉香味的产生在于贮藏过程中脂肪的氧化，在贮藏过程中游离脂肪酸总量几乎是直线上升的，但这与鲜肉的脂肪酸败不同。在通常条件下，出现特有的腌制香味需腌制 10～14 d，腌制 21 d 时香味明显，腌制 40～50 d 时香味达到最大程度。而且低浓度腌制的猪肉制品，风味比高浓度腌制的好。

此外，腌制剂的浓度也会影响风味的形成。肉香味取决于脂肪氧化产生的羰基类化合物。加硝酸盐腌制的火腿，羰基化合物的含量是不加的 2 倍。这可能是由于亚硝酸盐的存在干扰了不饱和脂肪酸的氧化，使血红素催化剂失活而导致风味的不同。

（三）保藏性及安全性

腌腊肉制品在腌制和风干成熟过程中，已脱去大部分水分，因此可在常温下保存较长时间而不易变质。其次是腌制剂能起抑菌作用，如食盐、硝酸盐。对中国板鸭的理化及微生物特性的测试及微生物接种试验表明，只要按照传统加工方法加工，完全可以保证这种肉制品的可贮藏性和卫生安全性，排除金黄色葡萄球菌引起食物中毒的可能性。

二、腌制剂的作用

（一）食盐的作用

食盐是腌腊肉制品中唯一的必不可少的主要腌制配料，其作用主要有以下几点。

（1）防腐作用　　食盐本身虽不具有灭菌活性，但一定浓度的食盐（10%～15%）能抑制许多腐败微生物的繁殖。盐溶液较高的渗透压可引起微生物细胞的脱水、变形，同时破坏其代谢。钠离子的迁移率小，能破坏微生物细胞的正常代谢，甚至能抑制细菌生长，对腌腊肉制品起到一定的防腐作用。氯离子比其他阴离子（如溴离子）更具有抑制微生物活动的作用，可影响细菌酶的活性。此外，食盐的防腐作用还在于食盐溶液减少了氧的溶解度，氧很难溶于食盐水中，这抑制了需氧性微生物的繁殖。

（2）保水作用　　食盐能增强肉的保水作用，这是因为 Na^+、Cl^- 与肉蛋白质结合，在一定的条件下蛋白质立体结构发生松弛。此外，食盐腌肉使肉的离子强度提高，肌纤维蛋白质数量增多，在这些纤维状肌肉蛋白质加热变性的情况下，将水分或脂肪包裹起来凝固，使肉的保水性提高。

（3）增进风味　　通过盐的渗透作用，经过腌制的肉含盐量均匀。而且由于盐析作用，部分氨基酸及其呈味浸出物的出现，增进了肉的滋味。

（二）硝酸盐和亚硝酸盐的作用

（1）防腐作用　　硝酸盐和亚硝酸盐可以抑制肉毒梭状芽孢杆菌及许多其他类型腐败菌的生长。这种作用在硝酸盐浓度为 0.1% 和亚硝酸盐浓度为 0.01% 左右时最为明显。

硝酸盐和亚硝酸盐的防腐作用受 pH 的影响很大，当 pH 为 6 时,对细菌有明显的抑制作用；当 pH 为 6.5 时，抑菌能力有所降低；当 pH 为 7 时，则不起作用，但其机理尚不清楚。

（2）发色作用　　肌肉中色素蛋白质能与亚硝酸钠发生化学反应，从而形成鲜艳的亚硝基肌红蛋白和亚硝基血红蛋白，它们在烧煮时变成粉红色，使肉具有鲜艳的玫瑰红色，呈红色的物质越多，肉色则越红（图 16-1）。虽然加入亚硝酸盐能迅速使肉呈色，但并不稳定，仅适用于生产过程短而不需要长期贮藏的制品。对生产周期长和保藏期限要求较长的制品，最好使用硝酸盐。现在许多国家广泛采用混合盐料。硝酸盐和亚硝酸盐由于具有毒性作用，在肉制品中用量不得超过 0.03～0.05 g/kg。

（三）磷酸盐的作用

磷酸盐呈碱性反应，加入肉中能提高肉的 pH，使肉膨胀度增大，从而增强保水性，增加产品的黏着力和减少养分流失，防止肉制品变色和变质，有利于调味料没入肉中心，使产品有良好的外观和

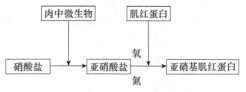

图 16-1　盐的呈色作用

光泽。

根据我国《食品添加剂使用卫生标准》规定，肉制品中使用的磷酸盐有焦磷酸钠、三聚磷酸钠和六偏磷酸钠。焦磷酸钠能增加肉品自身的弹性和与水的结合力，同时能起到一定的抗氧化作用；三聚磷酸钠对金属离子有较强的螯合作用，对 pH 有一定的缓冲作用，并可抑制肉的酸败；六偏磷酸钠能加速蛋白质的凝固，减少水分流失。通常混合成复合磷酸盐使用，磷酸盐的添加量一般在 0.1%～0.3%，添加磷酸盐会影响肉的色泽，过量使用有损风味。

（四）抗坏血酸盐的作用

抗坏血酸盐、异抗坏血酸及其钠盐、烟酰胺等是肉中常用的发色助剂，对肉色具有稳定作用，可防止亚硝基及亚铁离子的氧化。其助色机理与硝酸盐或亚硝酸盐的发色过程紧密相连。抗坏血酸盐容易被氧化，是一种良好的还原剂。它能促使亚硝酸盐还原成 NO，并创造厌氧条件，加速亚硝基肌红蛋白的形成，完成肉制品的发色作用。同时，抗坏血酸还具有一定的抗氧化作用，能避免亚硝基再被氧化成 NO_2，若混合其他添加剂使用，能防止肌肉红色褐变。

但是，腌制剂中的复合磷酸盐会改变盐水的 pH，会影响抗坏血酸的助色效果，因此往往加抗坏血酸的同时加入烟酰胺。烟酰胺也能形成稳定的烟酰胺肌红蛋白，使肉呈红色，且烟酰胺对 pH 的变化不敏感。

（五）白糖的作用

在肉制品的腌制过程中，食盐的添加会使腌肉的肌肉收缩，从而发硬且咸。而白糖能在微生物和酶的作用下产生酸，促进盐水溶液中 pH 的下降而使肌肉组织变软，因此能够缓和食盐的作用。同时白糖可使腌制品增加甜味，减轻由食盐引起的涩味，增强风味，并且有利于制作香肠的发酵。

三、腌制方法

肉在腌制时采用的方法主要有 4 种，即干腌法、湿腌法、混合腌制法和注射腌制法，不同腌腊肉制品对腌制方法有不同的要求，有的产品采用一种腌制法即可，有的产品则需要采用两种甚至两种以上的腌制法。

（一）干腌法

干腌法是将肉与腌制剂直接混合或将腌制剂涂于肉的表面，然后堆放在容器中或堆叠成一定高度的肉垛，外渗汁液形成高浓度的盐液进行腌制的一种方法。操作和设备简单，在小规模肉制品厂和农村多采用此法。腌制时由于渗透和扩散作用，由肉的内部分泌出一部分水分和可溶性蛋白质与矿物质等形成盐水，逐渐完成其腌制过程，因而腌制需要的时间较长。腌制后制品的失水的程度取决于腌制的时间和用盐量。腌制周期越长，用盐量越大，原料肉越瘦，腌制温度越高，产品失水越严重。

干腌法适于腌制中式火腿、腊肉、干香肠等肉制品。干腌的优点是：操作简便，营养成分流失少（蛋白质损失 0.3%～0.5%），水分含量低且耐贮藏。缺点是：腌制不均匀，失重大，色泽较差，盐不能重复利用，工人劳动强度大。

（二）湿腌法

湿腌法即盐水腌制法。即将肉品浸没在预先配制好的含一定食盐浓度的腌制剂内，并通过扩散和水分转移，让腌制剂渗入肉品内部并均匀分布，直至内外浓度相同的腌制方法。

湿腌法用的盐溶液一般是 15.3～17.7°Bé，硝石不低于 1%，也有用饱和溶液的。腌制剂可以重复利用，再次使用时需煮沸并添加一定量的食盐，使其浓度达 12°Bé。湿腌法腌制肉类时，每千克肉需腌 3～5 d。

湿腌法的优点是：产品水分和盐分布较为均匀，加盐量易于控制，失水率低且产率高。但其缺点在于：蛋白质流失严重，所需腌制时间长，风味不及干腌法，含水量高，不易贮藏。

（三）混合腌制法

混合腌制法是干腌法和湿腌法相结合的一种方法。肉制品可先进行干腌，放入容器中后，再放入盐水中腌制；或在注射盐水后，用干的硝酸盐混合物涂擦在肉制品上，放在容器内腌制。这种方法应用最为普遍。

干腌和湿腌相结合可减少营养成分流失，避免干腌法的脱水现象和湿腌法水分外渗带来的损失，可增加贮藏时的稳定性，不足之处是较为麻烦。

（四）注射腌制法

注射腌制法又称盐水注射法，为加速腌制液渗入肉内部，先用盐水注射，然后再放入盐水中腌制。盐水注射法分动脉注射腌制法和肌内注射腌制法。

（1）动脉注射腌制法　该法是通过泵将盐水或腌制剂经动脉系统压送入分割肉或腿肉内，使腌制剂在不破坏组织完整性的情况下迅速渗入肉的深处。腌制剂一般为 16.5～17°Bé。但该法的不足之处在于，一般分割胴体的方法并不考虑原来动脉系统的完整性，而用于腌制的肉必须是血管系统没有损伤，刺杀放血良好的前后腿；同时产品容易腐败变质，必须进行冷藏。

（2）肌内注射腌制法　该法分单针头和多针头两种。通常采用单针头注射分割肉，多针头注射肌肉。该法尤其适用于形状整齐而不带骨的肉类，肋条肉最为适宜，带骨或去骨肉均可采用此法。一般每块肉注射 3～4 针，每针腌制剂注射量为 85 g 左右，一般增重 10%，肌内注射可在磅秤上进行。

多针头机器，一排针头可多达 20 枚，每一针头中有小孔，插入深度可达 26 cm，平均每小时注射 60 000 次，由于针头数量大，两针相距很近，注射时肉内的腌制剂分布较好，可获得预期的增重效果。肌内注射时，腌制剂经常会过多地聚集在注射部位的四周，短时间难以散开，因此需要较长的注射时间，以便充分扩散腌制剂而不至于聚集过多。该法可以降低操作时间，提高生产效益，降低生产成本，但其成品风味不及干腌制品，煮熟时收缩的程度比较大。

（五）腌制成熟的标志和注意事项

腌腊肉制品达到成熟时的标志为：用刀切开最厚实部位的瘦肉，整个断面呈玫瑰红色且指压弹性均匀。腌制好的肥膘断面为青白色，切薄片时略带透明，这是脂肪被盐作用后老化的结果。影响腌制成熟的因素是多方面的，如季节、库温、湿度、盐液浓度、用硝量等。要勤检查，按色泽变化情况，逐步探索出本地区各个季节、各个品种的最佳腌制时间。

腌制主要利用盐液向肉内进行扩散和渗透，肉中盐的扩散速度与盐液浓度和温度密切相关。盐液与肉组织的盐浓度差距越大，扩散速度越快。温度越高，速度越快。但在温度高的情况下，细菌繁殖也越迅速，肉容易变质。因此，要合理控制腌制的温度，通常最适宜的温度为 2～4℃。

在腌制期间，由于冷库温度偏高或肉质不新鲜等原因，腌制剂往往酸败变质，致使肉变坏，外观表现为水面浮有一层泡沫或小气泡上升，这在反复利用腌制剂时更易出现。因此，在使用陈腌制剂时需先撇去浮在上面的泡沫，滤去杂质，再将滤液经 80℃、0.5 h 杀菌，充分冷却后才能使用。

第二节　主要腌腊肉制品的加工

一、腊肉的加工

腊肉是我国著名的传统生肉制品之一。用猪肋条肉经剔骨、切割成条状后用食盐及其他调料腌制，经长期风干、发酵或人工烘烤而成，使用时需加热处理。我国传统腊肉种类较多，选用鲜猪肉的不同部位都可以制成各种不同品种的腊肉，以产地分为广式腊肉、四川腊肉、湖南腊肉等，其产品的品种和风味各具特色。广式腊肉的特点是选料严格、制作精细、肥瘦相间、酒香浓厚、甘甜爽口；四川腊肉的特点是味道浓郁、皮肉红黄、肥膘透明或乳白、腊香带咸。湖南腊肉的特点是肉质透明、皮呈酱紫色、肥肉亮黄、瘦肉棕红、风味独特。

我国不同地区的传统腊肉因其制作工艺的明显区别而各具特点，但是关键的工艺原理基本相同。

（一）腊肉的工艺流程

腊肉生产工艺流程如图 16-2 所示。

图 16-2　腊肉生产工艺流程图

（二）腊肉的加工技术

（1）选料修整　　最好采用皮薄肉嫩、肥膘在 1.5 cm 以上的新鲜猪肋条肉为原料，也可选用冰冻肉或其他部位的肉。根据品种不同和腌制时间的长短，猪肉修割大小也不同，广式腊肉切成长 38～42 cm，每条重约 150 g 的薄肉条；四川腊肉则切成每块长 27～36 cm，宽 33～50 cm 的腊肉块。家庭制作的腊肉肉条，大都超过上述标准，而且多是带骨的，肉块整成相对规则的形状后，用尖刀在肉条上端穿一个小孔并穿绳，便于后续烘烤和烟熏时进行吊挂。

（2）腌制　　根据品种的不同，选择腌制料；同一品种在不同季节生产，配料也有所不同。一般采用干腌法、湿腌法和混合腌制法。三种腌制方法具体见本章第一节。腌制时间视腌制方法、肉条大小、室温等因素而有所不同，最短腌 3～4 h 即可，长的也可达 7 d 左右，以腌好腌透为标准。腌制腊肉无论采用哪种方法，都应充分搓擦，仔细翻缸，腌制温度保持在 0～10℃。

（3）清洗、晾干　　腌制结束后，先用清水清洗部分血水，再用温水洗干净表面的腌制料和食盐。这能够防止在肉制品表面产生白斑（盐霜）和一些有碍美观的色泽。洗肉坯时用铁钩把肉皮吊起，或穿上线绳后，在装有清洁的冷水中摆荡漂洗。

肉坯经过洗涤后，表层附有水滴，在烘烤、熏烤前需把水晾干，可将漂洗干净的肉坯连钩或绳挂在晾肉间的晾架上，没有专设晾肉间的可挂在空气流通而清洁的地方晾干。晾干的时间应视温度和空气流通情况适当掌握，若温度高、空气流通，晾干时间可短一些，反之则长一些。

有的地方制作的腊肉不进行漂洗，其晾干时间根据用盐量来决定，一般为带骨腊肉不超过 0.5 d，去骨腊肉在 1 d 以上。

（4）烘烤　　腊肉因肥膘肉较多，烘烤温度与烘烤时间因肉条大小而异，通常采用 45～55℃、24～72 h 的条件进行烘烤，至表面干燥且无油脂渗出。烘烤过程中温度不能过高以免烤焦、肥膘变黄；也不能太低，以免水分蒸发不足，使腊肉发酸。烤房内的温度要求恒定，不能忽高忽低，影响产品质量。烘烤后的肉条，送入干燥通风的晾肉间中晾挂冷却，等肉温降到室温即可。如果遇雨天应关闭门窗，以免受潮。

（5）烟熏　　熏烤是腊肉加工的最后一道工序，有的品种不经过熏烤也可食用，如湖南腊肉和四川腊肉。烘烤的同时可以进行熏烤，也可以先烘干、完成烘烤工序后再进行熏制，采用哪一种方式可根据生产厂家的实际情况而定。家庭熏制腊肉更简便，把腊肉挂在距灶台 1.5 m 的木杆上（农村做饭菜用的柴火灶），利用烹调时的熏烟熏制。这种方法烟淡、温度低且常间歇，所以熏制缓慢，通常要熏 15～20 d。但烟熏食品中能分离出许多环烃类，如一级致癌物苯并[a]芘。《食品安全国家标准　食品中污染物限量》（GB 2762—2022）规定，肉及其制品（熏、烧及烤肉）中苯并[a]芘不超过 5 μg/kg。

（6）包装　　成品烘烤后的肉坯悬挂在空气流通处，散尽热气后即为成品。成品率为 70% 左右。

（7）成品　　包装现多采用真空包装，250 g、500 g 不同规格包装较多，腊肉烘烤或熏烤后待肉温降至室温即可包装。真空包装腊肉保质期可达 6 个月以上。

（三）腊肉的质量标准

腊肉的质量应符合《食品安全国家标准　腌腊肉制品》（GB 2730—2015）。其感官要求和理化指标分别见表 16-1 和表 16-2。

表 16-1　感官要求（GB 2730—2015）

项目	要求	检验方法
色泽	具有产品应有的色泽，无黏液、无霉点	取适量试样置于白瓷盘中，在自然光下观察色泽和状态，闻其气味
气味	具有产品应有的气味，无异味、无酸败味	
状态	具有产品应有的组织状态，无正常视力可见外来异物	

表 16-2　理化指标（GB 2730—2015）

项目	指标
过氧化值（以脂肪计）/（g/100 g）	
火腿、腊肉、咸肉、香（腊）肠	≤0.5
腌腊禽制品	≤1.5
三甲胺氮/（mg/100 g）	
火腿	≤2.5

二、板鸭的加工

板鸭是我国传统的禽肉腌腊制品，始创于明末清初，至今有三百多年的历史。我国最著名的一种产品是南京所产的板鸭，南京板鸭始创于江苏南京；另一种是南安板鸭，始创于江西大余县（古时称南安）。

（一）南京板鸭的工艺流程

南京板鸭属咸鸭品种，外形方正、宽阔、体肥、皮白、肉红、肉质细嫩且紧密、味香、回味甜，又称"贡鸭"，可分为腊板鸭和春板鸭两类。腊板鸭是从小雪到立春，即农历十月到十二月底加工的板鸭，这种板鸭品质最好，腌制透彻且肉质细嫩，可以保存三个月时间；而春板鸭是从立春到清明，即由农历一月至二月底加工的板鸭，这种板鸭的保藏期通常只有一个月左右。南京板鸭的加工工艺流程见图16-3。

原料选择 → 宰杀 → 浸烫、煺毛 → 摘取内脏 → 清洗 → 干腌 → 卤制 → 晾挂 → 成品

图16-3　南京板鸭的工艺流程图

（二）南京板鸭的加工技术

1. 原料选择　应选择健康、无损伤、体长身高、胸腿肉发达、两翅下有"核桃肉"、活重在1.75 kg以上的肉用活鸭为原料。活鸭在宰杀前要用稻谷（或糠）饲养一定时期（15～20 d）催肥，使膘肥、肉嫩、皮肤洁白，这种鸭脂脂肪熔点高，在温度高的情况下也不容易滴油，变哈喇；若以糠麸、玉米为饲料则皮肤淡黄，肉质虽嫩但较松软，制成板鸭后易收缩和滴油变味，影响气味。因此，经过稻谷催肥的鸭叫"白油"板鸭，是板鸭的上品。

2. 宰杀

（1）宰前断食　肥育好的健康活鸭宰前应禁食12～24 h，只供饮水。待宰场要保持安静状态。

（2）宰杀放血　用麻电法将活鸭致昏后，采用口腔放血或切颈放血两种方法进行宰杀放血。口腔放血可保持商品完整美观，减少污染。由于板鸭为全净膛，为了易拉出内脏，目前多采用切颈放血，宰杀时要注意以切断三管为度，刀口过深易掉头和出次品。

3. 浸烫、煺毛

（1）烫毛　鸭宰杀后5 min内烫毛，烫毛水温以63～65℃为宜，浸烫2～3 min。

（2）煺毛　其顺序为先拔翅羽毛，次拔背羽毛，再拔腹胸毛、尾毛、颈毛，这称为抓大毛。拔完后随即拉出鸭舌，再投入冷水中浸洗，并拔净小毛、绒毛，这称为净小毛。

4. 摘取内脏　鸭毛煺光后立即去翅、去掌并摘取内脏。在翅和腿的中间关节处切除两翅和两腿。然后再在右翅下开一长约4 cm的直线口子，取出全部内脏，经检验合格的鸭子才可以用于加工板鸭。

5. 清洗　用清水将体腔内残留的破碎内脏和血液清洗干净。清膛后将鸭体浸入冷水中2 h左右，浸出体内淤血，使鸭体肌肉洁白。

6. 干腌　采用干腌法腌制板鸭。沥干水分，将鸭体人字骨压扁，使鸭体呈扁长方形。用炒熟磨碎的食盐（炒盐时可加入少量八角）擦遍体内外，叠放在缸中进行腌制。一般用盐量为鸭重的1/15。应反复翻动使盐能均匀布满腔体，擦盐后叠放在缸中腌制20 h左右即可。

7. 卤制　须对鸭体进行复卤。盐卤由食盐水和调料配制而成。因使用次数多少和时间长短的不同而有新卤和老卤之分。新卤的制法是每50 kg盐加八角150 g，在热锅上炒至没有水蒸气为止。每50 kg水中加炒盐约35 kg，放入锅中煮沸成盐的饱和溶液，澄清过滤后倒入腌制缸中。卤缸中要加入调料，一般每100 kg放入生姜50 g、八角15 g、葱75 g，以增添卤的香味，冷却后即为新卤。盐卤腌4～5次后需重新煮沸。煮沸时可加适量的盐，以保持咸度，

相对密度通常为 1.180～1.210（22～25°Bé）。同时要清除污物，澄清冷却待用。

应从鸭体刀口灌入老卤，将干腌后的鸭放置卤缸中，上面盖以竹篾，将鸭体压入卤缸内距卤面 1 cm 以下。卤制 24 h 左右即可出缸。将取出的鸭体挂起，滴净水分。然后放入缸中，盘叠 2～4 d。

8. 晾挂　叠坯后，将鸭体由缸中提出。挂在木架上，用清水洗净、擦干，并对鸭体进行整形。

9. 成品　经过挂晾 2～3 周后，即形成板鸭成品。

第十七章

酱卤肉制品的加工与控制

　　酱卤肉制品是我国传统的一大类熟肉制品，在水中加入食盐或酱油等调料及香辛料，放入肉块经煮制而成，其风味浓郁、色泽诱人，深受广大消费者喜爱。根据地区不同与风土人情等特点，形成了独特的地方特色，如苏州酱汁肉、北京月盛斋酱牛肉等。随着包装与加工技术的发展，酱卤肉制品小包装方便食品应运而生，目前，已基本上解决了酱卤肉制品防腐保鲜的问题。

　　酱卤肉制品中，酱与卤两种制品所用原料及原料处理过程相同，但在煮制方法和调料上有所不同，所以产品特点、色泽、味道也不相同。在煮制方法上，卤制品通常先将各种辅料煮成清汤，再将肉块下锅以旺火煮制；而酱制品的原料和辅料一起下锅，大火烧开，文火收汤，最终使汤形成肉汁。在调料使用上，卤制品主要使用盐水，其他的香辛料和调料用量较少，故产品色泽较淡，突出原料的原有色、香、味；而酱制品通常加入大量的香辛料和调料，从而产生浓厚的酱香味。酱卤肉制品突出调料与香辛料及肉本身的香气，食之肥而不腻。调味和煮制是酱卤肉制品的两个关键加工过程。

第一节　调味和煮制

一、调味

　　根据不同地域和人们口感需求的不同，酱卤肉制品具有多种口味。北方式的酱卤肉制品用调料及香辛料多，契合北方人偏咸的口味；而南方制品则味甜、咸味轻。由于季节的不同，酱卤肉制品风味也不同，夏天口重，冬天口轻。

　　调味能使得肉制品获得稳定而良好的风味。调味方法可根据加入调料的时间大致分为三种，分别是基本调味、定性调味、辅助调味。在加工原料整理之后，经过加盐、酱油或其他配料腌制，奠定产品的咸味，称基本调味；在原料下锅的同时加入主要配料如酱油、料酒、香料等，加热煮制或红烧，决定产品的口味，称定性调味；辅助调味是指加热煮制之后或即将出锅时加入糖、味精等，以增进产品的色泽、鲜味。

　　此外，根据加入调料的种类、数量，可将酱卤肉制品分为五香或红烧制品、酱汁制品、蜜汁制品、糖醋制品、糟制品等。其中，最广泛的类别是五香或红烧制品。五香制品的特点是加工中辅以八角茴香、桂皮、丁香、花椒、小茴香等 5 种香料。红烧制品的特点是在加工中用较多的酱油。

二、煮制

　　煮制也是酱卤肉制品加工中的一个关键的工艺环节，可分为清煮和红烧。清煮在肉汤中不加任何调味料，只是清水煮制；而红烧须在煮制前加入各种调味料。二者均对产品的色、香、味、形及产品的化学成分的形成和变化等起着决定性的作用。通常，原料经整理加工（即生加工）后采取紧汤工序是非常必要的，它可以去除部分或大部分异味，杀灭附着在原料肉上的细菌，对色、香、味的形成也起着一定的积极作用。

煮制的实质是将产品通过水、蒸汽、油炸等方式进行热加工的过程。煮制能改善感官的性质，降低肉的硬度，使产品达到熟制目的，容易消化吸收。无论采用什么样的热加工方式，加热过程中，原料肉及其辅助材料都要发生一系列的变化。

1. 物理性的变化　　肉类在煮制过程中最明显的变化是失去水分，重量减轻。以中等肥度的猪、牛、羊肉为原料，在100℃的水中煮沸 30 min，质量减轻的情况如表 17-1 所示。

表 17-1　肉类水煮时质量的减轻情况（孔保华，2011）　　　　　　　　（单位：%）

原料	水分	蛋白质	脂肪	其他	总量
猪肉	21.3	0.9	2.1	0.3	24.6
牛肉	32.2	1.8	0.6	0.5	35.1
羊肉	26.9	1.5	0.3	0.4	35.1

为了减少肉类在煮制时营养物质的损失，提高出品率，在原料加热前可将小批原料放入沸水中经短时间预煮，使原料表面的蛋白质立即凝固，形成保护层，减少营养成分的损失，提高出品率，也可用 150℃以上的高温油炸的方式。此外，肌肉中肌质蛋白在受热之后由于蛋白质的凝固作用而使肌肉组织收缩硬化，并失去黏性。但若继续加热，随着蛋白质的水解及结缔组织中胶原蛋白水解成明胶等变化，则肉质又会变软。

2. 蛋白质的变化　　肌球蛋白在热处理过程中会因变性而发生凝固，发生收缩而挤出肌肉中的水分。因此，肉经加热煮制会发生大量的汁液分离现象，体积缩小。但当加热至一定温度时，失水量反而相对减少。这是因为动物肉煮制时随着温度的升高和煮制时间的延长，胶原转变成明胶，要吸收一部分水分，因而弥补了肌肉中所流失的水分。此外，加热过程中，蛋白质的酸性基团减少能改变其分子结构，更易于受胰蛋白酶的分解作用，容易被消化吸收。肌肉组织胶原纤维在动物体不同部位分布情况不同，在煮制时引起胶原蛋白发生收缩变形。随着煮制温度的不断升高，胶原蛋白可吸水膨润而成为柔软状态，机械强度减低，逐渐分解为可溶性的明胶。但转变成明胶的速度也受到胶原的性质、结缔组织的结构、热加工的时间和温度及动物的品种和部位影响。

3. 脂肪的变化　　煮制过程中，脂肪受热熔化，包围脂肪滴的结缔组织由于受热收缩使脂肪细胞受到较大的压力而破裂，从而使得脂肪熔化流出。在这一过程中，也会释放出与脂肪相关的挥发性化合物，为肉汤增加香气。此外，脂肪受热也会发生水解和氧化。不同动物脂肪熔化所需要的温度不同，牛脂为 42～52℃，牛骨脂为 36～45℃，羊脂为 44～55℃，猪脂为 28～48℃，禽脂为 26～40℃。

4. 风味的变化　　生肉的香味是很弱的，但是加热之后，不同种类动物肉产生很强烈的特有风味。在煮制过程中，影响风味的因素有加热的方式、温度、时间、香辛料、糖、味精等，也会因部位的不同而产生差异性风味，如牛半腱肌的风味较背最长肌风味良好。但是，起到决定性因素的通常是肉的品种，不同种类的肉制品通常能呈现出特定的风味。此外，畜龄较大的产品通常能较幼小的动物呈现更强的风味。

5. 颜色的变化　　酱卤肉制品在卤制过程中，颜色的变化与加热的方法、时间、温度均有联系。例如，肉温在 60℃以下时，肉的颜色几乎没有什么变化，仍呈鲜红色；而升高到 60～

70℃时，变为粉红色；再提高到 70～80℃及以上时，变为淡灰色。这主要是由于肌蛋白变性，导致一些营养物质流失，使得肉的色度下降。肉类在煮制时，一般都以沸水下锅为好，一方面可使肉表面的蛋白质迅速凝固，阻止了可溶性蛋白质溶入汤中；另一方面可以减少大量的肌红蛋白溶入汤中，保持肉汤的清澈。

第二节　酱卤肉制品的加工

一、酱牛肉

酱牛肉是一种味道鲜美、营养丰富的酱肉制品，它的种类很多，深受消费者欢迎，尤以北京月盛斋的酱牛肉最为有名，其又称五香酱牛肉。

（一）配方（以精牛肉 100 kg 为标准）

精盐 6 kg，面酱 8 kg，白酒 800 g，葱（碎）1 kg，鲜姜末 1 kg，大蒜（去皮）1 kg，前香面 300 g，五香粉 400 g（包括桂皮、八角茴香、砂仁、花椒、紫蔻）。

（二）加工技术

（1）选料处理　选择优质、新鲜的健康牛肉进行加工，先将牛肉切成 0.5～1 kg 重的方块。

（2）烫煮　把肉块放入 100℃的沸水中煮 1 h，为了除去腥膻味，可在水里加几块胡萝卜，到时把肉块捞出，放入清水中浸泡，清除血沫及胡萝卜块。

（3）酱制　根据上述的配方标准同漂洗过的牛肉块一起入锅煮制，水温保持在 95℃左右（勿使沸腾），该过程中应保证每块肉都充分浸入汤汁中；煮 2 h 后，将火力减弱，水温降低到 85℃左右；在这个温度继续煮 2 h 左右，这时肉已烂熟，立即出锅，放冷即为成品。酱牛肉块的出品率约在 60%。

二、北京酱肘子

北京酱肘子是北京的著名产品，尤其以"天福号"的最有名。"天福号"开业于清代乾隆三年，至今已有 200 多年的历史。北京"天福号"酱肘子肉皮酱紫油亮，吃时流出清油，香味扑鼻，利口不腻，外皮和瘦肉同样香嫩。

（一）配方

肘子 100 kg，盐 4 kg，桂皮 200 g，鲜姜 500 g，八角茴香 100 g，糖 800 g，绍兴酒 800 g，花椒 100 g。

（二）加工技术

将已经过修整的猪肘子进行清洗后，同配料一起置于锅中，用旺火煮 1 h，待汤的上层出油时，取出肘子，用清洁的冷水冲洗，与此同时，打捞出锅内煮肉汤中的残渣碎骨，撇去汤表面的泡沫及浮油，再把锅内的煮肉汤过滤，翻底去除汤中的物质。然后再把已煮过并清洗的肘子肉放回锅内用更旺的火煮 4 h，最后用微火焖煮（汤表面冒小泡）1 h，即得成品。

三、苏州酱汁肉

苏州酱汁肉又名五香酱肉，是江苏省苏州市的著名产品，为苏州的"陆稿荐"熟肉店所创造，历史悠久，享有盛名。其特点为鲜美醇香，入口即化，肥而不腻，色泽鲜艳，气味芳香。

（一）工艺流程

苏州酱汁肉的加工工艺流程见图 17-1。

图 17-1　苏州酱汁肉的工艺流程

（二）加工技术

1. 原料肉的选择和修整　选太湖猪为原料，这种猪毛稀、皮薄、小头、细脚、肉质鲜嫩。每只猪的重量以出净肉 35～40 kg 为宜，去前腿和后腿，选用带皮五花肉（肋条肉）为酱汁肉的原料。带皮肋条肉选好后，剔除脊椎骨，使肉块成带大排骨的整肋条肉，之后切成长宽均为 4 cm 的肉块。

2. 煮制　将修整好的肉置于煮制容器中，按照肉∶水为 1∶2 的比例加水，煮制 10～20 h 后，盛出备用。

3. 酱制　照原料规格，分批把肉块下锅用白水煮，用大火烧煮 1 h 左右，当锅内的汤沸腾时，即加入红曲米、绍兴酒和糖，转入中火，再煮 40 min 后出锅。平整摆放在瓷盘中。其中，酱制的配方为：猪肋条肉 100 kg，绍兴酒 4～5 kg，白糖 5 kg，精盐 3～3.5 kg，红曲米 1.2 kg，桂皮 200 g，八角茴香 200 g，葱 2 kg（捆成束），姜 200 g。

4. 制卤　制卤是酱汁肉的质量关键所在，食用时还要在肉上泼卤汁，以使肉色鲜艳，味道甜中带咸，并以甜味为主。卤汁的制法是在锅内剩余的酱汁中加入 1/5 的白糖，用小火煎熬，不断用锅铲翻动，防止烧焦和凝块，使汤汁逐步形成糨糊状。质量良好的卤汁黏稠且细腻，流汁而不带颗粒。制备好的卤汁舀出后装在带盖的缸或体内，用盖盖严，出售时应在酱肉上浇上肉汁。

5. 冷却和包装　将制备好的肉静置冷却，经真空包装即为成品，在冷藏条件下贮存。

第十八章

干肉制品的加工与控制

第一节　干肉制品的原理与方法

干肉制品是指将肉先熟加工、再成型、干燥，或先成型、再熟加工、干燥制成的干熟肉制品。这类肉制品可直接食用，成品呈小的片状、条状、粒状、团粒状、絮状。干肉制品主要包括肉干、肉脯和肉松三大类。其特点是加工操作简单、贮运便捷、食用方便、风味独特等，因而深受消费者的喜爱。但在干制过程中易散失某些芳香物质和挥发性成分，同时在非真空尤其在高温下的条件下干燥时易发生氧化作用。我国传统的肉干和肉松等干制品是一种调味性的干制品，几乎不具有对水分的可逆性。

一、干肉制品的贮藏原理

（一）降低水分活度

水分是微生物生长代谢时必要的溶剂或媒介质，水分活度（A_w）是影响微生物生长活动的有效因素，各种微生物都有自己适宜的 A_w。A_w 的下降会影响其生长速率，还可以下降到微生物停止生长的水平。大多数新鲜食品的 A_w 在 0.99 以上，这对各种微生物的生长都适宜，特别是导致牛乳、蛋、鱼、肉等食品腐败变质的微生物，因此这类食品属于易腐食品。

在干制过程中，肉中的水分大量挥发，能被微生物利用的 A_w 下降，其生长繁殖受到抑制，从而提高了其贮藏期。但干制品并非无菌，因为这并不能杀死全部微生物，在环境条件适宜的情况下，微生物又会重新吸湿恢复活动。因此，食品中若有导致人体疾病的寄生虫如猪肉旋毛虫存在时，就应在干制前设法将它杀灭。

（二）降低酶的活力

酶是食品中的固有成分，其活力也与水分含量相关。随着干制过程的进行，酶的活性也会降低。但干制品吸湿后，酶仍会慢慢地活动，从而引起食品品质恶化或变质。因此，为了完全破坏酶的活性，要将干肉制品中的水分含量降低到1%以下。

酶在湿热条件下处理时易钝化，如于 100℃时瞬间即能破坏它的活性。但在干热条件下难以钝化，如在干燥条件下，即使用 104℃热处理，钝化效果也极其微弱。因此，为控制干制品中酶的活动，就有必要在干制前对食品进行湿热或化学钝化处理，使酶失去活性。

二、干制方法

（一）自然干燥

自然干燥主要包括晒干、风干等较为传统的干制方法。该方法的设备简单且费用低。但受自然条件的限制，湿度条件很难控制，大规模的生产很难采用该方法，只是作为某些产品的辅助工序。

（二）烘炒干制

烘炒干制又称热传导干制，靠间壁的导热将热量传给与壁面接触的物料，由于湿物料与加热的介质（载热体）不是直接接触，又称间接加热干燥。加工肉松都采用这种方法。该方法可以水蒸气、热水、燃料、热空气等作为传热干燥的热源，在常压和真空条件下均能进行。

（三）烘房干燥

烘房干燥又称对流热风干燥，是以高温的热空气为热源，利用对流传热将热量传给物料，也称为直接加热干燥。热空气既是热载体又是湿载体。一般对流干燥多在常压下进行，因为在真空情况下，由于气相处于低压，热容量很小，不能直接以空气为热源，所以必须采用其他热源。对流干燥室中的气温调节比较方便，物料不会被过热，但热空气离开干燥室时会带走相当大的热能，因此对流干燥热能的利用率较低。

（四）低温升华干燥

低温升华干燥是指在低温下，在一定真空封闭的容器中，物料中的水分可直接从冰升华为蒸汽，达到脱水干燥的目的。该方法具有干燥速度快、能更好地保持产品原来的性质和成分、很少发生蛋白质变性等优点。但缺点是设备较复杂，投资大，费用高。

（五）微波干燥

微波干燥是指食品中大量带电分子在微波电场的作用下，分子间因运动摩擦而产生热量，使肉块得以干燥的方法。而且这种效应在微波一旦接触到肉块时就会在肉块内外同时产生，而无须热传导、辐射、对流，在短时内即可达到干燥的目的，且使肉块内外受热均匀，表面不易焦煳。但微波干燥有设备投资费用较高、干肉制品的特征性风味和色泽不明显等缺陷。

此外，干制方法还有辐射干燥、介电加热干燥等，在干肉制品加工中很少使用，故此处不作介绍。

第二节　干肉制品的加工

一、肉干的加工

肉干是指瘦肉经预煮、切丁（条、片）、调味、浸煮、收汤、干燥等工艺制成的干熟肉制品。肉干的种类很多，可根据原辅料、加工工艺、形状、产地等不同而进行分类。肉干的加工工艺可分为传统工艺和新工艺。

（一）肉干加工的传统工艺

1. 工艺流程　肉干的传统加工工艺流程如图 18-1 所示。

图 18-1　肉干加工的传统工艺流程图

2. 加工技术

（1）原料预处理　　肉干加工的原料须保证新鲜健康，通常选用牛肉，但现在也有选用猪肉、羊肉等，以前后腿的瘦肉为最佳。先将原料肉的脂肪和筋腱剔去，然后用清水浸泡 1 h 左右除去血水、污物，沥干后，切成 1 kg 左右的肉块。

（2）初煮　　初煮的目的是通过煮制进一步挤出血水，并使肉块变硬以便切坯。初煮时应将肉面浸没在水面以下，一般不加任何辅料，但有时为了去除异味可加 1%～2%的鲜姜。初煮时水温保持在 90℃以上，并及时撇去汤面污物。初煮时间根据肉的嫩度和肉块大小进行控制，预煮结束时，通常肉质的切面呈粉红色并无血水。通常初煮 1 h 左右。肉块捞出后，汤汁过滤待用。

（3）切坯　　经初煮的肉块冷却后，应将其置于切坯机中进行切坯，切割的形状通常可根据加工需求的不同而异，但应保证大小均匀一致。

（4）复煮　　为使肉进一步熟化和入味，还须将切好的肉坯放在调味汤中煮制，该过程称为复煮。复煮汤料配制时，取肉坯重 20%～40%的过滤初煮汤，将配方中不溶解的辅料装袋入锅。

（5）收汁　　煮沸后加入其他辅料及肉坯，用大火煮制 30 min 左右后，随着剩余汤料的减少应减小火力，以防焦锅。用小火煨 1～2 h，待卤汁基本收干即可起锅。

（6）脱水　　常用的脱水方法有烘烤法、炒干法和油炸法 3 种。

1）烘烤法是将收汁后的肉坯铺在竹筛或铁丝网上，放置于三用炉或远红外线烤箱中烘烤，并要注意定时翻动。烘烤结束时肉坯的含水量应降至低于 20%。前期烘烤温度通常在 80～90℃，后期在 50℃左右，烘烤时间通常为 5～6 h。

2）炒干法是收汁结束后，肉坯在原锅中文火加温，并不停翻搅，炒至肉块表面微出现蓬松茸毛时，即可出锅，冷却即为成品。

3）油炸法是先将肉切条后，同 2/3 的辅料（其中白酒、白糖、味精后放）拌匀，并腌渍 10～20 min。后于 135～150℃的菜油锅中油炸，直至肉块呈微黄色后，捞出并滤净油，再将白酒、白糖、味精和剩余的 1/3 辅料混入拌匀即可。在实际生产中，也可先烘干再上油衣。例如，四川成都产的麻辣牛肉干，在烘干后用菜油或麻油炸酥起锅。一般牛肉干的出品率为 50%左右，猪肉干的出品率约为 45%。

（7）冷却、包装　　冷却以在清洁室内摊晾、自然冷却较为常用，也可采用机械排风。但干制品易于吸水返潮，因此不宜在冷库中冷却。包装以复合膜为好，尽量选用阻气、阻湿性能好的材料。最好选用 PET/AL/PE 等膜，但其费用较高；PET/PE，NY/PE 效果次之，但较便宜。如果肉干用纸袋包装，烘烤时间增加 1 h，可以防止发霉变质，能延长保存期。肉干受潮发软，可再次烘烤，但滋味较差。

（8）肉干成品标准　　肉干的理化指标应符合《肉干质量通则》（GB/T 23969—2022），见表 18-1。

表 18-1　理化指标（GB 23969—2022）

项目	指标		
	牛肉干	猪肉干	其他肉干
水分/（g/100 g）		≤20	
脂肪/（g/100 g）	≤10	≤12	≤12
蛋白质/（g/100 g）	≥30	≥28	≥26
氯化物（以 NaCl 计）/（g/100 g）		≤5	
总糖（以蔗糖计）/（g/100 g）		≤35	

肉干的微生物指标应符合《食品安全国家标准　熟肉制品》（GB 2726—2016），见表 18-2。

表 18-2　微生物指标（GB 2726—2016）

项目	限量			
	n	c	m	M
菌落总数/（CFU/g）	5	2	10^4	10^5
大肠菌群/（CFU/g）	5	2	10	10^2

（二）肉干加工的新工艺

传统肉干的缺陷在于出品率低，质地偏硬。近年来，随着肉类加工业的发展和人们生活水平的提高，消费者更倾向于选择组织较软、色淡、低糖的干肉制品。因此，新的生产工艺逐渐在实践中推广应用，这种改进工艺生产的肉干称为莎脯。

1. 工艺流程　肉干生产的新工艺流程如图 18-2 所示。

图 18-2　肉干加工的新工艺流程图

2. 加工技术　莎脯的原料可选用牛肉、羊肉、猪肉或其他畜禽肉，剔除脂肪和结缔组织，切成大约 4 cm 见方的块，每块重 200 g。然后按配方要求加入辅料，在 4～8℃下腌制 48～56 h，腌制结束后，在 100℃蒸汽下加热 40～60 min 至中心温度为 80～85℃，冷却至室温后再切成大约 3 mm 厚的肉条，然后在 85～95℃下脱水至肉的含水量低于 30%，成品的 A_w 低于 0.79（通常为 0.74～0.76），表现为肉面呈褐色，经真空包装而成。

二、肉脯的加工

肉脯（dried meat slice）是指瘦肉经切片（或绞碎）、调味、腌制、摊筛、烘干、烤制等工艺制成的干熟薄片型的肉制品。同肉干一样，肉脯的名称及品种随着原料、辅料、产地等的不同而不同。二者的区别在于，肉脯不经水煮，直接烘干而制成。其加工工艺包括传统工艺和新工艺两种。

（一）肉脯加工的传统工艺

1. 工艺流程　肉脯的传统加工工艺流程如图 18-3 所示。

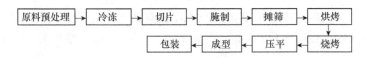

图 18-3　肉脯加工的传统工艺流程图

2. 加工技术

（1）原料预处理　传统肉脯通常是以新鲜的牛、猪后肥胖肉经去脂肪、结缔组织，顺肌纤维切成 1 kg 大小肉块加工而成。目前也有选用其他畜禽肉为原料的，但要求切成的肉块外形规则、边缘整齐，无碎肉、淤血。

（2）冷冻 将修割整齐的肉块移入−20～−10℃的冷库中速冻，以便于切片。冷冻时间以肉块深层温度达−5～−3℃为宜。

（3）切片 将冻结后的肉块放入切片机中切片，须顺肌肉纤维切，以保证成品不易破碎。切片厚度一般控制在1～3 mm。但国外肉脯有向超薄型发展的趋势，最薄的肉脯只有0.05～0.08 mm，一般在0.2 mm左右。其优点在于透明度、柔软性、贮藏性较好，但加工技术难度较大，对原料肉及加工设备要求较高。

（4）腌制 腌制的目的一是入味，二是使肉中盐溶性蛋白质尽量溶出，便于在摊筛时使肉片之间粘连。在腌制前应将粉状辅料混匀，与切好的肉片拌匀，后在不超过10℃的冷库中腌制2 h左右。肉脯配料各地不尽相同，以下是两种常见肉脯辅料配方。

1）猪肉脯：原料肉100 kg，食盐2.5 kg，硝酸钠0.05 kg，白酱油1.0 kg，小苏打0.01 kg，蔗糖1 kg，高粱酒2.5 kg，味精0.3 kg。

2）牛肉脯：牛肉片100 kg，酱油4 kg，山梨酸钾0.02 kg，食盐2 kg，味精2 kg，五香粉0.3 kg，白砂糖5 kg，维生素C 0.02 kg。

（5）摊筛 在竹筛上涂刷食用植物油，将腌制好的肉片平铺在竹筛上，肉片之间彼此靠溶出的蛋白质粘连成片。

（6）烘烤 将摊放肉片的竹筛上架晾干水分后，进入三用炉或远红外线烤箱中脱水、熟化的过程称为烘烤，能促进肉的发色和脱水熟化。烘烤温度控制在55～75℃，前期烘烤温度可稍高。通常，厚度为2～3 mm的肉片需烘烤2～3 h。

（7）烧烤 将半成品放在高温下进一步熟化并使其质地柔软，产生良好的烧烤味和油润外观的过程称为烧烤。烧烤时可把半成品放在远红外线空心烘炉的转动铁网上，200℃左右烧烤1～2 min至表面油润、色泽深红为止。成品中含水量小于20%，一般以13%～16%为宜。

（8）压平、成型、包装 烧烤结束后用压平机压平，按规格要求切成一定的形状，冷却后及时包装。塑料袋或复合袋须真空包装。马口铁罐须加盖后锡焊封口。

（二）肉脯加工的新工艺

用传统工艺加工肉脯时，存在着切片、摊筛困难，难以利用小块肉和小畜禽，无法进行机械化生产的问题。为了改善这些问题，肉脯加工新工艺应运而生。

1. 工艺流程 肉脯加工新工艺流程如图18-4所示。

原料预处理 → 配料、斩拌 → 腌制 → 抹片 → 烘烤 → 压平 → 成型 → 包装

图18-4 肉脯加工新工艺流程图

2. 肉脯配方 以鸡肉脯为例：鸡肉10.0 kg，硝酸钠0.05 kg，浅色酱油5.0 kg，味精0.2 kg，糖10 kg，姜粉0.3 kg，白胡椒粉0.3 kg，食盐2.0 kg，白酒1 kg，维生素C 0.05 kg，混合磷酸盐0.3 kg。

3. 操作要点

（1）原料预处理 健康畜禽的各部位肌肉，经剔骨、去除肥膘和粗大的结缔组织后，切成小块。

（2）配料、斩拌 与辅料一同加入斩拌机斩成肉糜。肉糜斩得越细，腌制剂的渗透就越迅速、充分，盐溶性蛋白质的溶出量就越多。同时肌纤维蛋白也越容易充分延伸为纤维状，形成蛋白质的高黏度网状结构，其他成分充填于其中而使成品具有韧性和弹性。

（3）腌制、抹片　将肉糜置于 10℃ 以下腌制 1~2 h，保证腌制时间充足，以使肌动球蛋白转变完全，能在加热后形成网状凝聚体，利于形成细腻而有弹性和柔韧性的口感。竹筛表面涂油后，将腌制好的肉糜涂摊于竹筛上，厚度以 1.5~2.0 mm 为宜，涂抹厚度过大，肉脯柔性及弹性降低，且质脆易碎。

（4）烘烤　在 65~85℃ 下变温烘烤 2 h，120~150℃ 下烧烤 2~5 min。

（5）压平、成型、包装　通过在肉脯表面涂抹蛋白液和压平，可以使肉脯表面平整，增加光泽，防止风味损失和延长货架期。压平后按成品规格要求切片、包装。

三、肉松的加工

肉松（dried meat floss）是指瘦肉经煮制、撇油、调味、收汤、炒松干燥或加入食用植物油或谷物粉，炒制而成的肌肉纤维蓬松成絮状或团粒状的干熟肉制品。按原料分类，除猪肉松外，还可用牛肉、兔肉、鱼肉生产各种肉松。我国的肉松品种繁多，名称各异，按形状分为绒状肉松和粉状（球状）肉松。按照加工工艺即产品形态差异可分为肉松、油酥肉松和肉松粉。我国有名的传统产品是太仓肉松和福建肉松等。太仓肉松属于绒状肉松，福建肉松属于粉状肉松。

（一）肉松加工的传统工艺

1. 太仓肉松

（1）工艺流程　太仓肉松的加工工艺流程如图 18-5 所示。

原料预处理 → 配料 → 煮制 → 炒压 → 炒松 → 搓松 → 拣松 → 包装与贮藏

图 18-5　太仓肉松的加工工艺流程图

（2）加工技术

1）原料预处理。传统肉松是由猪瘦肉加工而成，结缔组织的剔除一定要彻底，否则加热过程中胶原蛋白水解后，导致成品黏结成团块而不能呈良好的蓬松状。将修整好的原料肉切成 1.0~1.5 kg 的肉块，切块时尽可能避免切断肌纤维，以免成品中短绒过多。

2）配料。瘦肉 100 kg，黄酒 4 kg，糖 3 kg，白酱油 15 kg，八角茴香 0.12 kg，生姜 1 kg。

3）煮制。将香辛料用纱布包好后和肉一起入夹层锅，加与肉等量的水，用蒸汽加热常压煮制。煮沸后撇去油沫，以避免炒松困难容易焦锅、成品易氧化发黑、贮藏性能差的问题。肉不能煮得过烂，否则成品绒丝短碎。以筷子稍用力夹肉块时，肌纤维能分散为宜。煮肉时间为 2~3 h。

4）炒压。又称打坯，是将肉块煮烂后，改用中火，加入酱油、黄酒，一边炒一边压碎肉块。然后加入白糖、味精，减小火力，收干肉汤，并用小火炒压肉丝至肌纤维松散时即可进行炒松。

5）炒松。肉松中由于糖较多，容易塌底起焦，要注意掌握炒松时的火力，并注意勤炒勤翻。炒松有人工炒和机炒两种，在实际生产中通常将二者结合使用。当汤汁全部收干后，用小火炒至肉略干，转入炒松机内继续炒至水分含量小于 20%，颜色由灰棕色变为金黄色，具有特殊香味时即可结束。在炒松过程中如有塌底起焦现象，应及时起锅，清洗锅巴后方可继续。

6）搓松。为了使炒好的松更加蓬松，可利用滚筒式搓松机搓松，使肌纤维呈绒丝松软状。

7）拣松。搓松后通过机器的翻动使肉松从搓松机上跳出后，送入包装车间的木架上凉松，肉松凉透后便可拣松，将肉松中焦块、肉块、粉粒等拣出，提高成品质量。

8）包装与贮藏。传统肉松生产工艺中，在肉松包装前需约 2 d 的凉松。凉松过程不仅增加了二次污染的概率，而且肉松含水量会提高 3%左右。肉松吸水性很强，不宜散装。短期贮藏可选用复合膜包装，贮藏 6 个月左右；长期贮藏多选用玻璃瓶或马口铁罐，可贮藏 12 个月左右。

2. 福建肉松　　福建肉松的加工方法与太仓肉松基本相同，但在配料上有区别，且加了一种工序。福建肉松的配方为：猪瘦肉 100 kg、白糖 8 kg、白酱油 10 kg、红糟 5 kg，每 1 kg 肉松加 0.4 kg 猪油。经炒好的肉松坯再放到小锅中用小火烘焙，随时翻动，待大部分肉松坯都成酥脆的粉状时，用筛子把小颗粒筛出，剩下的大颗粒的肉松坯倒入已液化的猪油中，要不断搅拌，使肉松坯与猪油均匀结成球形圆粒，即得成品。成品呈均匀的粒状，无纤维状，金黄色，香甜有油，无异味。因成品含油量高而不耐贮藏。

3. 肉松质量标准　　肉松的理化指标和微生物指标应符合《肉松质量通则》（GB/T 23968—2022）的规定，分别见表 18-3 和表 18-4。

表 18-3　理化指标（GB/T 23968—2022）

项目	指标	
	肉松	油酥肉松
水分/（g/100 g）	≤20	符合 GB 2726 的规定
脂肪/（g/100 g）	≤10	≤30
蛋白质/（g/100 g）	≥32	≥25
氯化物（以 NaCl 计）/（g/100 g）	≤7	
总糖（以蔗糖计）/（g/100 g）	≤35	
淀粉/（g/100 g）	≤2	
铅（Pb）/（mg/kg）		
无机砷/（mg/kg）	符合 GB 2726 的规定	
镉（Cd）/（mg/kg）		
总汞（以 Hg 计）/（mg/kg）		

表 18-4　微生物指标（GB/T 23968—2022）

项目	指标	
	肉松	油酥肉松
菌落总数/（CFU/g）		
大肠杆菌/（MPN/100 g）	符合 GB 2726 的规定	
致病菌（沙门氏菌、志贺氏菌、金黄色葡萄球菌）		

（二）肉松加工的新工艺

传统的肉松生产是将肉经煮烂后再经过炒松、搓松等工艺而制成的产品，但要将肉煮烂不仅耗时耗能、增高成本，而且存在着以下两个方面的缺陷：一是复煮的工艺条件不易控制，且收汁工艺耗时。若复煮汤不足则导致煮烧不透，给搓松带来困难。若复煮汤过多，收汁后煮烧过度，使成品纤维短碎。二是炒松时肉直接与炒松锅接触，容易塌底起焦，影响风味和质量。因此，蒋爱民等以鸡肉为原料，提出了肉松生产改进工艺、参数及加工中的质量控制方法。

1．工艺流程　　肉松加工新工艺流程如图18-6所示。

图 18-6　肉松加工新工艺流程图（袁仲，2012）

　　新工艺中只要控制适宜的调味料添加量和煮烧时间，精煮后无须收汁即可将肉捞出，所剩肉汤可作为老汤供下次精煮时使用。该工艺不仅方便快捷，还能达到煮烧适宜和入味充分的目的。同时因精煮时加入部分老汤，能丰富产品的风味。另外，在传统生产工艺中，精煮收汁结束后脱水完全靠炒松完成。若利用远红外线烤箱或其他加热脱水设备，则既有利于工艺条件控制，稳定产品质量，又有利于机械化生产。因此，新工艺在炒松前增加了烘烤脱水工艺。

2．加工技术

　　（1）原料鸡处理　　选择健康肥嫩活鸡作为加工原料，将其宰杀、煺毛，去头、脚和内脏，并清洗干净鸡体。

　　（2）初煮、精煮（不收汁）　　将鸡体置于锅内，并加入适量的水和生姜，注意应撇去水面的浮物。初煮可使鸡体初步熟化以便拆骨、去皮，而精煮是对鸡的进一步熟制以利于搓松，并赋予产品风味。为使成品具有良好的色泽、入味程度、成品形态及搓松轻松，应在加工过程中控制好煮制的时间。研究结果表明：初煮 2 h，然后精煮 1.5 h，则成品色泽金黄，味浓松长，且碎松少。

　　（3）烘烤　　经精煮后肉松坯应进行烘烤脱水。将肉松坯置于远红外线烤箱。为使肉松的黏性适中、搓松方便并具有优良的颜色和风味，应控制好烘烤温度和时间。研究结果表明：精煮后的肉松坯 70℃下烘烤 90 min，或 80℃下烘烤 60 min，使肉松坯的烘烤脱水率为 50%左右时，搓松效果最好。

　　（4）搓松　　搓松能够使肉松脱水，使肌纤维呈绒丝松软状。

　　（5）炒松　　将搓松完毕的鸡肉置于洁净的锅内使用微火进行翻炒。炒松可以进一步脱水，同时还具有改善风味、色泽及杀菌作用。因搓松后肌肉纤维松散，炒松仅 3～5 min 即能达到要求。

　　（6）成品　　炒松结束后趁热包装即得到成品。

主要参考文献

陈笛, 王存芳. 2020. 乳清蛋白及与其它乳成分的热聚合作用机制研究进展 [J]. 中国食品学报, 20 (3): 298-306.

陈星, 沈清武, 王燕, 等. 2020. 新型腌制技术在肉制品中的研究进展 [J]. 食品工业科技, 41 (2): 345-351.

郭昕. 2015. 不同地域传统腊肉差异性分析及静态变压腌制工艺技术研究 [D]. 北京: 中国农业科学院硕士学位论文.

胡爱心, 刘金松, 许英蕾, 等. 2021. 乳酸菌抑菌作用机制的研究进展 [J]. 动物营养学报, 33 (12): 6690-6698.

蒋爱民. 2008. 畜产食品工艺学 [M]. 2 版. 北京: 中国农业出版社.

焦文娟, 张立彦, 熊玲. 2015. 猪肉助色剂的研究及配方优化 [J]. 食品工业科技, 36 (1): 280-284, 380.

金昌海. 2018. 畜产品加工 [M]. 北京: 中国轻工业出版社.

孔保华. 2011. 肉品科学与技术 [M]. 北京: 中国轻工业出版社.

李建江. 2017. 乳肉制品保藏加工 [M]. 北京: 科学出版社.

李晓东. 2011. 乳品工艺学 [M]. 北京: 科学出版社.

刘瑛, 赵亮军, 刘璟, 等. 2023. 婴儿配方奶粉中蛋白质科学设计范围的研究 [J]. 中国乳业, 253 (1): 81-86.

罗金斯基 H, 富卡 J W, 福克斯 P F. 2009. 乳品科学百科全书: 第 2 卷 [M]. 霍贵成, 译. 北京: 科学出版社.

骆承庠. 1999. 乳与乳制品工艺学 [M]. 北京: 中国农业出版社.

南庆贤. 2003. 肉类工业手册 [M]. 北京: 中国轻工业出版社.

牛仙, 邓泽元, 王佳琦, 等. 2021. 国内外婴儿配方奶粉中营养成分的比较与分析 [J]. 中国乳品工业, 49 (2): 28-34, 46.

石玉秀. 2018. 组织学与胚胎学 [M]. 北京: 高等教育出版社.

肖玫, 欧志强. 2005. 深海鱼油中两种脂肪酸 (EPA 和 DHA) 的生理功效及机理的研究进展 [J]. 食品科学, 8: 522-526.

杨晋辉, 钱文涛, 李洪亮, 等. 2023. 牛乳纤溶酶及其活性影响因素研究进展 [J]. 食品科学, 44 (13): 235-243.

尹靖东. 2011. 动物肌肉生物学与肉品科学 [M]. 北京: 中国农业大学出版社.

袁仲. 2012. 肉品加工技术 [M]. 北京: 科学出版社.

张和平. 2007. 乳品工艺学 [M]. 北京: 中国轻工业出版社.

张兰威. 2016. 乳与乳制品工艺学 [M]. 2 版. 北京: 中国农业出版社.

郑坚强, 司俊玲. 2010. 西式灌肠的加工 [J]. 肉类工业, 348 (4): 15-17.

周光宏. 2009. 肉品加工学 [M]. 北京: 中国农业出版社.

周光宏. 2011. 畜产品加工学 [M]. 2 版. 北京: 中国农业出版社.

Gösta B M S. 1995. Dairy Processing Handbook [M]. Lund Sweden: Tetra Pak Processing Systems AB.

Li H B, Zhao T T, Li H J, et al. 2021. Effect of heat treatment on the property, structure, and aggregation of skim milk proteins [J]. Frontiers in Nutrition, 8: 714869.

Marle van M E, Ende van den D, Kruif de C G, et al. 1999. Steady-shear viscosity of stirred yogurts with varying ropiness [J]. Journal of Rheology, 43 (6):1643-1662.

Maronga S J, Wnukowski P. 1997. Modelling of the three-domain fluidized-bed particulate coating process [J]. Chemical Engineering Science, 52 (17): 2915-2925.

Ovalle W K, Nahirney P C. 2013. Netter's Essential Histology [M]. 2nd ed. New York: Saunders Elsevier.

Pawar S K, Padding J T, Deen N G, et al. 2014. Agglomeration study in the inlet section of a large scale spray dryer using stochastic Euler-Lagrange modelling[C]//International Conference on CFD in Oil & Gas. Norway: SINTEF: 17-19.

Sieuwerts S. 2016. Microbial interactions in the yoghurt consortium: current status and product implications [J]. SOJ Microbiology & Infectious Diseases, 4 (2):1-5.